未来架构
从服务化到云原生

张亮 吴晟 敖小剑 宋净超 著

电子工业出版社
Publishing House of Electronics Industry
北京·BEIJING

内 容 简 介

互联网架构不断演化,经历了从集中式架构到分布式架构,再到云原生架构的过程。云原生因能解决传统应用升级缓慢、架构臃肿、无法快速迭代等问题而成了未来云端应用的目标。

本书首先介绍架构演化过程及云原生的概念,让读者对基础概念有一个准确的了解,接着阐述分布式、服务化、可观察性、容器调度、Service Mesh、云数据库等技术体系及原理,并介绍相关的 SkyWalking、Dubbo、Spring Cloud、Kubernetes、Istio 等开源解决方案,最后深度揭秘开源分布式数据库生态圈 ShardingSphere 的设计、实现,以及进入 Apache 基金会的历程,非常适合架构师、云计算从业人员阅读、学习。

未经许可,不得以任何方式复制或抄袭本书之部分或全部内容。
版权所有,侵权必究。

图书在版编目(CIP)数据

未来架构:从服务化到云原生 / 张亮等著. —北京:电子工业出版社,2019.4
ISBN 978-7-121-35535-6

Ⅰ. ①未… Ⅱ. ①张… Ⅲ. ①计算机系统 Ⅳ. ①TP30

中国版本图书馆 CIP 数据核字(2018)第 259624 号

策划编辑:孙奇俏
责任编辑:孙奇俏
印　　刷:三河市良远印务有限公司
装　　订:三河市良远印务有限公司
出版发行:电子工业出版社
　　　　　北京市海淀区万寿路 173 信箱　邮编:100036
开　　本:787×980　1/16　印张:21.5　字数:480 千字
版　　次:2019 年 4 月第 1 版
印　　次:2019 年 4 月第 1 次印刷
定　　价:99.00 元

凡所购买电子工业出版社图书有缺损问题,请向购买书店调换。若书店售缺,请与本社发行部联系,联系及邮购电话:(010)88254888,88258888。
质量投诉请发邮件至 zlts@phei.com.cn,盗版侵权举报请发邮件至 dbqq@phei.com.cn。
本书咨询联系方式:010-51260888-819,faq@phei.com.cn。

推荐序 1

未来世界是一个"虚拟王国",需要强而有力的基础设施做支撑。

在许多过去的科幻电影和小说里,"未来"被设定在 21 世纪初,其中的很多场景如今被证明只是幻想。人类对未来的预测总与实际的发展趋势相去甚远,比如互联网——近 20 年来发展最快的"虚拟王国",正一步步地颠覆着我们对生活的认知。

我们常在想,5G 的出现将带来什么?也许世界会进一步线上化、数字化、虚拟化,然而这一切都需要底层基础设施做支撑,也许终有一天《头号玩家》中的情节会变为现实。

《黑客帝国》看着过瘾,可又有谁思考过利用容器虚拟沙盒系统自我升级的 Matrix 该如何进行架构设计?随着人工智能和物联网的普及,机器智能会凭借更为简单且强大的架构模式,像有机生命般不断成长,覆盖地球的每个角落。

本书作者张亮是一个有执念的人,无论是搞技术还是玩游戏,现在看来,让他执着的事情又多了一件——写书。这本书从策划之初我便很清楚,因此也一直期待着图书问世的这一天。

在曾经和张亮共事的几年里,我们一起做过许多事情,对外开源,对内落地,他是我最得力的帮手。如今,他把开源项目 ShardingSphere 带进了 Apache 基金会,还跟其他几位优秀的老师一起出了书。这一路走来,我见证了他的成长,对他的"我执"有深切的体会。有道是"不疯魔不成活",做技术必须有"痴狂劲儿"才能每日精进,成为业界翘楚。

纵览全书,内容循序渐进,概念清晰明了,技术描述有点有面。本书着重介绍了从服务化到云原生的演进过程,涵盖了当下主流技术架构的发展趋势,其中的理念非常先进,是一本理论架构完整且实战案例典型的好书!

技术发展日新月异,无论如何更新迭代,总有些颠扑不破的基本原则。比如,CAP 原理不仅是分布式架构的设计准则,更是四维空间的限制法则。当我们掌握了这些底层技术时,自然可以信心满满地迎接新的挑战，而这些底层技术知识点都可以从这本书中获得。

架构是基础，更是所有技术人员对未来的共识。

立足当下，展望未来，如千万年来的祖先一样，我们要用自己的勤劳和智力改变世界，构建理想国度。未来已来，我们正用当下的技术架构明天。

史海峰

微信公众号"IT 民工闲话"作者

2019 年 2 月于北京

推荐序 2

如何定义一本好书呢？关于这个问题，答案可能有千种万种，每个人都有自己的观点和想法。但我看了《未来架构：从服务化到云原生》之后，马上就将它定义为一本好书了，理由大概有以下几点，愿与各位读者分享。

首先，书中知识丰富，内容翔实，大大扩展了我的视野，使我的见识增长。

作者张亮具有十几年的互联网技术经验，一直以来爱好广泛、博学多才，不仅在某些专项技术上精益求精、一丝不苟，而且触类旁通、杂学旁收。如今，他积金至斗，连同其他几位在技术圈同样优秀的老师一起撰写了这本《未来架构：从服务化到云原生》，可谓"功德圆满"。本书中涉及当前互联网技术领域几乎所有最重要的概念和思想，能够帮助各位读者快速理解现代架构和未来技术架构，也可以为个人技术发展或企业架构选型提供参考。

另外，本书定义清晰，深入浅出，把很多概念讲得明明白白。

云和云原生是近几年来的热门词汇，但并不是每个人都对它们有深刻的认识，甚至有时谈起云计算，话题就会被顺理成章地导向几个大的云厂商，殊不知，云计算只是一种技术，或者说是一种思想，它可以存在于不同的业务场景中，大家都可以实现自己的云技术。云原生最初是由 Pivotal 公司的 Matt Stine 在 2013 年提出的，2015 年 Google 发起 CNCF，进而将云原生的概念发扬光大。云原生中涵盖很多技术体系，我本人所从事的云原生数据库也是其中一个重要方向，可用性、伸缩性、自动化、持续性等都是它的关键词。

最后，本书虽覆盖广泛，但重点突出，很多概念如抽丝剥茧般地被呈现出来，充分引发读者思考，调动了读者自主学习的积极性。

本书重点讲述了作者的"成名作"，刚刚进入 Apache 软件基金会的孵化项目——ShardingSphere。本书对数据库的分类、数据库的架构和功能，以及分布式数据库中间件生态圈 ShardingSphere 给出了详尽的描述，一来可见作者对 ShardingSphere 倾注的精力，二来也说明了数据库在未来架构中举足轻重的地位。

  对于著书的作者而言，往往获得的最大支持便是读者阅读并给予反馈，希望更多的人能和我一样阅读本书并从本书中获益，让我们共同进步、共同提高。

周彦伟

极数云舟创始人兼 CEO

中国计算机行业协会开源数据库专委会会长

2019 年 2 月于北京

推荐序 3

收到亮哥请我写新书推荐序的邀约，第一时间，莫名激动。翻看样章后，更加心潮澎湃。

其实，我之前一直有一个片面的观点：在国内技术圈中，用心写书的人真的不多，写书的目的应该不那么单纯。不得不承认，很多人都有些浮躁。

这种片面的观点使得我们这个时代的技术人员似乎更喜欢国外的技术氛围，从研究国外的论文，到模仿硅谷一线公司的解决方案，大家总觉得相对比较单纯的技术环境能带给技术人员更自由的空间。我曾一度怀疑，国内技术圈是否还有人能够静下心来钻研技术……

令人欣喜的是，我们都在改变。

近几年，国内越来越多具有前瞻眼光且怀揣理想的技术人员一个接一个地站了出来，或将自己的作品开源，或在业内发声传递自己的思想，亮哥，便是其中我比较熟悉的一位。

回想亮哥给我的印象：万年一身黑衣，严谨且拼命。也正是这样的个性，使他写出的文字也如大侠般朴实却有力量。

翻看他的新书，单单第 1 章便已如此精绝，同时也让我不自觉地感叹，原来他已将云原生模式和思想融入了血液。他的文字是如此自然鲜活。

合书再观，他所主导的开源项目 ShardingSphere 更是充满活力，如今已成功进入 Apache 软件基金会，可谓前景无限。中国电信甜橙金融技术创新中心定会不断跟进，继续支持 ShardingSphere 社区发展，也渴盼 ShardingSphere 社区可以带动更多的企业不断进步。

出差间隙，于候机厅成此文字，谨感谢此书伴我 30 余个航段，也感谢作者让我找回了作为一名技术人员的初心。

张小虎

中国电信甜橙金融技术创新中心高级总监

2019 年 2 月

推荐语

非常荣幸能够提前拜读张亮的新书，这本书充分展现了作者张亮在互联网分布式架构领域的实践心得，总结了大规模 IT 架构的技术核心，可以引导大家从业务需求层面逐渐向技术架构层面深入。本书还特别介绍了 Service Mesh 和 Database Mesh 等新兴理念，为大家在架构选型和新技术研究方面指明了方向。同时，本书深度揭秘了 ShardingSphere 的发展历程，为开源爱好者提供了一个优秀的学习平台。希望大家在吸取书中精华的同时，也能为中国软件开源贡献力量。

京东数科高级总监，郑灏

不尽知用兵之害者，则不能尽知用兵之利。

随着市场需求的不断变化，信息技术也起起落落，不断更新演化。从软件到开源，再到云，每次技术演进都会满足一定的市场需求，但又会相应地带来一些新的问题，需要付出新的代价。本书从概念角度出发，阐述原理，权衡利弊，辅以实战，得出结论，为大家呈现了一段立体的技术发展史。

凡事预则立，未来技术将何去何从，我们又该如何在纷繁的信息技术世界择善而从呢？相信这本书能给你一个答案！

京东数科技术总监、中国计算机行业协会开源数据库专业委员会副会长，刘启荣

在企业数字化转型的过程中，将传统应用迁移到云上，通过服务化、云化等架构进行重构和优化，能够满足企业对敏捷 IT 系统日益复杂的需求。本书涵盖服务化、服务治理、云原生基础设施，以及云原生数据架构和分布式数据库中间件等内容，从业务到数据，从基础设施到技术方案，都进行了详尽说明，能够为服务化和云原生技术从业者提供帮助。

《Netty 进阶之路》《分布式服务框架原理与实践》作者、华为架构师，李林锋

分布式服务领域从来不缺乏新技术，比如分布式服务、微服务、Proxy、Service Mesh、云原生等，这些技术的出现一方面是为了更简单快速地构建应用，另一方面是为了基于现有应用快速构建上层应用。随着"技术便是基础设施"时代的到来，应用构建也变得越来越复杂，所以未来的方向便是更简单快速地构建应用。如果你对云原生架构构建存在疑惑，相信本书能帮你解答。

《亿级流量网站架构核心技术》作者，张开涛

架构的本质在于面对业务场景时能给出优雅的解决方案，使业务能够快速迭代和持续交付，从而达到降本增效的终极目标。本书系统地介绍了未来云原生架构的关键技术：Service Mesh、Database Mesh、Kubernetes 等，学会这些关键技术有助于我们掌握架构背后的设计哲学，为未来打好基础。作者在架构方面造诣深厚，对技术细节的把握非常到位，建议阅读。

转转公司首席架构师、58 集团技术委员会前主席，孙玄

本书全面梳理了云原生的技术背景、关键概念和前沿技术组件，相比于其他介绍微服务和云原生的书籍，本书对快速演进中的云原生数据架构、典型分布式数据库中间件进行了重点剖析，并创新性地提出了 Database Mesh 的理念，非常适合希望快速掌握云原生架构核心组件的工程师与架构师阅读。

京东架构师、OpenJDK Committer，杨晓峰

"从服务化到云原生"是大势所趋，本书介绍了架构转型的经验和体会，还从云原生的视角讲解了下一代微服务框架 Service Mesh、云原生的基石 Kubernetes，以及分布式数据库中间件 ShardingSphere，相信看到本书的读者都会从中受益，进一步完善自己的知识体系。

Spring Cloud 中国社区创始人、《重新定义 Spring Cloud 实战》作者，许进

为了适应当今这个快速变化的时代，在卓越的软件企业内，架构、流程、文化已经发生了翻天覆地的变化，而本书正是一本教你如何应对这些变化的优秀书籍。作者张亮是我的老同事，他致力于中间件领域研究多年，对于本书我期盼已久，相信本书一定会给你带来很多收获。

华为架构师、《持续演进的 Cloud Native》作者，王启军

本书是云原生领域的诚意之作，对云原生架构的各个方面都进行了深入的讲解。其中对于服务治理、分布式服务观察、云原生数据架构和分布式数据库中间件的剖析，更展现了作者开阔的眼界和先进的思想，无论是初入职场的新人还是经验丰富的软件工程师，相信大家读完本书都会有所收获。

哔哩哔哩基础架构负责人，王东

做产品的时候有一个"北极星指标"，指标一旦确定，就会像北极星一样指引着我们朝同一个方向迈进。本书正是从服务化到云原生的"北极星"，在基于微服务架构思想且以容器技术为载体的实践中为我们指明了方向。

京东商城宙斯开放平台研发负责人、资深架构师，王新栋

我印象中的张亮是长期奋战在开发一线的，他是 Apache 开源组件 ShardingSphere 的灵魂人物，对分布式系统原理和实现都有独到见解。本书从 RMI 讲到 gRPC，将 Dubbo、Spring Cloud，以及最近的 Service Mesh 技术都阐述得明明白白，无论是刚刚入门分布式技术的新手，还是像我这样具有十几年经验的老程序员，都能找到自己感兴趣的章节，建议持卷品读！

斑马软件 CTO，曹祖鹏

作者有着多年的一线架构设计及软件开发经验，对服务化和云原生架构有独到的见解。书中对云原生的方方面面都进行了详细阐述，读后受益匪浅。最特别的是，作者结合自己主导的开源项目 ShardingSphere 讲述了如何在实际工作中将其落地。对于想要从传统架构向云原生架构转型的企业而言，本书具有积极的指导意义，值得一读！

宜信技术研发中心总监助理，韩锋

近期 ShardingSphere 正式加入 Apache 基金会，这是中国程序员圈的大事，意味着我国的程序员正快步与世界技术圈接轨。ShardingSphere 是张亮兄主导的，从最初的模型，到 1.0 版本上线，再到走向世界，这个过程我有幸见证。如今，他又出版了一本新书，把云原生的来龙去脉娓娓道来，他很厉害，写出的这本书更厉害！

北京豆子科技创始人兼总经理，钟声

序

一次诚挚的写书邀约，一个深思熟虑后的决定，一番夜以继日的付出，以及一些"曲折离奇"的经历——《未来架构：从服务化到云原生》诞生了！

2015 年年底，当时我还在当当网担任架构师，从事业务系统架构设计与内部应用框架研发方面的工作，处于事业上升期。在一次技术分享的会场，我偶遇电子工业出版社博文视点的编辑孙奇俏老师，她向我发出写书邀约。虽然当时我自认资历尚浅，并未接受这份邀约，但这件事却像一颗种子一样深深扎根在我的心中。

在那之后，我在互联网架构这个圈子里不断拓宽视野，积累经验，产生了越来越多的热情和新鲜想法，也深深受到周围那些具有真才实学又意气风发的挚友和同僚们的感染。这些点点滴滴让我觉得，我也要做点事情来传递多年以来在这个行业中沉淀的经验，分享我眺望到的未来架构的前沿思潮。倘若这些想法和经验能够帮助或影响到更多的朋友，或能让我自己与更多朋友结识、交流、碰撞出新的想法，那该是一件多么令人骄傲的事啊！于是我与奇俏老师保持密切沟通，经过反复的推敲琢磨，这颗深埋在心里的种子终于开始萌芽，2016 年年底，我的写作之旅正式开启。

书到用时方恨少，事非经过不知难。美好的愿景总会受到现实的无情打击，写书亦是如此。虽说可以以自身的所见所闻、所观所悟为素材提炼出写作的内容，可是如何确立选题和设计主线才能让一本书承载更多精粹的知识，容纳更多有价值、有意义的内容呢？我觉得我所追求的"完美"的书，应当是一本能够有质有量地给予读者巨大价值的书。

互联网的迭代十分迅速，当前经历的一切都在渐渐逝去。我希望这本书能承载现今互联网架构的精粹，而不只是一本简单的使用手册，因为快餐只能让人获得一时的能量，无法带给人们长久的满足。与此同时，我还希望读者们能通过这本书了解未来的趋势，捕捉到前沿的技术热点，在架构选择与从业选择方面获得一些有价值的建议。

在确立了本书的定位后，经过深思熟虑，静心沉淀，充分调研，融合提炼，我对现有的知识体系进行了重塑，希望能将更多的架构设计理念、技术实现原理、热点概念背后的本质汇集在这本书中。

在开启写作之旅后，只要有机会我就会陷入"心流"状态，在脑海中不断地构思内容、提炼知识点，并在无数个寂寞的夜晚以灯为伴，将平时的所思所感汇集于一页页纸张中。

写小说可以随心所欲，心随笔动；而写技术书则应当不差毫厘、信而有征，让内容兼备深度与广度。为了达到这个目的，数不清的查阅校对、询问商讨是必不可少的，这其中的艰辛，也只有真正写过书的人才能感同身受。

为了让这本书更具专业性，并能尽快与大家见面，我特意邀请了我的三位挚友共同组织内容，他们是：Apache 基金会孵化器项目 SkyWalking 创始人吴晟、ServiceMesher 中文社区联合创始人及 Service Mesh 布道师敖小剑、ServiceMesher 中文社区联合创始人及云原生布道师宋净超，我相信集众人所长定能让这本书更具含金量。

身处这个飞速发展的时代，以及高速迭代的 IT 行业，我知道每个人都不甘平庸，否则又怎会在互联网行业的高速路上不停奔跑呢？作为一名架构师，我主导且参与了一些优秀的开源项目，这其中也包含进入 Apache 基金会的项目 ShardingSphere。作为一名拥有十多年开发经验的程序员，我崇尚代码优雅和简捷，并一直以极客主义严格要求自己和团队。我深切感受到，在这个行业中若想成为优秀的人，甚至完美的人，不仅需要低下头深深扎进代码的世界，也需要抬起头观察行业动态，洞察未来趋势，最重要的是，要不忘初心，持之以恒，永远怀有热爱和感恩之心。

2018 年对我而言是充满转折的一年，这一年里我对已经写好的内容又进行了修改和完善，还将 ShardingSphere 从开源到进入 Apache 的经历也融入书中。终于，在 2018 年即将结束之时，我为自己的写书之旅画上了一个圆满的句号。

这本书献给我远去的回忆和憧憬的未来，献给想要洞察架构真谛的你，献给想要迫切了解行业发展动态的你，献给想要认识未来架构的每一个你……

张亮

2019 年 1 月于北京

前言

为什么写此书

身处互联网行业的我们一直处在变革的最前端,受到行业发展浪潮的洗礼,不停歇地追赶着技术革新的脚步。特别是近几年来,互联网架构不断演化,经历了从集中式架构到分布式架构,再到云原生架构的过程。在这个演变过程中,我们可以深刻感受到一系列的格局变化——软件改变世界,开源改变软件,云吞噬开源。每一次架构模式的升级都会给这个世界的合作模式带来变化。

"云原生"因能解决传统应用升级缓慢、架构臃肿、不能快速迭代等问题而逐渐成为这个时代舞台的主角。身处变革的浪潮中,我看到云原生的出现改变了互联网架构的航行方向,并给越来越多的企业带来了全新的理念和无限的可能。因此,我希望能够学习它、读懂它,让它融入我的知识体系,更新我脑海中的架构地图。

十几年的互联网从业经验与层出不穷的新技术不断碰撞,终于让我有了将所知、所见、所闻、所感落在纸面的冲动。写这本书不求功名利禄,只希望它能积淀旧识,引领新潮,记录架构的发展历程,并为每一个正在阅读的你答疑解惑。

所以,有幸与各位相聚于此,相聚于《未来架构:从服务化到云原生》。

本书内容

本书将互联网架构近几年发展的起承转合进行了提炼,为大家展示了互联网架构的变迁,对最新热门技术进行了深度解读。本书共分 10 章,每章的简要内容如下。

第 1 章 云原生

本章将阐述从集中式架构到分布式架构,再到云原生架构这一系列的互联网架构变迁细节,并对云原生的产生、发展及核心理念进行深刻的解读。

第 2 章 远程通信

本章将深入解读远程通信的核心内容,对远程通信方式和协议、序列化问题,以及远程调用架构的发展进行介绍。

第 3 章 配置

本章将对生产应用、服务调用中的配置进行讲解,对应用配置中的集中化管理、注册中心与配置中心、读性能、可用性、数据一致性等常见内容进行详细阐述。

第 4 章 服务治理

本章将着重讲解服务发现、负载均衡、限流及熔断等内容,对服务治理中的关键概念进行详细解读,对比容易混淆的知识点,方便读者进行架构选型。

第 5 章 观察分布式服务

本章将对观察分布式服务的核心概念和层次划分进行深入剖析,并且进一步对市场主流的开源解决方案进行介绍,最后对为微服务架构和云原生架构系统而设计的支持分布式链路追踪的 APM 系统——Apache SkyWalking 进行详细介绍。

第 6 章 侵入式服务治理方案

本章将详细剖析 Dubbo、Spring Cloud 这两种主流的侵入式服务治理方案,并通过一些实战案例更好地对第 4 章中阐述的理念进行补充。

第 7 章 云原生生态的基石 Kubernetes

作为云原生的基石,Kubernetes 可谓家喻户晓。本章走进 Kubernetes 的世界,介绍它的前世今生、架构模型、设计理念与模式,同时对云原生生态和未来趋势进行解读。

第 8 章 跨语言服务治理方案 Service Mesh

Service Mesh 因被誉为下一代互联网架构而备受瞩目,本章将从 Service Mesh 的定义、发展历程等角度进行详细介绍,同时对 Service Mesh 当前的市场状况及国内发展趋势进行说明。

第 9 章 云原生数据架构

从传统关系型数据库到 NoSQL，再到 NewSQL，这个转化过程是如何实现的呢？云原生数据库中间件的定位和发展又是怎么样的呢？本章将围绕以上两个问题进行解答。

第 10 章 分布式数据库中间件生态圈 ShardingSphere

作为知名的开源分布式数据库中间件解决方案，Apache ShardingSphere 受到了越来越多的企业和个人关注。为何它可以在 GitHub 上收获超高人气，得到各大公司的青睐呢？本章将重点介绍 ShardingSphere 的发展历程和未来趋势，解答上述疑问。

联系作者

非常感谢你购买此书，也希望这本书能向你清晰展示未来架构，对你有所帮助。如果你在阅读本书的过程中有任何疑问和建议，发现了任何错误，或想与作者们进行更深入的交流，请通过 zhangliang@apache.org 或微信公众号"点亮架构"与我们联系。

致谢

首先感谢所有购买此书的读者朋友，衷心祝愿各位读者朋友能实现心中的愿望。

在这长达两年的写作过程中，感谢互联网行业给予我力量，让我能始终保持着这份兴趣和热情去做我想做的事情。

感谢与我共同投入时间和精力的挚友们——吴晟、敖小剑、宋净超，他们的加入让这本书焕发出了更强的生命力。

感谢所有推荐本书以及为本书进行审校的专家们，若没有他们的帮助和支持，这本书恐怕无法以最佳的状态与读者们见面。

感谢所有 ShardingSphere 团队的成员们，他们将自己在项目中积累的经验毫无保留地贡献给这本书，尤其要感谢潘娟，她牺牲了自己大量的业余时间帮助审阅和校对本书内容，为此投入了巨大的精力。

最后，由衷地感谢电子工业出版社博文视点的编辑孙奇俏老师、张春雨老师对我的帮助和指正，他们的执着使我更加专业。

目录

第 1 章 云原生 ... 1
1.1 互联网架构变迁 ... 2
1.1.1 互联网架构的核心问题 ... 2
1.1.2 从集中式架构到分布式架构 ... 5
1.1.3 从分布式架构到云原生架构 ... 10
1.2 什么是云原生 ... 15
1.2.1 概述 ... 15
1.2.2 云原生与十二要素 ... 16
1.2.3 十二要素进阶 ... 23
1.2.4 云原生与 CNCF ... 24

第 2 章 远程通信 ... 41
2.1 通信方式 ... 41
2.1.1 通信协议 ... 42
2.1.2 I/O 模型 ... 51
2.1.3 Java 中的 I/O ... 53
2.2 序列化 ... 66
2.2.1 文本序列化 ... 67
2.2.2 二进制 Java 序列化 ... 68
2.2.3 二进制异构语言序列化 ... 71
2.3 远程调用 ... 78
2.3.1 核心概念 ... 78
2.3.2 Java 远程方法调用 ... 79
2.3.3 异构语言 RPC 框架 gRPC ... 82

第 3 章 配置 ... 89
3.1 本地配置 ... 89
3.2 配置集中化 ... 90
3.3 配置中心和注册中心 ... 91
3.4 读性能 ... 92
3.5 变更实时性 ... 93
3.6 可用性 ... 94
3.7 数据一致性 ... 96

第 4 章 服务治理 ... 97
4.1 服务发现 ... 97
4.1.1 服务发现概述 ... 97
4.1.2 ZooKeeper ... 100
4.1.3 Eureka ... 109
4.2 负载均衡 ... 112
4.2.1 服务端负载均衡 ... 112
4.2.2 客户端负载均衡 ... 115
4.3 限流 ... 118
4.3.1 限流算法 ... 119
4.3.2 限流实现方案 ... 121
4.3.3 限流的维度与粒度 ... 129
4.4 熔断 ... 131
4.4.1 概述 ... 131
4.4.2 熔断器模式 ... 132
4.4.3 Hystrix ... 133

第 5 章 观察分布式服务 ... 135
5.1 层次划分 ... 136
5.2 核心概念 ... 136
5.3 分布式追踪 ... 138
5.3.1 概述 ... 138
5.3.2 常见的开源解决方案 ... 139

	5.4	应用性能管理与可观察性平台	140
	5.5	Apache SkyWalking	142
		5.5.1　项目定位	142
		5.5.2　SkyWalking 5 核心架构	143
		5.5.3　SkyWalking 5 公开案例	146
		5.5.4　SkyWalking 6 可观察性分析平台	147
第6章	侵入式服务治理方案		157
	6.1	Dubbo	157
		6.1.1　Dubbo 概述	158
		6.1.2　核心流程	160
		6.1.3　注册中心	160
		6.1.4　负载均衡	162
		6.1.5　远程通信	163
		6.1.6　限流	164
		6.1.7　治理中心	165
		6.1.8　监控中心	165
		6.1.9　DubboX 的扩展	166
	6.2	Spring Cloud	168
		6.2.1　概述	168
		6.2.2　开发脚手架 Spring Boot	172
		6.2.3　服务发现	174
		6.2.4　负载均衡	176
		6.2.5　熔断	178
		6.2.6　远程通信	179
第7章	云原生生态的基石 Kubernetes		181
	7.1	Kubernetes 架构	182
	7.2	分层设计理念及架构模型	183
	7.3	设计哲学	184
	7.4	Kubernetes 中的原语	185
		7.4.1　Kubernetes 中的对象	185
		7.4.2　对象的期望状态与实际状态	186

7.4.3 描述 Kubernetes 对象 187
7.4.4 服务发现与负载均衡 188
7.4.5 安全性与权限管理 189
7.4.6 Sidecar 设计模式 190
7.5 应用 Kubernetes 190
7.6 Kubernetes 与云原生生态 192
7.6.1 下一代云计算标准 192
7.6.2 当前存在的问题 192
7.6.3 未来趋势 193

第 8 章 跨语言服务治理方案 Service Mesh 195

8.1 Service Mesh 概述 195
8.1.1 Service Mesh 的由来 195
8.1.2 Service Mesh 的定义 196
8.1.3 Service Mesh 详解 197
8.2 Service Mesh 演进历程 200
8.2.1 远古时代的案例 200
8.2.2 微服务时代的现状 201
8.2.3 侵入式框架的痛点 202
8.2.4 解决问题的思路 206
8.2.5 Proxy 模式的探索 207
8.2.6 Sidecar 模式的出现 208
8.2.7 第一代 Service Mesh 209
8.2.8 第二代 Service Mesh 210
8.3 Service Mesh 市场竞争 212
8.3.1 Service Mesh 的萌芽期 212
8.3.2 急转直下的 Linkerd 212
8.3.3 波澜不惊的 Envoy 214
8.3.4 背负使命的 Istio 214
8.3.5 背水一战的 Buoyant 215
8.3.6 其他参与者 217
8.3.7 Service Mesh 的国内发展情况 219

第 9 章 云原生数据架构 232

- 8.4 Istio 220
  - 8.4.1 Istio 概述 220
  - 8.4.2 架构和核心组件 222

- 9.1 关系型数据库尚能饭否 232
  - 9.1.1 优势 233
  - 9.1.2 不足 234
- 9.2 未达预期的 NoSQL 235
  - 9.2.1 键值数据库 235
  - 9.2.2 文档数据库 236
  - 9.2.3 列族数据库 236
- 9.3 冉冉升起的 NewSQL 237
  - 9.3.1 新架构 238
  - 9.3.2 透明化分片中间件 238
  - 9.3.3 云数据库 239
- 9.4 云原生数据库中间件的核心功能 239
  - 9.4.1 数据分片 239
  - 9.4.2 分布式事务 258
  - 9.4.3 数据库治理 265

第 10 章 分布式数据库中间件生态圈 ShardingSphere 267

- 10.1 缘起 267
  - 10.1.1 内部应用框架 268
  - 10.1.2 开源历程 269
- 10.2 核心功能 271
  - 10.2.1 数据分片 272
  - 10.2.2 分布式事务 301
  - 10.2.3 数据库治理 307
- 10.3 Sharding-JDBC 310
  - 10.3.1 概述 310
  - 10.3.2 使用说明 311

10.4	Sharding-Proxy	316
	10.4.1 概述	316
	10.4.2 使用说明	317
10.5	Database Mesh	317
	10.5.1 概述	317
	10.5.2 Service Mesh 回顾	318
	10.5.3 Database Mesh 与 Service Mesh 的异同	319
	10.5.4 Sharding-Sidecar	320
10.6	未来规划	321

读者服务

轻松注册成为博文视点社区用户（www.broadview.com.cn），扫码直达本书页面。

- **提交勘误**：您对书中内容的修改意见可在 <u>提交勘误</u> 处提交，若被采纳，将获赠博文视点社区积分（在您购买电子书时，积分可用来抵扣相应金额）。
- **交流互动**：在页面下方 <u>读者评论</u> 处留下您的疑问或观点，与我们和其他读者一同学习交流。

页面入口：http://www.broadview.com.cn/35535

第 1 章

云原生

信息技术从出现伊始到渐成主流,其发展历程经历了软件、开源、云三个阶段。从软件到开源,再到云,这也是信息技术的发展趋势。

1. 软件改变世界

纵观人类社会漫长的发展历程,农耕时代、工业时代与信息时代可谓三个明显的分水岭,每个时代都会出现很多新兴的领域。作为信息时代最重要的载体,互联网越来越成为当今社会关注的焦点,互联网的基石之一——软件,正在迅速地改变着这个世界。

2. 开源改变软件

随着软件行业的成熟,相比于"重复造轮子","站在巨人的肩膀上"明显可以更加容易和快速地创造出优秀的新产品。随着开源文化越来越被认可,以及社区文化越来越成熟,使用优秀的开源产品作为基础构架来快速搭建系统以实现市场战略,成了当今最优的资源配比方案。

3. 云吞噬开源

仅通过开源产品搭建并运维一个高可用、高度弹性化的平台,进而实现互联网近乎 100%的可用性,难度可想而知。因此,在提供技术思路的同时,进一步提供整套云解决方案以保障不断扩展的非功能需求,便成了当今新一代互联网平台的追求。

在信息技术的大潮中,每一次通信模式的升级都会给这个世界的合作模式带来变革。

随着互联网在 21 世纪初被大规模接入,互联网由基于流量点击赢利的单方面信息发布的 Web 1.0 业务模式,转变为由用户主导而生成内容的 Web 2.0 业务模式。因此,互联网应用系统所需处理的访问量和数据量均疾速增长,后端技术架构也因此面临着巨大的挑战。Web 2.0 阶段的互联网后端架构大多经历了由 All in One 的单体式应用架构渐渐转为更加灵活的分布式应用架构的过程，而企业级架构由于功能复杂且并未出现明显的系统瓶颈，因此并未跟进。后端开发不再局限于单一技术栈，而是越来越明显地被划分为企业级开发和互联网开发。企业级开发和互联网开发的差别不仅在于技术栈差异，也在于工作模式不同，对质量的追求和对效率的提升成了两个阵营的分水岭，互联网架构追求更高的质量和效率。

随着智能手机的出现以及 4G 标准的普及，互联网应用由 PC 端迅速转向更加自由的移动端。移动设备由于携带方便且便于定位，因此在出行、网络购物、支付等方面彻底改变了现代人的生活方式。在技术方面，为了应对更加庞大的集群规模，单纯的分布式系统已经难于驾驭，因此技术圈开启了一个概念爆发的时代——SOA、DevOps、容器、CI/CD、微服务、Service Mesh 等概念层出不穷，而 Docker、Kubernetes、Mesos、Spring Cloud、gRPC、Istio 等一系列产品的出现，标志着云时代已真正到来。

1.1 互联网架构变迁

1.1.1 互联网架构的核心问题

互联网应用的业务特征决定了它和企业级应用具有诸多不同，具体来说，主要有以下几点。

- **海量用户**

互联网应用几乎无差别地为全世界所有的用户提供服务，与服务于局域网用户的企业级应用相比，其用户量要大得多，由海量用户产生的数据量自然也会呈几何级增长。

与日常生活中的真实场景不同，在网站用户量超过应用负荷的阈值之前，互联网用户不会明显感受到由用户量增长所导致的服务质量下降。举一个简单的例子，当我们去商场购物时，如果只有 10 位顾客在场，所感受到的环境舒适度、所享受的服务质量，以及等待时间，与有 100 位顾客在场时肯定会有很大的不同。而在网上购物时，有 10 位用户同时购买与有 100 位用户同时购买，我们几乎感受不到任何差别。但用户数一旦超过了网站应用所能够承载的阈值，比如 1000 万人同时购买，那么整个网站在处理不当的情况下便会完全失去响应，如果处理得严重不当，还会导致用户交易数据丢失，最坏的情况是部分用户付款之后却不能收到商品，且投诉无门、查无对账。

互联网应用对于用户量的预估远远没有企业级应用那么准确，在业务发展迅速的情况下，用户量的增长是爆发性且没有上限的。

▶ 产品迅速迭代

随着业务模式的快速拓展，互联网应用功能推陈出新的速度也越来越快。在当今这个节奏如此快的时代，时间成本显得非常关键。敏捷地探知市场需求并将其实现，是互联网行业的立命之本。产品快速升级必然会推动开发、测试、交付甚至系统迅速迭代。

▶ 7×24 小时不间断服务

互联网应用是一个面向全球的服务应用，由于具有时区差异，因此应用必须保证全天随时可用。

各种意外情况，如光缆挖断、机房失火等，都可能对系统的可用性产生影响，每次宕机都会造成很大的损失。另外，如果系统设计得不够健壮，对其升级和维护时就要停止服务。频繁的系统升级同样会对系统可用性产生很大的影响，而互联网公司每天多次进行应用上线是很常见的行为，发布常态化已渐渐成为互联网行业的标准。

虽然随时随处可用的难度非常大，但互联网应用会尽量缩短宕机时间。通常使用 3~5 个 9（3 个 9 即 99.9%，4 个 9 即 99.99%，5 个 9 即 99.999%）作为衡量系统可用性的指标，表示系统在 1 年的运行过程中可以正常使用的时间与总运行时间的比值，下面分别计算 3 个 9、4 个 9、5 个 9 指标下的全年宕机时间，我们来感受一下它们的可靠性差异。

> 3 个 9：(1–99.9%)×365×24=8.76 小时
> 4 个 9：(1–99.99%)×365×24=0.876 小时=52.6 分钟
> 5 个 9：(1–99.999%)×365×24=0.0876 小时=5.26 分钟

在真实的运营环境下，系统可用性指标每提升 1 个 9 都是非常不容易的。

▶ 流量突增

不同类型的互联网公司有着不同的流量突增场景。比如，电商类公司的流量会在"双 11"这样的大型促销活动期间突增几倍、几十倍甚至上百倍；社交类公司的流量会在热点事件爆发时突增。

流量突增分为可预期型突增和不可预期型突增，像促销活动、有计划的热点事件（如美国总统大选、世界杯总决赛等）等引起的流量突增属于可预期的流量突增，可以通过提前扩容、预案演练等方式精心为这些流量突增准备应对方案。而意料之外的热点事件（如地震）往往事发突然,系统来不及准备应对措施,因此若系统本身的可用性、弹性等非功能需求十分成熟,便可以在某种程度上应对流量突增了。

❖ 业务组合复杂

很多互联网公司都是跨界巨头,我们知道,即使不跨界,在单一领域编织一个大规模的成型业务系统也并不简单。

以电商行业为例,电商系统在应用系统层面大致可划分为卖场、交易、订单、仓储、物流等主流程系统,搜索、推荐、社区、会员、客服、退换货等面向用户的前端系统,商品、价格、库存、配货、促销、供应链等面向后台员工的后端系统,以及广告、商家、支付、清算、财务、报表等面向合作伙伴的辅助系统,每个应用系统又会划分为很多子系统。一个粗略的电商系统业务架构如图1-1所示。

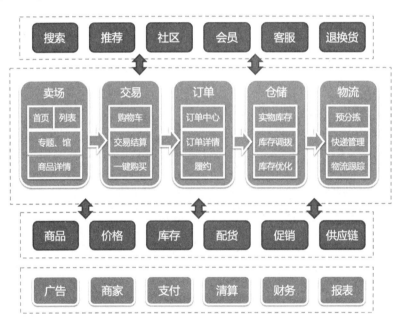

图1-1 一个粗略的电商系统业务架构

由于互联网行业的扩张速度势不可当,以及其业务特征具有特殊性,因此相应的底层支撑技术面临的挑战也越来越大。由规模扩张而衍生的问题包括数据海量、响应迟缓、稳定性差、伸缩性差、系统繁多和开发困难等,因此针对这些问题,互联网的技术架构也在逐渐转变,遵循着从集中式到分布式再到云平台的方向逐步演进。

1.1.2 从集中式架构到分布式架构

集中式架构又称单体式架构，在 Web 2.0 时代并未兴起时，这种架构十分流行。进入 21 世纪以来，基于 Web 应用的 B/S（Browser/Server）架构逐渐取代了基于桌面应用的 C/S（Client/Server）架构。B/S 架构的后端系统大都采用集中式架构，它当时凭借优雅的分层设计统一了服务器后端开发领域。

▶ 传统的三层架构模型

在 Web 2.0 时代刚刚流行的时候，互联网应用与企业级应用并没有本质的区别，集中式架构分为标准的三层：数据访问层、服务层和 Web 层。传统的三层架构模型如图 1-2 所示。

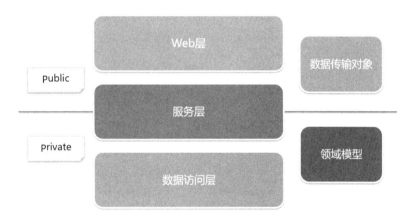

图 1-2　传统的三层架构模型

数据访问层用于定义数据访问接口，实现对真实数据库的访问；服务层用于对应用业务逻辑进行处理；Web 层用于处理异常、逻辑跳转控制、页面渲染模板等，其又被称为 MVC（Model View Controller）层。

这三层之间既可以共享领域模型对象，又可以进行更加细致的拆分。通常的做法是，数据访问层使用实体对象（Entity），每个实体对象对应数据库中的一条数据。实体对象和值对象（VO）组成领域模型（Domain Model），被服务层使用。而逻辑控制层由于需要和前端的 Web 页面打交道，需要封装大量的表单，因此使用由领域模型转换的数据传输对象（DTO）。

服务层是整个系统的核心，它既直接提供公开的 API，也可以通过 Web 层提供 API。服务层同时可以提供部分私有实现，用于屏蔽底层实现细节。数据访问层应该只由服务层直接调用，它无须公开任何公有 API。

由于 NoSQL 在传统三层架构模型时代还未兴起，因此数据访问层主要是对关系型数据库进行访问。在 Java 开发中，访问关系型数据库要通过统一的接口，即 JDBC。通过 JDBC 可以无缝地切换至不同的数据库。常见的关系型数据库有 Oracle、SQL Server、MySQL 和 DB2 等，这些经典的关系型数据库也一直沿用至今。

然而存储于关系型数据库的二维关系表格数据与面向对象的域模型并不容易一一映射，因此出现了很多 ORM（Object-Relationship-Mapping）框架。MyBatis 及其前身 IBATIS，JPA 以及它的默认实现 Hibernate，这些都是 ORM 领域中开源框架的翘楚。JPA 是 Java 官方的持久化层规范，其完全以面向对象理念去操作数据库，这种方式虽然设计新颖，但实际用起来却略显笨重。因此，很多互联网公司都采用了更加轻量、可控性更高的 MyBatis 作为 ORM 框架的首选。

服务层用于编写应用的具体业务逻辑，它需要一个使用便捷且可以对数据访问层和 Web 层承前启后的框架。

Java 官方推荐的 EJB 2.X 过于笨重，其中大量的 XML 配置以及烦琐的部署方式，使得它使用起来非常不便。虽然后来 Sun 公司又推出了 EJB 3.X，在使用上简化了很多，但依然无法成为 Java 开发的标准。

由 Rod Johnson 这位业界大神开发的 Spring Framework，极大地简化了 Java EE 的开发，它提供的 IOC（控制反转）和 AOP（面向切面编程）特性为开发者提供了便利，并且迅速地成了 Java 后端开发的实际标准。Spring Framework 提供了一个容器，容器中的任何对象都以 Bean 的方式注入，它像胶水一样优雅地粘贴数据访问对象和其他第三方组件，它并不仅仅是一个定位于服务层的框架，而是一个贯穿于应用整个生命周期的生态圈。

Web 层又叫 MVC 层，它用于分离前端展现和后端服务。由于 Java 的标准实现——Servlet 侵入了大量的 HttpRequest、HttpResponse、HttpSession 等 API，导致基于 Servlet 开发的程序并不适合用于单元测试，而且实现配置、跳转、表单封装等操作时也需要做大量的重复工作，因此，很多 MVC 框架应运而生，用于改善开发流程。

常见的 MVC 框架有 Strtus 1.X，以及基于 WebWork 封装的 Struts 2.X 和 Spring MVC。初期 Struts 系列由于使用简单而备受青睐，后来 Spring 对 MVC 投入的力度越来越大，由于其更加清晰的设计理念以及强大的与 Spring Framework 融合的能力，使得它渐渐成为业界主流。

在这种 All in One 的集中式架构下，每个开发者都是全栈工程师。由 Spring + Struts（Spring MVC）+ Hibernate 组成的 SSH 框架套件，或由 Spring + Struts（Spring MVC）+ IBATIS（MyBatis）组成的 SSI 框架套件，成了技术选型的主流。当时的软件工程方法论主要关注质量保证和设计灵活性，TDD（测试驱动开发）和 DDD（领域驱动开发）也是时常被讨论的话题。

分布式架构、SOA 和服务化

由于互联网应用规模迅速增长，集中式架构已无法做到无限制地提升系统的吞吐量，它只能通过增加服务器的配置有限度地提升系统的处理能力，这种伸缩方式被称为垂直伸缩。与之相对的伸缩方式被称为水平伸缩，水平伸缩能够仅通过增减服务器数量相应地提升和降低系统的吞吐量。这种分布式系统架构，在理论上为吞吐量的提升提供了无限的可能。因此，用于搭建互联网应用的服务器也渐渐放弃了昂贵的小型机，转而采用大量的廉价 PC 服务器。

分布式系统的引入，虽然解决了整个应用的吞吐量上限问题，但它并不是能够解决一切问题的"银色子弹"。分布式系统在带来便利的同时，也带来了额外的复杂度。

分布式场景下比较著名的难题就是 CAP 定理。CAP 定理认为，在分布式系统中，系统的一致性（Consistency）、可用性（Availability）、分区容忍性（Partition tolerance），三者不可能同时兼顾。在分布式系统中，由于网络通信的不稳定性，分区容忍性是必须要保证的，因此在设计应用的时候就需要在一致性和可用性之间权衡选择。互联网应用比企业级应用更加偏向保持可用性，因此通常用最终一致性代替传统事务的 ACID 强一致性。

随着分布式系统架构的普及，越来越多的互联网公司在重新审视一个并不崭新但却一直难于落地的概念，那就是 SOA。

SOA 即面向服务架构，这是一个特别宽泛的概念，可以简单地认为 SOA 约等于"模块化开发 + 分布式计算"。SOA 需要从宏观和微观两个不同的角度讨论。

宏观 SOA 面向高层次的部门级别、公司级别甚至行业级别，涉及商业、管理、技术等方面，设计时要全局考虑。SOA 是面向宏观层面的架构，其带来的收益也最能在宏观层面体现出来，因此很多业界专家都认为 SOA 的概念过于抽象、不接地气。

微观 SOA 则面向团队和个人，涉及具体服务在业务、架构和开发方面的实施，在架构体系上包括服务治理、服务编排等内容。微观层面的 SOA 更容易实施。

由于 SOA 有相当大的实施难度和相当高的学习门槛，因此我们不妨先从一个小故事说起，从中"管窥"一点 SOA 的大意和作用。根据亚马逊前著名员工 Steve Yegge 的著名"酒后吐槽"事件可知，2002 年左右，亚马逊 CEO 贝佐斯就在亚马逊内部强制推行了以下六项原则（摘自酷壳网）。

- 所有团队开发的程序模块都要通过 Service 接口将数据与功能开放出来。

- 团队间程序模块的信息通信都要通过上述接口。

- 除上述通信方式外,其他方式一概不允许使用:不能直接连接程序,不能直接读取其他团队的数据库,不能使用共享内存模式,不能使用他人模块的内部入口等。

- 任何技术都可以使用,比如 HTTP、Corba、发布/订阅、自定义的网络协议等。

- 所有的 Service 接口,毫无例外,都必须从骨子里到表面上被设计成能对外界开放的。也就是说,团队必须做好规划与设计,以便未来把接口开放给全世界的程序员。

- 不按照以上要求做的人会被炒鱿鱼。

据说,亚马逊网站上展示产品明细的页面,可能需要调用上百个服务,以便生成高度个性化的内容。贝佐斯还提到,亚马逊的公司文化已经转变成"一切以服务为第一",公司的系统架构都围绕这一宗旨构建。如今,这已经成为亚马逊进行所有设计的基础。贝佐斯的六项原则展示出了超强的信念和高远的眼光,即使放到十几年后的今天,依然令人感到醍醐灌顶。

由于分布式系统十分复杂,因此产生了大量的用于简化分布式系统开发的分布式中间件和分布式数据库,服务化的架构设计理念也被越来越多的公司所认同。

2011 年前后,阿里巴巴开源的 Dubbo 框架成为对后世影响深远的一款分布式服务框架。Dubbo 官方文档公布了一张有关 SOA 系统演化过程的图片(见图 1-3),彻底奏响了分布式和 SOA 时代的最强音。服务发现、负载均衡、失效转移、动态扩容、数据分片、调用链路监控等分布式系统的核心功能也一个个趋于成熟。

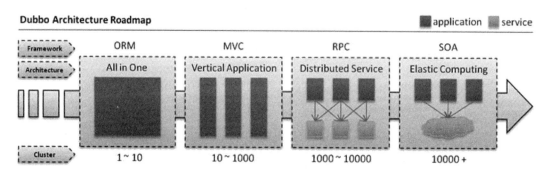

图 1-3 SOA 系统演化过程

自动化运维

随着分布式系统愈加成熟，应用的规模越来越大，系统构成也越来越复杂，服务器的数量迅速地从几十台、上百台增加到成千上万台。企业内部服务器数量的大幅增长，使得服务器出现故障的频次也大幅增加，手工运维时代的瓶颈随之到来。

运维工程师越来越难以远程登录每一台服务器去搭建环境、部署应用、清理磁盘、查看服务器状态以及排查系统错误，此时急需自动化运维体系与开发技术体系配合。自动化运维工具主要包括两大类：监控自动化工具以及流程自动化工具。

监控自动化工具可以对服务器的 CPU、内存、磁盘 I/O、网络 I/O 等重要配置进行主动探测监控，一旦指标超过或接近阈值则自动通过邮件、短信等方式通知相关责任人。使用 Nagios、Zabbix 等系统监控工具可以有效实现这一点。

流程自动化工具主要对服务器进行维护，同时实现应用上线部署等日常操作的自动化和标准化。Puppet、Chef、Ansible、SaltStack 等自动化运维管理工具的出现，快速地将运维工作推向自动化，让一名运维工程师可以很容易地维护成千上万台服务器。

解放交付的 DevOps

分布式架构解决了互联网应用吞吐量的瓶颈；越来越成熟的分布式中间件也屏蔽了分布式系统的复杂度，提升了开发工程师的工作效率；自动化运维工具则提升了运维工程师的工作效率。但是，由于目标不同，在固有的将开发和运维划分为不同部门的组织结构中，部门之间的配合并不总是很默契的。

开发部门的驱动力通常是频繁交付新特性，而运维部门则更关注服务的可靠性。两者目标的不匹配使得部门之间产生了鸿沟，从而降低了业务交付的速度与价值。

直到 DevOps 方法论出现，开发与运维之间的鸿沟才得以渐渐消失。DevOps 是可以帮助开发工程师和运维工程师在实现各自目标的前提下，向最终用户交付价值最大化、质量最高的成果的一系列基本原则。DevOps 在软件开发和交付流程中强调"在产品管理、软件开发以及运维之间进行沟通与协作"。

DevOps 是一种公司文化的变迁，它代表了开发、运维和测试等环节之间的协作，因此多种工具可以组成一个完整的 DevOps 工具链，如图 1-4 所示。

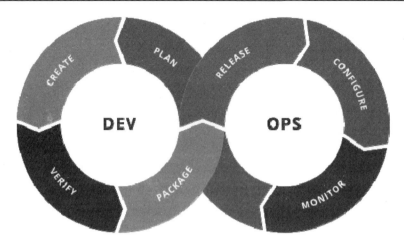

图 1-4　DevOps 工具链

1.1.3　从分布式架构到云原生架构

随着虚拟化技术的成熟和分布式架构的普及，用来部署、管理和运行应用的云平台被越来越多地提及。IaaS、PaaS 和 SaaS 是云计算的三种基本服务类型，分别表示关注硬件基础设施的基础设施即服务、关注软件和中间件平台的平台即服务，以及关注业务应用的软件即服务。容器的出现，使原有的基于虚拟机的云主机应用，彻底转变为更加灵活和轻量的"容器+编排调度"的云平台应用。

↘ 新纪元的分水岭——容器技术

在过去几年里，云平台发展迅速，但其中困扰运维工程师最多的，是需要为各种迥异的开发语言安装相应的运行时环境。虽然自动化运维工具可以降低环境搭建的复杂度，但仍然不能从根本上解决环境的问题。

Docker 的出现成为了软件开发行业新的分水岭，容器技术的成熟也标志着技术新纪元的开启。Docker 提供了让开发工程师可以将应用和依赖封装到一个可移植的容器中的能力，这项举措使得 Docker 大有席卷整个软件行业并且进而改变行业游戏规则的趋势，这像极了当年智能手机刚出现时的场景——改变了整个手机行业的游戏规则。Docker 通过集装箱式的封装方式，让开发工程师和运维工程师都能够以 Docker 所提供的"镜像+分发"的标准化方式发布应用，使得异构语言不再是捆绑团队的枷锁。

新纪元的编排与调度系统

容器单元越来越散落使得管理成本逐渐上升，大家对容器编排工具的需求前所未有的强烈，Kubernetes、Mesos、Swarm 等为云原生应用提供了强有力的编排和调度能力，它们是云平台上的分布式操作系统。

Kubernetes 是目前世界范围内关注度最高的开源项目，它是一个出色的容器编排系统，用于提供一站式服务。Kubernetes 出身于互联网行业巨头——Google，它借鉴了由上百位工程师花费十多年时间打造的 Borg 系统的理念，安装极其简易，网络层对接方式十分灵活。

Mesos 则更善于构建一个可靠的平台，用来运行多任务关键工作负载，包括 Docker 容器、遗留应用程序（如 Java）和分布式数据服务（如 Spark、Kafka、Cassandra、Elastic）。Mesos 采用两级调度的架构，开发人员可以很方便地结合公司的业务场景定制 Mesos Framework。

其实无论是 Kubernetes 还是 Mesos，它们都不是专门为了容器而开发的。Mesos 早于 Docker 出现，而 Kubernetes 的前身 Borg 更是早已出现，它们都是基于解除资源与应用程序本身的耦合限制而开发的。运行于容器中的应用，其轻量级的特性恰好能够与编排调度系统完美结合。

唯一为了 Docker 而生的编排系统是 Swarm，它由 Docker 所在的 Moby 公司出品，用于编排基于 Docker 的容器实例。不同于 Kubernetes 和 Mesos，Swarm 是面向 Docker 容器的，相较于 Kubernetes 面向云原生 PaaS 平台，以及 Mesos 面向"大数据+编排调度"平台，Swarm 显得功能单一。在容器技术本身已不是重点的今天，编排能力和生态规划均略逊一筹的 Swarm 已经跟不上前两者的脚步。

Kubernetes 和 Mesos 的出色表现给行业中各类工程师的工作模式带来了颠覆性的改变。他们再也不用像照顾宠物那样精心地"照顾"每一台服务器，当服务器出现问题时，只要将其换掉即可。业务开发工程师不必再过分关注非功能需求，只需专注自己的业务领域即可。而中间件开发工程师则需要开发出健壮的云原生中间件，用来连接业务应用与云平台。

架构设计的变革——微服务

单体应用虽然简单且深入人心，但是随着越来越多的应用被部署到云端，它的劣势也体现得愈加明显。因为应用变更的范围和周期被捆绑在一起，因此即使只变更应用的一部分，也需要重新构建并部署整个单体应用，而且扩展时无法只对需要更多资源的部分模块进行单独扩展，必须将应用整体扩展。这种粗粒度的划分，不利于对系统进行管理，也不利于资源的充分利用。

因此，人们越来越倾向于将应用进行合理的拆分。

在过去的几年中，微服务已经迅速成为了技术圈最热门的术语之一，微服务是一种架构风格，它将一个复杂的单体应用分解成多个独立部署的微型服务，每个服务运行在自己的进程中，服务间的通信采用轻量级通信机制，如 RESTful API。服务可以使用不同的开发语言和数据存储技术。通过服务拆分，系统可以更加自由地将资源分配到所需的应用中，而无须直接扩展整个应用。图 1-5 直观地展现了单体应用与微服务的区别。

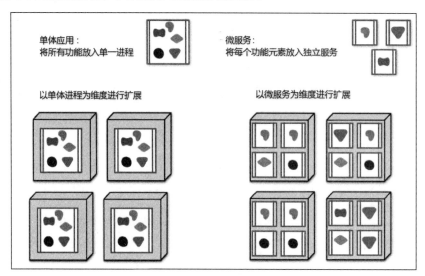

图 1-5　单体应用与微服务的区别

采用微服务架构风格的团队将围绕业务组织团队，而不是围绕技术组织团队，这一点和 DevOps 有异曲同工之妙。实施微服务前的组织结构如图 1-6 所示，对于集中式架构而言，拆分大型应用通常需要在技术层面上设立 UI 团队、后端开发团队、数据库团队。在这种团队划分方式下，即使进行简单更改也会导致协作团队垮掉。

微服务架构风格则采用围绕业务线进行划分的方式，以保证一个团队中能拥有 UI 工程师、开发工程师、DBA 和项目经理。实施微服务后的组织结构如图 1-7 所示。

微服务的优势是通过清晰的模块边界构建易于理解的架构风格，它可以让每个服务具有独立部署、与开发语言无关的能力。分布式系统的开发成本和运维开销则是伴随微服务的普及而需要付出的代价。

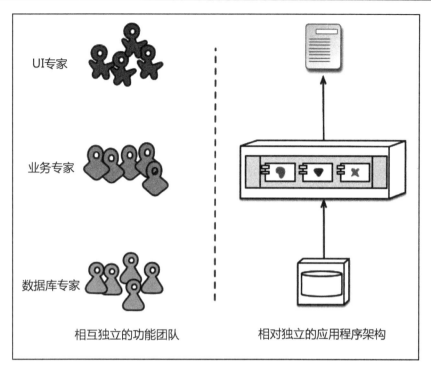

图 1-6 实施微服务前的组织结构

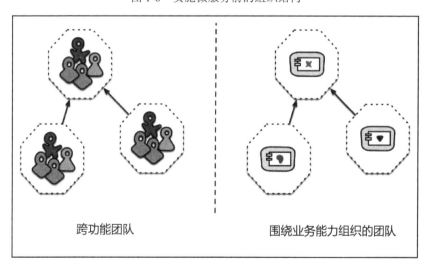

图 1-7 实施微服务后的组织结构

相比于集中式架构,微服务架构需要额外处理的分布式开发和运维工作包括以下几点。

- 配置管理。相比于集中式架构的属性文件配置方式，微服务架构更加倾向于使用集中化的配置中心来存储配置数据。配置中心不一定在任何时候都是100%高可用的，大部分时间，配置是从客户端的缓存中读取的，如果配置中心恰好在配置修改时不可用，就会带来很大的影响，导致配置修改无法及时生效。配置修改要想及时生效，配置中心必须有推送配置变更事件的能力。如果配置中心是高可用的，也要慎重考虑如何保证多个配置中心间的数据一致性。

- 服务发现。单体应用的服务是可数且可人工运维的，而对于基于微服务架构的应用而言，其服务数非常多，数不胜数。因此，微服务框架要具有服务发现的能力。一般情况下，服务发现是通过向注册中心注册服务实例的运行时标识以及对其进行监听并反向通知其状态变化来实现的。

- 负载均衡。与服务发现类似，大量的微服务应用实例无法通过静态修改负载均衡器的方式进行运维，因此需要反向代理或使用客户端负载均衡器配合服务发现动态调整负载均衡策略。

- 弹性扩缩容。这是集中式架构所不具备的能力，即能够在流量洪峰期通过增加应用实例的水平伸缩来增强服务的处理能力，并且能够在流量回归正常时简单地关闭应用实例，平滑地将多余的资源移出集群。

- 分布式调用追踪。大量微服务应用的调用和交互，需要依靠一套完善的调用链追踪系统来实现，包括确定服务当前的运行状况，以及在出现状况时迅速定位相应的问题点。

- 日志中心。在微服务架构中，散落在应用节点上的日志不易排查，而且随着应用实例的销毁，日志也会丢失，因此需要将日志发送至日志中心统一进行存储和排查。

- 自愈能力。这是一个进阶功能，如果微服务应用可以通过健康检查感知各个服务实例的存活状态，并通过系统资源监控以及SLA分析获知应用当前的承载量，同时应用本身具有弹性扩缩容能力且微服务管控系统具有自动服务发现以及调整负载均衡的能力，那么便可以根据合理的调度策略配置通过调度系统来自动增加、关闭和重启应用实例，达到系统自愈的效果，使系统更加健壮。

在容器技术开源社区、编排系统开源社区的推动，以及微服务等开发理念的带动下，将应用部署到云端已经是不可逆转的趋势。随着云化技术的不断发展，云原生的概念也应运而生。在现有业务代码不变的情况下，要想让分布式系统无缝入云，需要改变的就是中间件。因此，从分布式中间件向云原生中间件变迁，便是本书的重点。

1.2 什么是云原生

云原生（Cloud Native）最初是由 Pivotal 公司的 Matt Stine 于 2013 年提出的。Pivotal 公司先后开源了云原生的 Java 开发框架 Spring Boot 和 Spring Cloud。随后，Google 在 2015 年成立了 CNCF（Cloud Native Computing Foundation），使得云原生受到越来越多的关注。

1.2.1 概述

要想理解什么是云原生，我们需要先理解什么是云。

有人认为"云"的同义词是"可公开所有信息的互联网"，这个说法是不正确的。云一般指的是一个提供资源的平台，云计算的本质是按需分配资源和弹性计算。

顾名思义，云原生应用即专门为在云平台部署和运行而设计的应用。云原生应用并非完全颠覆传统的应用，采用云原生的设计模式可以优化和改进传统应用模式，使应用更加适合在云平台上运行。

在云计算越来越流行的今天，云原生成了一个必然的导向。云原生存在的意义是解放开发和运维，而不是让开发和运维工作变得更加复杂和繁重。

其实，大部分传统应用即便不做任何改动，也可以在基于 Linux 操作系统内核的云平台上部署和运行，但是仅以能够部署和运行为主要目的，将云主机当作物理机一样使用，是无法充分利用云平台的能力的。

让应用能够利用云平台实现资源的按需分配和弹性伸缩，是云原生应用被重点关注的地方。云原生还关注规模，分布式系统应该具备将节点扩展到成千上万个的能力，并且这些节点应具有多租户和自愈能力。

云原生使得应用本身具有"柔性"，即面对强大压力的缓解能力以及压力过后的恢复能力。正所谓"刚而易折，柔则长存"，对于一个单机处理能力很强的"刚性"系统而言，一旦崩溃，则很难恢复；而通过云原生实现的关注分布式与可水平伸缩的"柔性"系统，是不太容易全线覆灭的。

从本质上来说，云原生是一种设计模式，它要求云原生应用具备可用性和伸缩性，以及自动化部署和管理的能力，可随处运行，并且能够通过持续集成、持续交付工具提升研发、测试与发布的效率。

在云原生体系中，有下面两组词语用于形容应用。

- 无状态（stateless）、牲畜（cattle）、无名（nameless）、可丢弃（disposable）：表示应用并未采用本地内存和磁盘存储状态和日志，因此可以将应用随意部署到另一个全新的环境中，在本书中我们将这类应用统称为无状态应用。

- 有状态（stateful）、宠物（pet）、有名（having name）、不可丢弃（non-disposable）：表示应用状态将依赖于本地的运行环境，因此无法将应用随意部署至其他环境，应用是不能随意扩展的，在本书中我们将这类应用统称为有状态应用。

1.2.2 云原生与十二要素

十二要素（The Twelve Factors）是由 Heroku 团队提出的云应用设计理念，它为构建流程标准化和高可移植的 SaaS 应用提供了完善的方法论。遵循十二要素设计的应用具备云原生应用的所有特征。十二要素适用于任何语言开发的后端应用服务，它提供的方法论和核心思想如下。

- 将流程自动化和标准化，降低新员工的学习成本。

- 划清与底层操作系统间的界限，以保证最大的可移植性。

- 适合部署在现代云平台上，避免对服务器与操作系统进行管理。

- 将开发环境与生产环境的差异降至最低，便于实施持续交付和敏捷开发。

- 应用可以在不改变现有工具、架构或开发流程的情况下，方便地进行水平伸缩。

十二要素重点关注应用程序的健康成长，开发者之间的有效代码协作，以及避免软件腐蚀。十二要素的内容如图 1-8 所示。

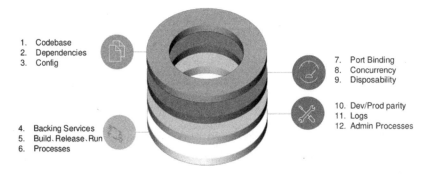

图 1-8　十二要素

下面我们来逐条介绍一下十二要素。

1. 基准代码（Codebase）

同一应用对应同一套基准代码，并能够多次部署。

部署到不同环境的同一个应用，其基准代码库应该相同，但每份部署可以包含各自环境中的不同配置。一次部署对应一个运行起来的应用程序，应用与部署的关系是一对多的，这体现了应用代码的可重用性。同一套基准代码可以重用到多次部署中去，共享的是代码，而不同的仅仅是配置。从另一个角度来说，非运行时的应用对应的是代码仓库，它的每一个运行时实例都对应一次部署，同一代码仓库可以保障应用的复原能力。

推荐使用 Git、SVN 等优秀的源代码管理工具作为基准代码库。基准代码与部署的关系如图 1-9 所示。

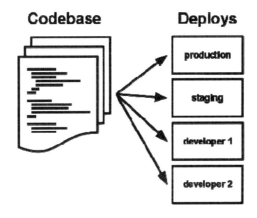

图 1-9　基准代码与部署的关系

2. 依赖（Dependencies）

显式声明第三方依赖。

随着技术的发展，应用程序的开发已不再是一个从零开始的过程，大量的第三方类库使得工程师们可以站在巨人的肩膀上进行增量式开发。应用程序不应隐式地依赖类库，而是应该通过依赖清单明确地声明其依赖项。

显式声明依赖简化了环境配置流程，开发工程师仅需要安装编程语言环境和它对应的依赖管理工具，并从代码库中检索出代码，即可通过一个命令来构建所有的依赖项，从而轻松地开始工作。

十二要素要求应用同样不应该隐式依赖某些系统工具，比如 curl。即使这些系统工具存在于所有的现代操作系统中，也无法保证未来的操作系统都能支持或兼容现有应用的使用方式。

现代编程语言都会提供依赖打包管理工具，如 Java 语言的 Maven、Gradle 以及早期的 Ant 等。

3．配置（Config）

将配置存储至环境变量。

应用的配置在不同环境中部署时也会有所差异，若应用将配置以编码的方式写入程序的常量，则会造成代码与配置混淆。十二要素强调配置应该与代码分离，不应在源码中包含任何与环境相关的敏感信息。

虽然将配置提炼到属性文件可以实现将其与代码分离，但属性文件仍然可能会被不小心地提交至源码仓库。因此，十二要素推荐将配置存储于环境变量中，这样可以非常方便地在不同的部署环境间修改，而无须改动代码。

与配置文件相比，环境变量与语言和系统无关。将配置存储在环境变量中能够方便与 Docker 等基于容器的应用配合使用，也易于与 Kubernetes 的 ConfigMap 配合使用。将配置排除在代码之外的标准取决于，应用是否可以立刻开源且不必担心暴露任何系统的敏感信息。

十二要素并不赞同采用配置分组的方式管理配置。有些开发团队愿意将应用的配置按照特定的环境（如开发环境、测试环境和生产环境）进行分组。采用配置分组方式不利于扩展，当工程师添加他们自己的开发环境（例如 john-dev）时，将导致各种配置组合激增，给管理部署增加额外的不确定性。

十二要素要求环境变量的粒度足够小且相对独立，它们不应该作为环境组合使用，而是应该独立存在于每个部署之中。当应用程序拥有更多种类的配置项或进行环境部署时，采用这种配置管理方式更容易实现平滑过渡。

需要特别指出的是，这里所指的配置并不包括应用程序的内部配置。举例来说，Spring 容器中 Bean 的依赖注入配置，或者 Servlet 的映射配置文件 web.xml 等，它们更应该被认为是代码的一部分。

4．后端服务（Backing Services）

将后端服务作为松耦合的资源。

后端服务是指应用程序所依赖的通过网络调用的远程服务，如数据库、缓存、消息中间件以及文件系统等，不同后端服务之间的区别仅仅在于资源的 URL 不同。

十二要素要求应用程序不应该区别对待本地服务和远程服务，它们同样都属于附加资源。应用程序可以在不改动任何代码、仅修改资源地址的情况下，将出现硬件问题的数据库切换为备份数据库，或将本地数据库切换为云数据库。应用程序与这些附加资源应该保持松耦合的状态。图 1-10 展示了后端服务松耦合的状态。

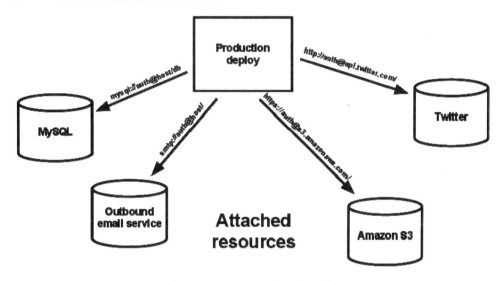

图 1-10　后端服务松耦合的状态

5. 构建、发布、运行（Build、Release、Run）

严格分离构建阶段与运行阶段。

分离构建阶段与运行阶段的根本在于，要严格区分应用的非运行时状态和运行时状态。构建是将应用的源代码编译打包成可执行软件的过程，属于非运行时行为。将基准代码转化为一份部署一般要经过构建阶段、发布阶段和运行阶段。构建阶段是将源码从编译状态转化为可执行的二进制文件的过程；发布阶段是将构建结果与当前部署所需要的配置相结合，并分发至运行环境的过程；运行阶段是在执行环境中启动一系列发布完毕的应用程序进程的过程。

十二要素规定，禁止在运行阶段改动代码，这样做会导致基准代码失去同步。建议每个发布版本对应一个唯一的发布 ID，发布版本只能追加而不能修改，除了回滚，其他变动都应该产生新的发布版本。构建与发布的流程如图 1-11 所示。

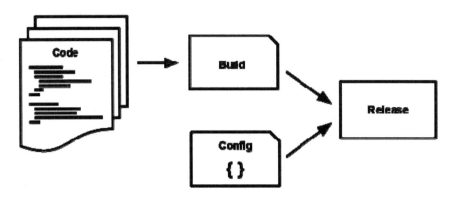

图1-11 构建与发布的流程

6. 进程（Processes）

将应用作为无状态的进程运行。

应用进程应该是无状态的。只有无状态的应用才能做到水平伸缩，从而利用云平台弹性伸缩的能力，而需要持久化的数据应该存储于后端服务中。

在有些遗留系统的设计中，Web应用通常会将用户会话中的数据缓存至内存，并保证将同一用户的后续请求路由到同一个进程，这种会话被称为黏性会话。十二要素并不推荐这种做法，会话数据应该保存至 Redis 这样的带有过期时间的缓存中，并作为后端服务提供服务。

7. 端口绑定（Port Binding）

通过端口绑定对外发布服务。

应用本身对于发布服务的环境不应该有过多的要求，不需要依赖云平台提供应用运行容器，只要云平台分配某个端口对外发布服务即可。通过端口绑定访问服务也意味着任何应用都可以成为另一个应用的后端服务。

例如，可以利用 Jetty 这种内嵌的 Web 服务器或 Spring Boot 等快速开发框架来开发包含可发布 HTTP 服务的应用。

8. 并发（Concurrency）

能够通过水平伸缩应用程序进程来实现并发。

云平台操作系统与 UNIX 操作系统类似，运行在系统之上的不同进程彼此独立并且共享操作系统管理的硬件资源。不同的应用彼此独立、互不干扰地运行在一个云平台上，可以充分利用云平台的整体计算能力。这样的进程模型对于系统扩容非常实用。

开发人员应该将不同类型的工作分配给不同的进程，例如，将 HTTP 请求交给 Web 服务器的进程来处理，将常驻后台进程交给 worker 进程负责，将定时任务交给 clock 进程负责。这条原则与微服务的设计原则有异曲同工之妙，它希望应用开发者将应用的职责尽可能进行拆分。图 1-12 清晰地展示了如何通过增加不同类型的应用进程来实现系统的水平伸缩。

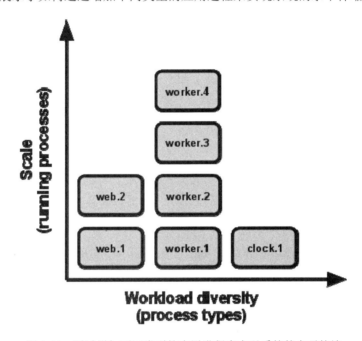

图 1-12　通过增加不同类型的应用进程来实现系统的水平伸缩

9. 已处理（Disposability）

可以快速启动和优雅关闭应用。

快速启动是为了充分利用云平台根据需要调度资源的能力，在需要的时候，以最小的延时扩展计算能力，提供服务。优雅关闭是为了保证应用逻辑的完整性，将该完成的任务正确完成并释放资源，将未能完成的任务重新交回系统由其他应用的运行实例来继续完成。随时可能有大量部署在云平台上的应用实例启动、运行和关闭，因此快速启动和优雅关闭应用对于维持系统的高性能和稳定性尤为重要。

10. 开发环境与线上环境等价（Dev/Prod parity）

要保持开发环境与线上环境等价。

开发环境和线上环境之间存在着很多差异，主要包括代码差异和操作差异。开发人员正在编写的代码可能需要很长时间才会上线，这将导致开发环境和线上环境的代码差异很大。在开发环境中，代码一般由开发人员编写并调试，而在线上环境中，代码则由运维人员部署，不同的操作方式也可能带来环境的差异。

保持环境一致，可以提高功能测试和集成测试的有效性，避免出现开发环境测试正常但生产环境出现问题的情况。推荐使用 Jenkins 等持续集成工具来缩短生产代码和代码库中的代码不一致的时间，并采用自动化部署的方式避免操作差异。

11. 日志（Logs）

使用事件流处理日志。

运行在云平台上的应用处在复杂的分布式基础设施之上，如果日志仍然写在硬盘的一个文件中，将给系统排错或通过日志挖掘信息带来很大的困难，并且当日志与应用绑定时，应用不能作为无状态进程，也就无法充分利用云平台的扩容能力了。

为了解决以上问题，我们应采取相应措施——应用将日志输出到标准输出（STDOUT），然后由云平台统一收集并处理。在线上环境中，进程的输出事件流由运行环境截获，运行环境会将所有输出事件流整合在一起，然后发送给一个或多个最终的处理程序，用于查看或长期存档。

推荐使用 Flume、Filebeat 或 fluentd 等日志收集工具。日志事件流最终可以被发送到 Elasticsearch 或 Splunk 这样的日志索引及分析系统中，用于排错查询和后期分析。

12. 管理进程（Admin Processes）

将后台管理任务当作一次性进程运行。

与用来处理应用的常规业务进程不同，工程师经常希望执行一些用于管理或维护应用的一次性任务，这类任务被称为后台管理任务，例如检查和清理环境、迁移数据等。

这些后台管理任务应该作为一次性进程，与常驻进程使用同样的环境，基于同样的代码库和配置发布运行。总而言之，一次性进程同样应该遵循前面提到的十一个要素。

遵循十二要素的应用程序环境是一次性且可复制的。由于应用程序的状态均通过后端服务持有，因此无状态的应用有助于编排系统自动化扩展。扩容时，编排系统仅须将应用程序的运行时环境数量扩充到期望位并直接启动进程即可；缩容时，则需要停止应用进程并删除环境，无须进行环境状态备份。

要想了解有关十二要素的详细内容，请参见官方网站：https://www.12factor.net/。

1.2.3 十二要素进阶

在十二要素发布之后，就职于 Pivotal 公司的 Kevin Hoffman 出版了 *Beyond the Twelve-Factor App* 一书，书中不仅对原十二要素进行了更加详细的阐述，还增加了三个新要素，具体如下。

1．优先考虑 API 设计（API first）

在云原生应用中，系统之间的跨进程调用是不可避免的，因此对于开发者而言，设计出合理的、具有高兼容性的交互 API 是首要任务。

API 如同契约，一旦生效，就应该尽可能少地被改动。若 API 在投入使用后再进行修改，其影响范围可能不易掌控，还会波及很多外部系统。相反，在 API 不改动的情况下，修改内部实现则相对容易。

无论使用 RESTful API、WebService API，还是同构语言的接口级别 API，都应该优先勾勒一个 API 的设计蓝图。

设计一个具有前瞻性的 API 并不容易，在很多情况下需要对现有的 API 进行改动。每次对 API 进行改动都需要做到向后兼容，并为每次改动提供唯一的版本号。应尽量避免废止原有的 API，以及修改原有 API 中已经存在的属性，而应该通过增量的方式增加新的功能。

2．通过遥测感知系统状态（Telemetry）

对于部署在云环境上的应用，其系统环境是封闭且隔离的，在出现状况时不应该登录有问题的物理服务器去观察和收集应用的状态，况且不同的云原生应用实例是无差别地被混合部署在物理机上的，如果采用微服务架构，应用的实例数量还会呈几何级增长，出现问题时通过登录物理服务器来解决是不现实的。

云原生应用的无状态特性使得解决故障变得非常简单。应用本身出现问题时可以直接关闭该应用进程，物理服务器出现问题则可以直接将该服务器移出集群。通过调度编排系统可以自动在其他服务器上启动相应个数的实例，整个过程基本不需要人为参与。因此云原生应用需要通过遥测来感知应用以及服务器本身的状况，暴露尽量多的监测信息为运维工程师或云调度系统提供判断和处理问题的依据，应用本身则需要提供包括 APM 信息、健康检查、系统日志在内的采集数据。

将云原生应用比喻为一个太空探测器比较贴切。它可以通过遥控的方式采集它所在星球的各类样本，但无须通过宇航员真正登陆那个星球来完成每个操作。

3．认证和授权（Authentication and Authorization）

虽然十二要素中并没有提到安全问题，但在云环境中，安全是至关重要的。开发者通常关注更多的是如何实现业务功能，但与此同时，开发者需要知道，云原生应用所运行的云环境中可能包含某些不为人知的其他应用。

将安全问题完全抛给云平台是很危险的，因此建议采用 OAuth2 认证和 RBAC 授权等比较完善的安全机制。

十二要素以及以上三个补充要素为设计云原生应用提供了思路，设计应用时不必完全生搬硬套，也不一定每一条都得满足，灵活运用即可，建议根据应用适合的场景进行裁剪和改良。

1.2.4　云原生与 CNCF

2015 年，Google 牵头创立了 CNCF（Cloud Native Computing Foundation），同年，CNCF 发布了其标志性作品——Kubernetes 1.0。由此，围绕 CNCF 又产生了许多很有价值的云原生项目。CNCF 独立维护了一个全景图项目，该项目发布非常频繁，截止到本书写作时，其最新版本是 0.9.9。大家可以在 GitHub 上查看相关内容。

如图 1-13 所示，在 CNCF 全景图中，云原生的生态圈在横切面上被划分为五层，同时在纵切面上又规划出两部分作为共用层。五层分别是应用定义与开发层、编排与治理层、运行时层、供应保障层和云设施层。另外两部分是观察与分析、平台。将这些功能整合起来就是一个完善的云平台服务产品。

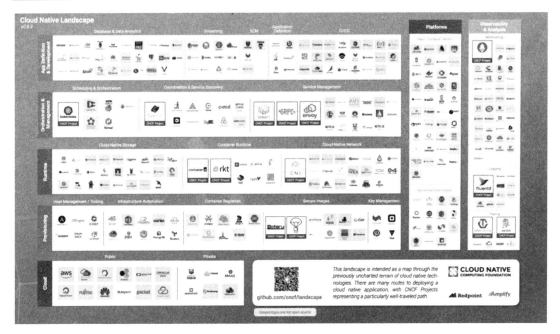

图 1-13　CNCF 全景图

图 1-13 中所含信息量巨大，无法看清细节，下面我们就层层递进地来仔细解读一下 CNCF 全景图。首先来看看横切面五层中每层涵盖的内容。

应用定义与开发层

如图 1-14 所示，应用定义与开发层中的内容对于有经验的技术人员来说是比较熟悉的。无论是否要开发基于云原生的应用，这些内容都是开发和运维的基础，与传统开发模式并无二致。

图 1-14　应用定义与开发层

应用定义与开发层包括数据库与数据分析、流式处理、软件配置管理、应用定义以及持续集成/持续交付，下面分别来看。

1. 数据库与数据分析

图 1-15 展示了 CNCF 应用定义与开发层中数据库与数据分析部分的内容。

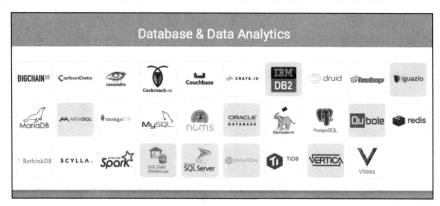

图 1-15　数据库与数据分析

这部分主要包括数据库与大数据分析工具，涉及关系型数据库、NoSQL、NewSQL、数据库中间层以及大数据处理方案。

基于 SQL 操作的关系型数据库主要包括 Oracle、SQL Server、MySQL、PostgreSQL、DB2、MariaDB 等。虽然各种新型数据库层出不穷，但关系型数据库的存储引擎毕竟经历了数十年的打磨，又有经典的 ACID 事务模型作为支撑，因此它作为核心数据存储选型的地位不可撼动。针对关键业务，大部分企业依然倾向于采用关系型数据库进行存储，如存储交易数据、订单信息等。数据库本身的稳定性、SQL 的查询灵活度、开发工程师的熟悉程度以及数据库管理员的专业度等，共同形成了关系型数据库的强大生态圈，使得关系型数据库始终是格式化数据存储行业最优先的选择。

作为关系型数据库的有效补充，NoSQL 数据库在数据存储领域也占据重要地位，常用的有 MongoDB、Couchbase、Redis、Cassandra、HBase、Neo4j 等。面向文档、面向列簇、面向 Key-Value、面向图等的 NoSQL 数据库在数据的分布式处理方面表现得更加优秀，编程模型也更加贴近面向对象原有的方式，虽然查询的灵活度远不如 SQL，但在特定场景中的性能、对面向对象的原生存储能力、无 Schema 模式等方面都做得很不错，因此在适合的业务场景下，NoSQL 数据库也大有用武之地。比如，将 Redis 当作缓存，将 Neo4j 当作关系分析的数据库，将 MongoDB 当作存储 Schema 易变型数据的数据库，这些都是很常见的使用方式。

NewSQL 数据库目前是新一代数据库的焦点，是颠覆关系型数据库统治地位的有力竞争者。

它在兼容 SQL 的同时，更加擅长分布式处理。其中的优秀代表是 PingCAP 开源的 TiDB。

TiDB 采用 Key-Value 存储引擎，采用不同于 ACID 的强一致分布式事务，可动态平滑地进行数据迁移，自动水平伸缩，也可以在线修改 Schema，进行索引变更，是完整的数据存储方案。但新的存储引擎的成熟度毕竟还需要时间来检验，而且"无须专业数据库管理员运维"的理念也需要时间来让更多的企业接受。因此，愿意尝试的公司仍然秉持"关系型数据库和 NewSQL 数据库共用"的较为谨慎的态度。随着时间的沉淀，相信 NewSQL 的前景会越来越光明。

大数据处理方案用在离线或准实时的计算大数据的技术栈中，如 Hadoop、Spark、Druid 等。这里的 Druid 不是指阿里巴巴开源的数据库连接池，而是一个用于大数据实时处理的分布式系统。

以 Map/Reduce 闻名的 Hadoop 体系，将计算任务抽象成 Mapper 和 Reducer 的编程模型，能够通过分布式手段在由成百上千台 PC 服务器组成的不完全可靠的集群中并发处理大量的数据集，并且将分布式和故障恢复等实现细节隐藏起来。它将数据处理过程分解为多个包含 Mapper 和 Reducer 的作业，将这些作业放入集群执行，并最终得出计算结果。但由于 Map/Reduce 任务将中间结果存入 HDFS 文件系统，因此延时较长，只适合高吞吐和大批量的数据处理场景，无法满足交互式数据处理的需要。

以 RDD（Resilient Distributed Dataset）作为计算模型的 Spark，提供了一个供集群使用的分布式内存。在 Spark 中，RDD 转换操作后会生成新的 RDD，而新的 RDD 数据仍然依赖于原来的 RDD。因此，程序构造了一个由多个相互依赖的 RDD 组成的 DAG（有向无环图），并将其作为一个作业交由 Spark 执行。由于每次迭代的数据并不需要写入磁盘，而可以保存在内存中，因此 Spark 的性能较 Hadoop 有很大提升。

2．流式处理

流式处理所包含的内容如图 1-16 所示。

流式处理包括消息中间件以及流式实时计算框架。

消息中间件用于异步化和解耦系统依赖，如 RabbitMQ 和 Kafka，未上榜的还有老牌消息中间件 ActiveMQ，以及国产的优秀消息中间件 RocketMQ 等。由于存储引擎不同，ActiveMQ、RabbitMQ 这种可以基于消息索引查询的消息中间件，功能虽然完善，但分布式能力和性能不尽如人意。Kafka 以及早期的 RocketMQ 采用日志追加的存储引擎，因此分布式能力和性能大幅提升，但自身对于消息的控制能力有限。新一代的 RocketMQ 以及阿里巴巴随之孵化的

OpenMessaging，正在努力平衡和兼容两种流派的消息中间件。

图 1-16　流式处理

流式实时计算框架包括 Strom、Flink 等，相较于 Hadoop 这样的离线计算体系，这类框架更加关注实时性。Storm 与 Flink 都是将输入流进行转换和计算，并将结果作为输出流传输至下一个计算节点的。对于实时统计 PV、UV 等需求，采用流式实时计算框架来实现是不错的选择。

3．软件配置管理

软件配置管理即 SCM（Software Configuration Management），它通过执行版本控制来保证所有代码和配置项变更的完整性和可跟踪性。在源代码版本控制工具领域，老牌的 SVN 已是明日黄花，将会逐渐退出历史舞台，取而代之的是 Git，Git 已是当前的行业标准。Git 的出现使得源代码版本控制工具升级为分布式工具，进而愈加受到青睐。

GitLab 使用 Git 作为其源代码版本控制工具，在管理源码的同时可以提供便捷的 Web 服务，在成为代码托管服务平台的同时还可以通过安装配置各种插件完成代码评审、代码质量检查等工作。企业一般都使用 GitLab 来搭建自己的软件配置管理系统。

对于个人开发者、开源项目负责人、企业付费用户来说，推荐采用 GitHub 来管理源代码，世界顶级公司大多将顶级开源项目源码托管在 GitHub 上。

由开源中国搭建的码云同样采用 Git 作为其源代码管理工具，它在国内的访问速度优于 GitHub，更加符合国人的使用习惯，也是非常优秀的源码管理平台。

4. 应用定义

对于熟悉 Java 技术栈的工程师来说，图 1-14 中可能没有特别熟悉的产品。其实，Java 中的 Maven 就属于该范畴，它由于功能稳定、周边生态多元化，因此成为业界的主流，也是 Java 用于编译打包和依赖管理的首选。Maven 使用项目对象模型（Project Object Model）声明和管理项目的生命周期和应用依赖，并且可以自定义插件开发方式。大量的第三方插件使得 Maven 的应用场景被无限扩大，比如，代码静态检查、代码风格评审、测试覆盖率计算等都会用到 Maven。

5. 持续集成/持续交付

持续集成是指自动且持续不断地构建和测试软件项目并监控其结果是否正确。有了持续集成工具的支持，项目可以频繁地将代码集成到主干位置，进而使得错误能够快速被发现。它的目的是让产品在快速迭代的同时还能保持高质量。持续集成并不能消除 Bug，但是它能让 Bug 被快速发现并且容易被改正。

持续交付是指频繁地将应用的新迭代版本交付给测试团队或最终用户以供评审，如果评审通过，则自动部署至生产环境。持续交付的中心思想是，无论应用如何更新，它都可以随时随地交付并自动化部署。

常见的持续集成/持续交付工具有 Jenkins、Bamboo、CircleCI、Travis 等。

上面讲到的软件配置管理、应用定义、持续集成/持续交付三个部分的内容如图 1-17 所示。

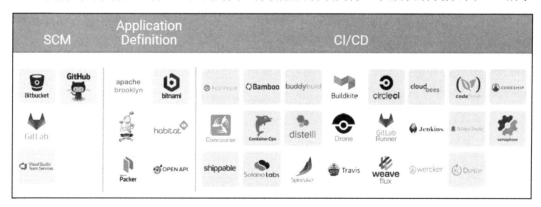

图 1-17　软件配置管理、应用定义、持续集成/持续交付

应用定义与开发层的变动非常频繁，之前 CNCF 将开发语言、开发框架等都纳入这一层，但从 0.9.6 版本起，新的全景图却将这些内容全部删除了。原因大概是 CNCF 认为这些内容属

于业务开发范畴，云原生无须关注。因此，无论选择 Java 还是 PHP 进行开发，也不管使用 Spring 还是 Play 搭建架构，都可能开发出契合云原生的应用，也可能开发出不契合云原生的应用。

↘ 编排与治理层

将应用框架的分布式治理与云原生所需的调度、编排等功能抽象出来，形成独立的一层，即编排与治理层，如图 1-18 所示。这种划分方式使业务开发工程师对云原生的了解更准确，云原生中间件工程师也无须过多关注业务。相对来说，CNCF 的产品更多地集中在这一层，这是云原生产品比较容易发力的部分。

图 1-18　编排与治理层

这一层包括调度与编排、分布式协调与服务发现、服务管理。下面我们具体来看一下每个部分涉及的内容。

1. 调度与编排

调度与编排提供了面向应用的容器集群部署和管理功能，目的是解耦 CPU、GPU、内存、网络以及存储等基础设施与应用程序间的依赖，使开发人员将重点完全放在核心业务应用的研发上，而不必操心资源管理的问题，同时也使运维人员将重点放在硬件基础设施以及操作系统和网络本身的维护上，而不必操心资源利用率最大化的问题。调度与编排负责按照预定的策略将承载着应用的容器调度到拥有相应运行资源的执行服务器中。除了 CNCF 的核心成员 Kubernetes，Mesos、Swarm 也属于此范畴。

虽然调度与编排同属一部分，但它们负责的内容并不相同，调度是将分布式系统中的闲置资源合理分配给需要运行的进程并采用容器进行封装的过程，编排则是对系统中的容器进行健康检查、自动扩缩容、自动重启、滚动发布等的过程。

Mesos 采用两级调度架构，因此能将调度和编排分离得比较彻底。由 Mesos 自身负责资源的调度，由运行在 Mesos 系统中的 Marathon 进行容器的编排。

调度与编排是云原生中最基础的需求，其中包含的内容如图 1-19 所示。

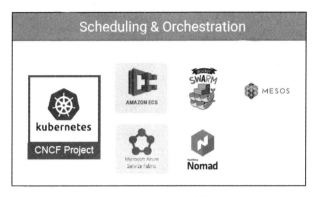

图 1-19　调度与编排

2．分布式协调与服务发现

分布式场景由于网络的延迟以及不确定性，因此复杂度非常高。分布式系统一般都是通过一个可靠性非常高的注册中心对分布式服务进行协调与发现的。注册中心需要确保数据在分布式场景下的一致性，并且能够将分布式集群的状态变化及时通知给每个分布式节点。

在很多分布式系统中，我们都可以看到分布式协调和服务发现的身影，如 Hadoop、Kafka、Dubbo 中的 ZooKeeper，Spring Cloud 中的 Eureka，Swarm 中的 Consul，其他常见的产品还有 CNCF 的项目 CoreDNS，以及负责 Kubernetes 元数据存储的 etcd。虽然 etcd 并未在 Kubernetes 中扮演分布式协调和服务发现的角色，但它可以作为注册中心提供这方面的能力。分布式协调与服务发现中包含的内容如图 1-20 所示。

图 1-20　分布式协调与服务发现

3．服务管理

如同编排与调度是云原生的基础需求一样，服务管理是云原生的另一个重要基础，也是 CNCF

的重点关注点之一。服务管理的产品主要集中在三个方面：远程通信、反向代理、服务治理。

服务间的远程通信需要依托高性能和跨语言的通信框架，gRPC、Thrift、Avro 等跨语言框架集序列化和通信功能于一身，是分布式系统的重要基石。

关于反向代理的产品目前已经非常成熟，有涉及硬件的 F5，涉及软件的 HAProxy、Nginx 等。它们负责承载入口流量，并将请求按照规则配置分发给相关的系统。

在服务治理方面，也已经有很多成熟的框架可以使用，如 Netfix OSS 负责网关的 Zuul、负责客户端负载均衡的 Ribbon、负责熔断的 Hystrix 等，它们也是 Spring Cloud 开发套件中的重要组成部分。由 Twitter 开源的用 Scala 语言开发的 Finagle，以及国内非常流行的 Dubbo，也属于此范畴。

在服务治理方面，业界新兴的 Service Mesh 概念正在渐渐被更多人认同，它的中文翻译为服务网格。Linkerd 和 Istio 是这方面的代表，由于技术实在太新，目前还处于快速发展时期。其中 Linkerd 和 Istio 的通信底层组件 Envoy 都已加入 CNCF。Istio 是与英文 sail 对应的希腊文单词，中文则是"航行"的意思，它与 Kubernetes 一脉相承，Kubernetes 同为希腊文，是"舵手"的意思。除了 Envoy，Linkerd 也实现了 Istio 的接口并提供了底层通信能力。因此，Kubernetes 掌控编排，Istio 掌控服务治理，云原生的未来秩序已逐渐清晰。

值得一提的是，Kubernetes 也内置了服务管理的功能，它们并未从 Kubernetes 的核心中抽离出来。Kubernetes 使用 Service 和 Ingress 处理服务发现和负载均衡。未来的 Service Mesh 是否能够从 Kubernetes 中将服务治理完全接管过来，这将是一个值得关注的重点。

服务管理中包含的内容如图 1-21 所示。

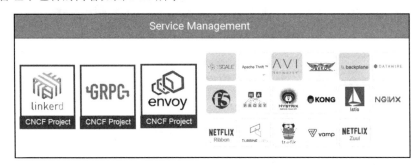

图 1-21　服务管理

▶ 运行时层

云原生的应用并不直接运行在物理服务器或传统的虚拟机之上，通常为了运行云原生应用，会在物理服务器或传统的虚拟机之上再构建一层,用于轻量和灵活地运行更多的实例。

云原生应用的运行时环境与传统应用的运行时环境有很大不同,但是它们的抽象层级是类似的,与传统应用的文件系统、进程以及网络环境相对应的是云原生存储、容器和云原生网络。运行时层包含的内容如图 1-22 所示,下面我们具体来看一下每个部分涉及的内容。

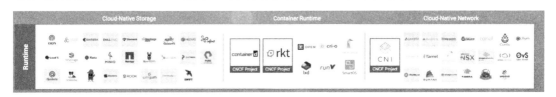

图 1-22 运行时层

1. 云原生存储

云原生存储是指适合云服务的分布式文件存储系统,它能将运行在云平台上的应用所需的或产生的数据放入一个可以不依赖本地磁盘且可以平滑扩容的高可靠文件系统,典型的产品有 HDFS、Ceph、ClusterFS 等。

云原生存储与专门用于存储业务数据的数据库并不是一个概念,目前很少有将数据库安装在云原生存储上的成熟方案。云原生存储目前最广泛的应用途径是存放日志、图片、文档等文件。云原生存储中包含的内容如图 1-23 所示。

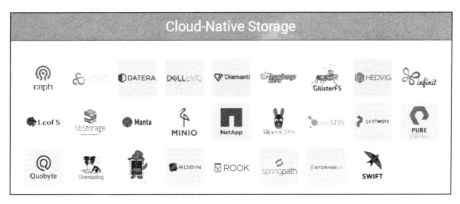

图 1-23 云原生存储

2. 容器

容器是过去几年的热门话题。云原生应用选择容器这种更加轻量级的方案作为运行应用的载体,将容器作为最小单元对应用进行资源隔离以保证云平台的隔离性,并且通过容器打包环境和应用来提供更易复制的部署方式。不过需要注意的是，Kubernetes 采用 Pod 作为应用的最小单元，一个 Pod 内可以包含多个容器。Docker 是目前使用最广泛的容器，业界也有 rkt 等替代方案。关于容器，其中包含的内容如图 1-24 所示。

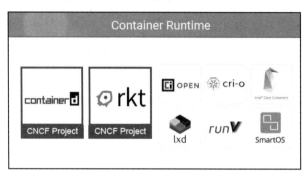

图 1-24　容器

3. 云原生网络

云原生网络可以解决为每个容器（或 Pod）分配独立 IP 地址的问题。若采用和宿主机一样的 IP 地址，运行在同一个宿主机中的容器 IP 地址则会发生冲突。虽然可以通过改造应用程序来屏蔽对 IP 地址的依赖，但为了使应用透明化，令每个容器都拥有一个独立的 IP 地址才是上策。为了实现这一点，使用软件定义网络（SDN）是最佳方案。

云原生网络比较复杂，各种网络方案也层出不穷，因此产生了 CNI（Container Network Interface）这样的容器网络接口标准，它的主要实现有 Flannel、Calico、OVS、weave 等。云原生网络包含的如容见图 1-25 所示。

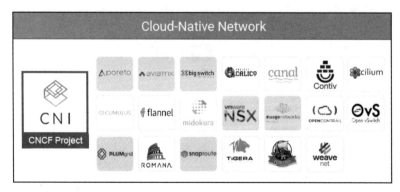

图 1-25　云原生网络

❯ 供应保障层

供应保障层包括宿主机管理工具、基础设施自动化工具、容器仓库、镜像安全和密钥管理，如图 1-26 所示，这一层用于为宿主机和容器本身提供保障，它的关注点更加偏向于运维。下面我们来具体看一下其中的每个部分。

图 1-26　供应保障层

1．宿主机管理工具

虽然云原生应用运行在一个相互隔离的由调度系统掌控的容器环境中，但它们最终仍然是运行在真正的物理服务器或虚拟机之上的。因此，我们需要通过管理工具将 Docker、Kubernetes、Mesos、etcd、ZooKeeper、Flannel 等众多运行时所需环境和工具自动安装和配置在应用运行的宿主机上。

原有的自动化运维工具在这里仍然有用武之地，它们无须再安装复杂的软件应用环境，只搭建容器运行环境和编排调度平台即可，这类工具包括 Ansible、Puppet、Chef 等。自动化运维工具的目标不再是安装应用及其相关环境，而是安装云原生应用所需的环境。

2．基础设施自动化工具

对于云原生的系统来说，调度编排平台即基础设施。基础设施自动化工具的用途是为调度编排平台安装插件。常见的相关工具有 Docker 的包管理工具 Infrakit，以及简化 Kubernetes 应用的部署工具 Helm。Helm 可以看作 Kubernetes 的 apt-get 或 yum，它通过 Helm Charts 帮助使用者安装和更新复杂的 Kubernetes 应用，支持版本管理和控制，这在很大程度上降低了 Kubernetes 应用部署和管理的复杂性。

宿主机管理工具与基础设施自动化工具有类似之处，都属于系统软件安装的范畴，它们包含的内容如图 1-27 所示。

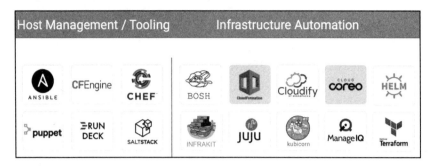

图 1-27　宿主机管理工具和基础设施自动化工具

3. 容器仓库

容器仓库负责容器镜像内容的存储与分发。Docker Registry 是 Docker 的核心组件之一，客户端的 docker pull 以及 docker push 命令都与它交互。Harbor 是一个比较知名的项目，它的目标是帮助用户迅速搭建一个企业级的 Docker Registry 服务。

4. 镜像安全

安全漏洞一直存在于程序世界。升级为容器之后，此类安全威胁仍然存在，因此我们需要一个能够发现容器中可能存在的安全问题的工具，如 Clair、Twistlock 等工具均可以检查容器中应用的漏洞。

供应保障层中还包含一个密钥管理的部分，是新加入 CNCF 的部分，笔者并不是很熟悉，因此不做详细介绍。以上三个部分的内容如图 1-28 所示。

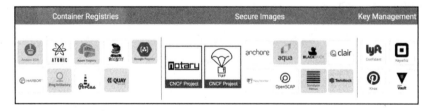

图 1-28　容器仓库、镜像安全、密钥管理

▼ 云设施层

云设施层主要包括用于提供物理服务器的云厂商，如图 1-29 所示。

按照公有云和私有云来分，常见的公有云有 AWS、Azure、阿里云、腾讯云、华为云等，常见的私有云有 OpenStack、VMware 等。严格来讲，这一层其实并不在 CNCF 的范畴内，它们仅用于提供服务所需的资源。

图 1-29　云设施层

下面再介绍一下另一个维度下的云原生应用。观察与分析是每一层都需要的功能，平台则是将每一层功能组合起来的整体解决方案。

观察与分析

观察与分析包括对系统指标的监控，对链路调用的追踪，以及对分布式日志的收集。除了收集相关数据，还能够通过对这些数据进行解读，将系统当前状态以易懂的可视化图形形式展现出来，以便运维工程师掌控整个系统。

1．监控

监控部分包括以下内容：对物理服务器指标进行采集与报警的工具，如 Nagios、Zabbix 等；对容器指标进行采集的工具，如 CAdvisor 等；存储海量采集信息的时间序列数据库，如 Prometheus、InfluxDB 等。监控部分的具体内容如图 1-30 所示。

监控往往通过"采集、存储、分析、报警（展现）"的流程自动将系统状态通知给系统责任人，令其处理或定期分析。一般可以采用 Grafana 等专门用于监控分析的图形工具来展示数据。

2．日志

由于云原生应用是无状态的，因此不应该将日志写入本地磁盘，而是应该写入日志中心。用于采集标准输出并将日志输入其他流的工具主要有 Fluentd、Flume、FileBeat、Logstash 等，然后这些工具会将日志通过各种缓冲的管道进行处理，写入日志中心，日志中心的存储介质可以是 Elasticsearch、HBase 等。Elastic 公司提供的由搜索引擎 Elasticsearch、日志收集工具 Logstash 和图形界面 Kibana 所组成的日志中心套件（简称 ELK）是一站式的开源解决方案，也有如 Splunk 这样的一体化商业日志解决方案。

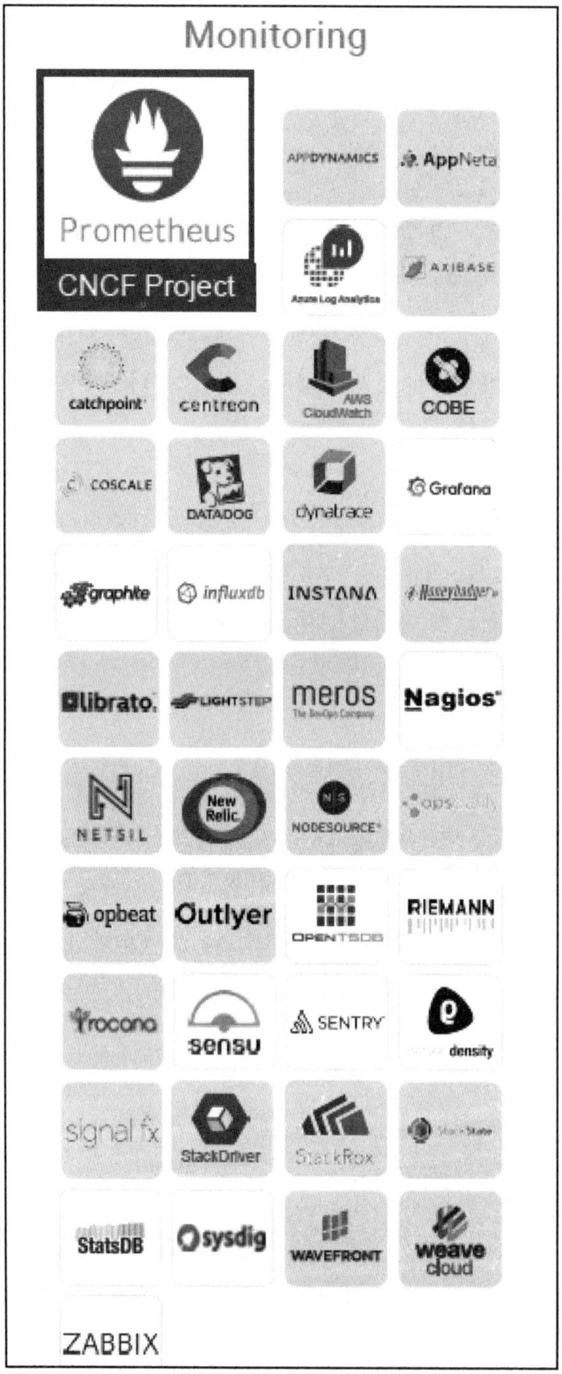
Monitoring
Prometheus
CNCF Project
APPDYNAMICS
AppNeta
Azure Log Analytics
AXIBASE
catchpoint
centreon
AWS CloudWatch
COBE
COSCALE
DATADOG
dynatrace
Grafana
graphite
influxdb
INSTANA
librato
LIGHTSTEP
meros
Nagios
NETSIL
New Relic
NODESOURCE
opbeat
Outlyer
OPENTSDB
RIEMANN
rocono
sensu
SENTRY
density
signal fx
StackDriver
StackRox
StatsDB
sysdig
WAVEFRONT
weave cloud
ZABBIX

图 1-30　监控

3. 追踪

云原生应用运行实例多,应用调用复杂,因此一旦系统响应变慢,便会难以定位问题。因此需要提供一套梳理和分析服务之间调用链以及服务内部调用栈的解决方案。OpenTracing 是调用链的一个标准协议,遵循该协议的开源解决方案主要有 ZipKin、JAEGER,以及国产的优秀开源项目 SkyWalking 等。也有一些开源解决方案并未遵循此协议,如 PinPoint、Open-Falcon、CAT 等。

日志与追踪两部分中包含的内容如图 1-31 所示。

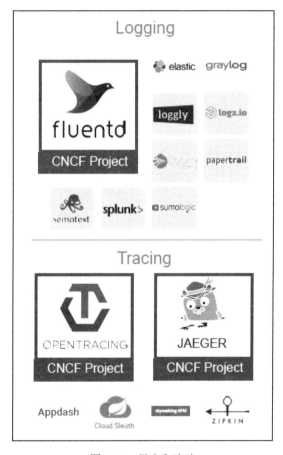

图 1-31　日志和追踪

⬊ 平台

基于云的整合平台是目前各个云公司都着力打造的产品,比较知名的有 Mesosphere 公司围绕 Mesos 打造的 DC/OS,以及 Rancher 公司打造的可以整合 Mesos 和 Kubernetes 的 Rancher 平台等。

上面提到的技术只是整个云原生技术的冰山一角,无论是开源产品还是商业产品,优秀的解决方案非常多。云原生可以有不同的实现方式,但它的本质在于弹性地利用云平台的资源。无论是通过"应用程序 + 分布式中间件 + 自动化运维"的方式,还是通过"应用程序 + 调度编排平台 + 容器 + 服务治理"的方式,都可以实现健壮的系统。

第 2 章

远程通信

在服务化概念流行以前,单体式应用程序主要以使用同一进程内的本地调用为主,本地调用使得性能损耗可以忽略不计。在服务化概念开始流行以后,服务提供者与服务消费者之间采用远程通信方式,网络使得服务间调用的延时增加,带来了额外的性能损耗,并且由于网络的不稳定性与不确定性,分布式系统间调用失败和超时的风险也随之增加。

综上所述,高效、安全、便捷地实现远程通信是服务化的重要目标,另外,由于各种服务大多由异构语言所组成,因此,如何能将跨语言调用的成本降至最低,也越来越受到关注。

远程通信的技术重点是通信方式、序列化协议和透明化 RPC 框架,下面我们具体来看。

2.1 通信方式

OSI 是 Open System Interconnection 的缩写,中文翻译为开放式系统互联。国际标准化组织(ISO)制定了 OSI 模型,定义了不同计算机之间实现互联的标准,是网络通信的基本框架。OSI 模型将网络通信分为七个层次,分别是物理层、数据链路层、网络层、传输层、会话层、表示层和应用层。

由于复杂度过高,OSI 模型并没有 TCP/IP 模型应用广泛。TCP/IP 模型可以被理解为 OSI 模型的浓缩版本,它将 OSI 模型的七层抽象为四层:原 OSI 模型中的物理层和数据链路层对应网络接口层;原 OSI 模型中的网络层和传输层仍然保留;原 OSI 模型中的会话层、表示层和应用层则合并为应用层。

TCP/IP 模型和 OSI 模型的对比关系如图 2-1 所示。

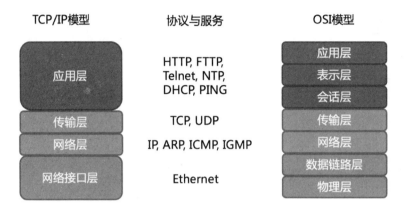

图 2-1　TCP/IP 模型和 OSI 模型

2.1.1　通信协议

位于传输层和应用层的通信协议，是软件开发工程师需要重点关注的，下面我们具体来看一下。

传输层协议

传输层的作用是使源端和目的端的计算机以对等的方式进行会话，实现端到端的传输。位于传输层的通信协议有 TCP 和 UDP。采用 TCP 作为应用程序间的远程通信传输方案十分常见，UDP 也有其特定的使用场景，下面重点介绍这两种协议。

1. TCP

TCP 是 Transmission Control Protocol 的缩写，中文译法为传输控制协议。它是一种面向连接的协议，提供可靠的双向字节流。TCP 通过三次握手的连接创建机制确保连接的可靠性。一个简明的三次握手流程如图 2-2 所示，具体描述如下。

- SYN：客户端发送包含同步序列号的 SYN 报文，并且同时传递一个随机数作为顺序号。为了方便描述，我们将该顺序号设为 x。

- SYN-ACK：服务端在接收到请求之后，返回 SYN-ACK 报文作为应答，并且同时传递一个值为 $x+1$ 的应答号以及另一个随机数作为服务端的序列号。同样，为了方便描述，我们将服务端序列号设为 y。

- ACK：客户端在接收到服务端的应答后，分别将 $y+1$ 与 $x+1$ 作为应答号和序列号再次发送至服务端。

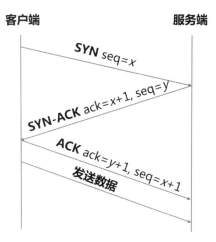

图 2-2　一个简明的三次握手流程

在三次握手的流程以及序列号与应答号都校验无误后，才会完成连接的创建，同时发送数据。因此 TCP 的连接创建过程是较为"昂贵"的。

在开启连接和三次握手之后，客户端和服务端即可在网络间双向传递消息，图 2-3 展示了 TCP 建立连接和发送数据的过程。

TCP 通过显式方式确认连接的创建和终止，因此也被称为面向连接的协议。通信时存在必要的创建连接开销，TCP 的开销高于 UDP，性能低于 UDP。但使用 TCP 可以保证数据的正确性、顺序性和不可重复性，对于业务应用间的通信而言，TCP 是更合适的选择。

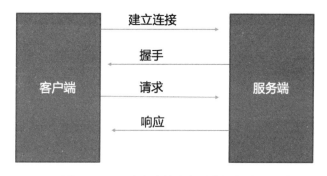

图 2-3　TCP 建立连接和发送数据的过程

下面我们来看一下在 Java 中使用 Socket 开发 TCP 的过程。

Socket 是用于连通应用层与传输层之间的抽象层接口。Socket 可翻译为套接字，这个译法并不易于理解，因此下文还是统一称其为 Socket。Socket 通过 IP 地址和端口确定一个网络环境中唯一的通信句柄（handler），应用通过句柄向网络中的其他服务发送请求，同时处理接收的请求。

Java 的网络编程基础是从 Socket 的 TCP 编程开始的，TCP 采用 C/S 模式，即客户端/服务器模式，这与服务化中的消费者/提供者模式概念等同，只不过服务化中的应用可以既是服务的消费者，同时也是其他服务的提供者。Java 的 Socket 编程 API 封装了 TCP 的三次握手等复杂交互，通过以下六个步骤可以简单实现一个基于 TCP 的 Socket 编程的处理流程。

- 服务端程序绑定一个未占用的端口用于监听客户端程序的连接请求。
- 客户端程序向服务端发起连接请求，请求过程中附带自身的主机 IP 地址和通信端口号。
- 服务端接受客户端的连接请求。
- 客户端与服务端通过 Socket 进行 I/O 通信。
- 建立通信管道后，可以考虑使用多线程机制增加服务端的吞吐量。
- 完成通信，客户端断开与服务端的连接。

使用 Java 实现基于 TCP 的服务端的关键代码如下。

```
ExecutorService executorService = ... // 创建线程池
ServerSocket serverSocket = new ServerSocket(port);
while (!stopped) {
    Socket socket = serverSocket.accept();
    executorService.submit(new XXXHandler(socket));
}
```

上述代码用于创建 ServerSocket，并将每一次接收的客户端处理请求放入线程池，已达到最大吞吐量。

在读/写消息时，需要对 Java 的 I/O 类库有一个基本的理解。使用 Java I/O 进行消息读取的关键代码如下。

```
StringBuilder message = new StringBuilder();
byte[] buffer = new byte[1024];
int length;
try {
```

```
    Socket thisSocket = socket;
    InputStream inputStream = thisSocket.getInputStream();
    OutputStream outputStream = thisSocket.getOutputStream()
) {
    while (-1 != (length = inputStream.read(buffer))) {
        message.append(new String(buffer, 0, length));
    }
}
```

通过 Socket，我们可以简单地获取相关的输入流和输出流。Java I/O 的 API 在读取客户端发送的消息时，先使用 read(byte [] b)方法读取消息，然后将结果放入 buffer 的字节数组。这里定义的字节数组大小是 1024B，如果传输的消息大小大于这个值，则需要反复读取，并在每次读取时将中间结果放入 buffer。

当 read 方法的返回值等于–1 时，即表示客户端传输消息的过程已经结束，可以结束读取。如果 read 方法的返回值不为–1，则表示上次读取的字节数。因此在循环读取时，需要使用 read(byte [] b, int offset, int length)方法，避免在最后一次读取消息时，由于并未使用全部的 buffer 字节数组而导致字节数组中 length 之后的数据仍然是上一次读取的脏数据。

使用 Java 实现基于 TCP 的客户端的关键代码如下。

```
try (
    Socket socket = new Socket("localhost", port);
    InputStream inputStream = socket.getInputStream();
    OutputStream outputStream = socket.getOutputStream()) {
        // 执行某些操作
}
```

客户端通过 IP 地址和端口连接服务端，并获取 Socket 的输入流和输出流，至于 I/O 操作也与服务端的操作一致。使用 Java 开发 TCP，屏蔽了三次握手等众多协议上的细节，降低了开发难度。

2. UDP

UDP 是 User Datagram Protocol 的缩写，中文译法为用户数据报文协议。

UDP 是一种无连接的、面向数据报文的协议。每个数据报文都是一个独立的信息，包括完整的源地址或目的地址，在网络上可以通过任何可能的路径被传往目的地，因此，数据报文能否到达目的地，到达目的地的时间是否准确，传送的内容是否正确，这些都是不能被保证的。

UDP 不要求通信时保持统一的连接，也不会由于接收方确认收到报文而产生开销。图 2-4 展示了 UDP 传输数据的过程，通过与图 2-3 进行对比，我们可以看到，UDP 中没有复杂的建立连接的过程，它关注的仅是数据报文本身。

图 2-4　UDP 传输数据的过程

虽然 UDP 可能产生网络丢包，并且无法保证传输的原有顺序，但在性能方面更占优势，更加适用于允许数据被部分丢弃的业务场景，如系统调用追踪日志、视频会议流等。

下面我们来看一下在 Java 中使用 Socket 开发 UDP 的过程。

Java 的 Socket 编程 API 同样封装了 UDP，使其发送端和接收端的开发也变得更加简单。与开发 TCP 相比，除了接口不同，处理流程没有区别。

使用 Java 实现基于 UDP 的消息发送机制的关键代码如下。

```
DatagramSocket socket = new DatagramSocket();
DatagramPacket packet= new DatagramPacket(
        "Foo".getBytes(),"Foo".length(),"xxx.xxx.xxx.xxx", port);
socket.send(packet);
```

使用 Java 实现基于 UDP 的消息接收机制的关键代码如下。

```
byte[] buffer = new byte[1024];
DatagramSocket socket = new DatagramSocket(port))
DatagramPacket packet = new DatagramPacket(buffer, 1024);
socket.receive(packet);
```

相比于开发 TCP，开发 UDP 更加简单，Socket 的接收端和发送端以对等的形式存在，无须建立连接。但正如示例所示，开发一个健壮的 UDP 交互程序，需要考虑报文无法及时发送的场景。

↘ 应用层协议

应用层包含所有的高层协议，例如 FTP（File Transfer Protocol，文件传输协议）、SMTP（Simple Mail Transfer Protocol，简单电子邮件传输协议）、DNS（Domain Name Service，域名服务）和 HTTP（HyperText Transfer Protocol，超文本传送协议）等。其中 HTTP 是当今互联网应用中使用最广泛的应用层协议，也是应用程序间进行远程通信时采用比较多的协议。

1. HTTP

HTTP 是互联网中应用最为广泛的协议，基于浏览器的 HTML、XML、JSON 等格式的文本都是通过 HTTP 进行传输的。HTTP 的使用非常便捷，当客户端向服务端请求服务时，只发送路径、参数以及请求方法即可。常用的请求方法有 GET、POST、UPDATE、DELETE 等，它们是组成 RESTful 架构不可或缺的部分。

HTTP/1.1 自 1999 年起正式被标准化，到目前为止已被广泛使用。它是无连接且无状态的。无连接是指每次连接只处理一个请求，服务端处理完该请求且收到应答后，便断开连接。无状态是指协议对于业务事务处理并没有记忆能力，如果后续处理需要之前的信息，则本次请求必须一次性包含之前的全部信息。

在 HTTP/1.1 时代，由于无法在同一个连接上并发请求，浏览器需要花费大量的时间等待每一个资源被响应，因此浏览器通常需要开启多个连接来加速请求资源的过程。但开启过多连接的代价是十分昂贵的，所以现代浏览器通常都会被限制最多开启 6~8 个 HTTP/1.1 连接。也正因为如此，才会产生各种 CSS、JavaScript 以及图片合并技术，用于将众多小文件合并成一个完整的大文件，减少文件的个数，提升浏览器加载文件的性能。但不幸的是，单一的大文件会阻塞后续的请求，极度影响用户体验。总之，连接的限制逐渐成了整个 Web 系统的性能瓶颈。

直到 2015 年，HTTP 才进行了首次重大升级，由 HTTP/1.1 变为 HTTP/2。HTTP/2 的目标是，在与 HTTP/1.1 语义完全兼容的前提下进一步减少网络延迟。也就是说，HTTP/2 是在不改变原有 Web 体系的同时提升性能的，是通过多路复用机制实现的。

HTTP/2 的多路复用机制允许通过单一的连接同时发起多个请求和响应消息，这极大地提升了网络传输的性能。图 2-5 清晰展示了 HTTP/1.1 和 HTTP/2 的差别。

要想在 HTTP/1.1 中展示一个包含 CSS 和 JavaScript 的 HTML 页面，需要以下九个步骤。

- 浏览器和服务器创建连接。

- 客户端通过 GET 方法请求 index.html 来获取页面内容。

- 服务器返回 index.html 的内容。

- 客户端通过 GET 方法请求 style.css 来获取页面样式表。

- 服务器返回 style.css 的内容。

- 客户端通过 GET 方法请求 script.js 来获取 JavaScript 脚本渲染页面。

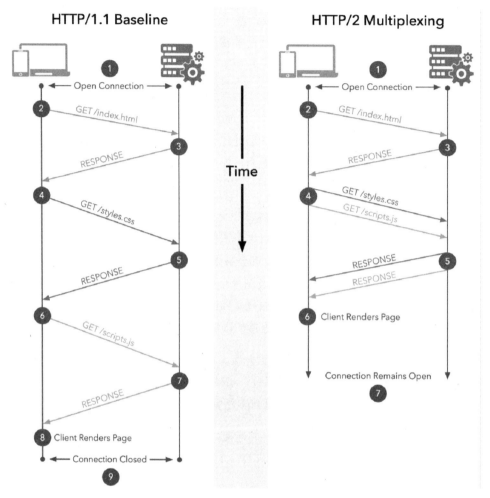

图 2-5　HTTP/1.1 和 HTTP/2 的差别

- 服务器返回 script.js 的内容。

- 浏览器加载完毕，开始渲染页面。

- 关闭连接。

可以看到，渲染每个页面时都需要加载一个页面的 HTML、CSS 和 JavaScript 文件，这些文件是同步等待的，虽然可以通过开启多个连接来加速加载，但会增加服务端的负荷。并且在每次请求结束之后，浏览器和服务器之间的连接便会关闭，下次请求还需要进行握手并建立连接。

HTTP/2 将展现一个页面的过程进行了很大的优化，只包含七个步骤，具体如下。

- 浏览器和服务器创建连接。由于 IITTP/2 支持长连接，因此如果之前创建的连接仍然存在，则此步骤可以省略。

- 客户端通过 GET 方法请求 index.html 来获取页面内容。因为必须先获取 HTML 的内容才能知道该页面中还包含哪些需要加载的资源，因此获取页面内容是同步的。

- 服务器返回 index.html 的内容。

- 客户端通过 GET 方法请求 style.css 和 script.js 来获取页面样式表和 JavaScript 脚本。通过一个连接的多路复用可以同时请求多个文件。

- 服务器通过连接的多路复用返回 style.css 和 script.js 的内容。

- 浏览器加载完毕，开始渲染页面。

- 保留连接，以便下次请求时使用。可以通过设置连接保留时间和最大连接限制以避免用户离开网站以及服务端持有连接过多的问题。

关于 HTTP/2 和 HTTP/1.1 的性能差异，感兴趣的读者可以通过网络资料进行深入了解，例如，大家可以访问 https://http2.akamai.com/demo，查看 Akamai 公司建立的一个官方演示示例。这个示例同时请求 379 张图片，用于展示 HTTP/1.1 和 HTTP/2 的性能差异。在电脑配置不同、网络情况不同、服务器负载情况不同时，得到的结果肯定也不同。图 2-6 是笔者使用自己的电脑进行演示时的截图，我们可以从中看到 HTTP/1.1 和 HTTP/2 在加载时间上的差异。

HTTP/2 通过数据流（stream）的方式支持连接的多路复用。一个连接可以包含多个数据流，多个数据流发送的数据互不影响，将请求和响应在同一个连接中分成不同的数据流可以进一步提升交互的性能。

HTTP/2 将每次的请求和响应以帧（frame）为单位进行了更细粒度的划分，所有的帧都在数据流上进行传输，数据流会确定好帧的发送顺序，另一端会按照接收的顺序来处理。除了多路复用，HTTP/2 还提供服务器推送和请求头压缩等功能。

随着服务化的发展，HTTP 不再仅被用于浏览器或移动端与后端服务的交互，而是越来越多地被用于后端应用之间的交互。与微服务配套使用的"HTTP/1.1+RESTful API"组合已经非常成熟，由 Google 开源的基于 HTTP/2 的异构语言高性能 RPC 框架 gRPC 也受到了广泛的关注。

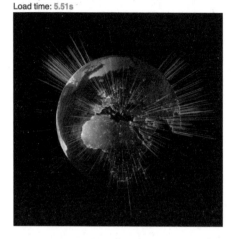

图 2-6　HTTP/1.1 和 HTTP/2 在加载时间上的差异

2．长连接与短连接

长连接与短连接都是客户端连接服务端的方式。

长连接是指客户端与服务端长期保持连接，连接不会在一次业务操作结束后断开，连接一旦创建成功便可以最大限度地复用，以降低资源开销、提升性能。长连接的维护成本较高，需要实时监控检查，以保持连接的连通性。

短连接是指客户端和服务端在处理完一次请求之后即断开连接，下次处理请求时则需要重新建立连接。虽然每次建立连接的消耗都比较大，但短连接无须维护连接的状态，相比长连接，其实现复杂度大幅降低。

对于长连接和短连接的认识，有以下两个常见的误区。

第一个误区：区分 TCP 和 HTTP 的关键在于，TCP 使用长连接方式，HTTP 使用短连接方式。通过前面的介绍，我们知道 TCP 与 HTTP 处于不同的网络层次，而 HTTP 是基于 TCP 的，因此 TCP 和 HTTP 的区别并不在于使用长连接还是短连接。

第二个误区：HTTP 只能使用短连接。前面的章节也介绍过，HTTP 自 HTTP/2 以来，已经全面支持长连接，而 TCP 也可以使用短连接。

那么，对于长连接和短连接，使用时究竟应该如何选择呢？

长连接更加适用于端对端的频繁通信。每个基于 TCP 的连接都需要经过三次握手，高频率的通信如果将时间都浪费在连接的建立上，就很不划算了。但是，由于维护连接会产生消耗，因此连接的数量不能无限制增加。综上所述，长连接更加适用于面向后端的系统之间的交互。例如，应用系统之间的交互，数据库访问服务与数据库的交互等。它们的共同特点是，交互频率高且连接个数有限。

基于 B/S 模式的浏览器与服务器交互的情况，更加适合使用短连接。HTTP 是无状态的，浏览器和服务器每进行一次交互便会建立一次连接，任务结束后便直接关闭连接。面向互联网海量用户的网站为每一个用户维持一个连接，这是无法承受的成本，而且相对于服务之间的交互，人为操作的频率与之完全不是一个数量级。除了面向用户的连接，面向服务的后端场景也有可能使用短连接，由于基于 HTTP 的短连接实现起来非常便捷，因此如果服务间交互的性能不是系统瓶颈，那么使用短连接也是可以的。

总之，选择长连接还是短连接不能一概而论，而是应该视情况而定。

2.1.2　I/O 模型

I/O 即输入/输出（Input/Output）。每个应用系统间相互的依赖调用都无法完全避免，我们将这样的系统间调用称为远程通信。每个应用系统自身也将或多或少地产生数据，我们称这种本地调用为本地读/写。I/O 便是远程通信和本地读/写的核心。

虽然地位重要，但 I/O 的性能发展明显落后于 CPU。对于高性能、高并发的应用系统来说，如何回避 I/O 瓶颈从而提升性能，这一点是至关重要的。

一般来说，I/O 模型可以分为阻塞与非阻塞、同步与异步，下面我们分别进行介绍。

阻塞与非阻塞

阻塞 I/O 是指，在用户进程发起 I/O 操作后，需要等待操作完成才能继续运行。前面介绍的 Socket 编程使用的就是这种方式。阻塞 I/O 的编程模型非常易于理解，但性能却并不理想，它会造成 CPU 大量闲置。使用阻塞 I/O 开发的系统，其吞吐量会比较低。虽然可以进行优化，使每一次 Socket 请求使用独立的线程，但这样做会造成线程膨胀，使系统越来越慢，最终宕机。通过线程池可以控制系统创建线程的数量，但仍然无法实现系统性能最优。

非阻塞 I/O 是指，在用户进程发起 I/O 操作后，无须等待操作完成即可继续进行其他操作，但用户进程需要定期询问 I/O 操作是否就绪。可以使用一个线程监听所有的 Socket 请求，从而极大地减少线程数量。对于 I/O 与 CPU 密集程度适度的操作而言，使用非阻塞将会极大地提升系统吞吐量，但用户进程不停轮询会在一定程度上导致额外的 CPU 资源浪费。

因此，判断阻塞 I/O 与非阻塞 I/O 时应关注程序是否在等待调用结果——如果系统内核中的数据还未准备完成，用户进程是继续等待直至准备完成，还是直接返回并先处理其他事情。

同步与异步

操作系统的 I/O 远比上面讲述的要复杂。Linux 内核会将所有的外部设备当作一个文件来操作，与外部设备的交互均可等同于对文件进行操作，Linux 对文件的读/写全是通过内核提供的系统调用来实现的。Linux 内核使用 file descriptor 对本地文件进行读/写，同理，Linux 内核使用 socket file descriptor 处理与 Socket 相关的网络读/写，即应用程序对文件的读/写通过对描述符的读/写来实现。 I/O 涉及两个系统对象，一个是调用它的用户进程，另一个是系统内核（kernel）。一次读取操作涉及以下几个步骤。

- 用户进程调用 read 方法向内核发起读请求并等待就绪。
- 内核将要读取的数据复制到文件描述符所指向的内核缓存区。
- 内核将数据从内核缓存区复制到用户进程空间。

阻塞与非阻塞、同步与异步都是 I/O 的不同维度。

同步 I/O 是指，在系统内核准备好处理数据后，还需要等待内核将数据复制到用户进程，才能进行处理。

异步 I/O 是指，用户进程无须关心实际 I/O 的操作过程，只需在 I/O 完成后由内核接收通知，

I/O 操作全部由内核进程来执行。

由此可见，同步 I/O 和异步 I/O 针对的是内核，而阻塞 I/O 与非阻塞 I/O 针对的则是调用它的函数。

同步 I/O 在实际使用中还是非常常见的。select、poll、epoll 是 Linux 系统中使用最多的 I/O 多路复用机制。I/O 多路复用可以监视多个描述符，一旦某个描述符读/写操作就绪，便可以通知程序进行相应的读/写操作。尽管实现方式不同，但 select、poll、epoll 都属于同步 I/O，它们全都需要在读/写事件就绪后再进行读/写操作，内核向用户进程复制数据的过程仍然是阻塞的，但异步 I/O 无须自己负责读/写操作，它负责把数据从内核复制到用户空间。

总结来说，判断是同步 I/O 还是异步 I/O，主要关注内核数据复制到用户空间时是否需要等待。

2.1.3　Java 中的 I/O

Java 对于 I/O 的封装分为 BIO、NIO 和 AIO。Java 目前并不支持异步 I/O，BIO 对应的是阻塞同步 I/O，NIO 和 AIO 对应的都是非阻塞同步 I/O。由于 Java 的 I/O 接口比较面向底层，开发工程师上手的难度并不低，因此衍生出不少第三方的 I/O 处理框架，如 Netty、Mina 等，使用它们能够更加容易地开发出健壮的通信类程序。我们首先来看一下 Java 的 I/O 原生处理框架。

↘ BIO

Java 中的 BIO 是 JDK 1.4 以前的唯一选择，程序直观、简单、易理解。BIO 操作每次从数据流中读取字节直至读取完成，这个过程中数据不会被缓存，但读取效率较低，对服务器资源的占用也较高。因此，在当前有很多替代方案的前提下，不建议大规模使用 BIO，BIO 仅适用于连接数少且并发不高的场景。

BIO 服务器实现模式为每一个连接都分配了一个线程，即客户端有连接请求时，服务端就需要启动一个线程进行处理。它缺乏弹性伸缩能力，服务端的线程个数和客户端并发访问数呈正比，随着访问量的增加，线程数量会迅速膨胀，最终导致系统性能急剧下降。可以通过合理使用线程池来改进"一连接一线程"模型，实现一个线程处理多个客户端，但开启线程的数量终归会受到系统资源的限制，而且频繁进行线程上下文切换也会导致 CPU 的利用率降低。BIO 的处理架构如图 2-7 所示。

BIO 编程难度不高，前面介绍的 Socket 编程的例子使用的就是 BIO 模式，所以这里不再赘述。BIO 已经不足以应对当前的互联网场景，这一点要格外注意。

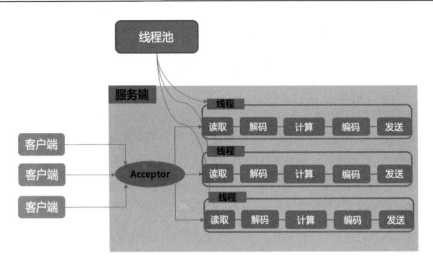

图 2-7　BIO 的处理架构

▶ NIO

JDK 1.4 的 java.nio.* 包中引入了全新的 Java I/O 类库。它最初使用 select/poll 模型，JDK 1.5 之后又增加了对 epoll 的支持，不过只有 Linux 系统内核版本在 2.6 及以上时才能生效。相比于 BIO，NIO 的性能有了质的提升，它适用于连接数多且连接比较短的轻量级操作架构，后端应用系统间的调用使用 NIO 会非常合适。在目前互联网高负载、高并发的场景下，NIO 有极大的用武之地。它的美中不足是编程模型比较复杂，使用它实现一个健壮的框架并非易事。

NIO 通过事件模型的异步通知机制去处理输入/输出的相关操作。在客户端的连接建立完毕且读取准备就绪后，位于服务端的连接接收器便会触发相关事件。与 BIO 不同，NIO 的一切处理都是通过事件驱动的，客户端连接到服务端并创建通信管道，服务端会将通信管道注册到事件选择器，由事件选择器接管事件的监听，并派发至工作线程进行读取、编解码、计算以及发送。图 2-8 展示了 NIO 的处理架构。

在使用 NIO 之前，我们需要理解其中的一些核心概念，下面具体来看一下。

1. Buffer

Buffer 是包含需要读取或写入的数据的缓冲区。NIO 中所有数据的读/写操作均通过缓冲区进行。常用的 Buffer 实现类有 ByteBuffer、MappedByteBuffer、ShortBuffer、IntBuffer、LongBuffer、FloatBuffer、DoubleBuffer、CharBuffer 等。

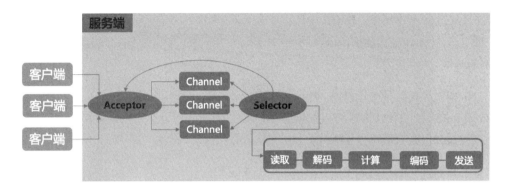

图 2-8　NIO 的处理架构

所有类型的 Buffer 实现类都包含 3 个基本属性：capacity、limit 和 position。

capacity 是缓冲区可容纳的最大数据量，在缓冲区创建时被设置且不能在运行时被改变。limit 是缓冲区当前数据量的边界。position 是下一个将要被读或写的元素索引位置。这 3 个属性的关系是 capacity⩾limit ⩾ position⩾0。

图 2-9 展示了向缓冲区写入数据和从缓冲区读取数据时，这 3 个属性的状态。

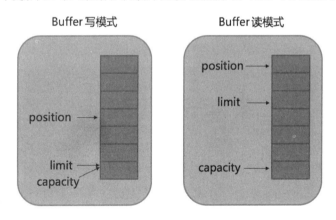

图 2-9　缓冲区标志位状态

在写入数据时，limit 和 capacity 相同，每写入一组数据，position 便会加 1，直至 position 到达 capacity 的位置或数据写入完毕，最终 limit 指向 position 的数值。在读取数据时，每读取一组数据，position 便会加 1，读取到 limit 所在的位置即结束，如果缓冲区完全被数据充满，那么 limit 则等于 capacity。

除了上述3个基本属性，Buffer中还有一个mark属性，用于标记操作的位置，具体使用方式为，通过调用mark()方法将mark赋值给position，再通过调用reset()方法将position恢复为mark记录的值。

在NIO中，有两种不同的缓冲区，分别是直接缓冲区（direct buffer）和非直接缓冲区（non-direct buffer）。直接缓冲区可以直接操作JVM的堆外内存，即系统内核缓存中分配的缓冲区；非直接缓冲区则只能操作JVM的堆中内存。

创建直接缓冲区的代码如下。

```
ByteBuffer byteBuffer = ByteBuffer.allocateDirect(1024);
```

创建非直接缓冲区的代码如下。

```
ByteBuffer byteBuffer = ByteBuffer.allocate(1024);
```

创建和释放直接缓冲区比非直接缓冲区的代价要大一些。但使用直接缓冲区可以减少从系统内核进程到用户进程间的数据拷贝，I/O的性能会有所提升。因此，应该尽量将直接缓冲区用于I/O传输字节数较多且无须反复创建缓冲区的场景。

2. Channel

Channel是一个双向的数据读/写通道。与只能用于数据流的单向操作不同，Channel可以实现读和写同时操作。Channel同时支持阻塞和非阻塞模式，在NIO中当然更加推荐使用非阻塞模式。

用于文件操作的通道是FileChannel，用于网络操作的通道则是SelectableChannel。NIO与BIO模型中的ServerSocket和Socket对应的通道是ServerSocketChannel和SocketChannel，它们都是SelectableChannel的实现类。

3. Selector

Selector通过不断轮询注册在其上的Channel来选择并分发已处理就绪的事件。它可以同时轮询多个Channel，一个Selector即使接入成千上万个客户端也不会产生明显的性能瓶颈。Selector是整个NIO的核心，理解Selector机制是理解整个NIO的关键所在。

Selector是所有Channel的管理者，当Selector发现某个Channel的数据状态有变化时，会通过SelectorKey触发相关事件，并由对此事件感兴趣的应用实现相关的事件处理器。使用单线程来处理多Channel可以极大地减少多个线程对系统资源的占用，降低上下文切换带来的开销。

Selector 可以被认为是 NIO 中的管家。举例说明，在一个宅邸中，管家所负责的工作就是不停地检查各个工作人员的状态，如仆人出门买东西、仆人回到宅邸、厨师做好饭等事件。这样宅邸中所有人的状态，只需要询问管家就可以了。

一个 Selector 可以同时注册、监听和轮询成百上千个 Channel，一个用于处理 I/O 的线程可以同时并发处理多个客户端连接，具体数量取决于进程可用的最大文件句柄数。由于处理 I/O 的线程数大幅减少，因此 CPU 用于处理线程切换和竞争的时间也相应减少，即 NIO 中的 CPU 利用率比 BIO 中的 CPU 利用率大幅提高。

最常见的 Selector 监听事件有以下几种。

- 客户端连接服务端事件：对应的 SelectorKey 为 OP_CONNECT。
- 服务端接收客户端连接事件：对应的 SelectorKey 为 OP_ACCEPT。
- 读事件：对应的 SelectorKey 为 OP_READ。
- 写事件：对应的 SelectorKey 为 OP_WRITE。

介绍完 NIO 中的核心概念，我们再来介绍一下 NIO 的 Reactor 模式。

I/O 多路复用机制采用事件分离器将 I/O 事件从事件源中分离，并分发至相应的读写事件处理器，开发者只需要注册待处理的事件及其回调方法即可。

NIO 采用 Reactor 模式来实现 I/O 操作。Reactor 模式是 I/O 多路复用技术的一种常见模式，主要用于同步 I/O。在 Reactor 模式中，事件分离器在 Socket 读写操作准备就绪后，会将就绪事件传递给相应的处理器并由其完成实际的读写工作。事件分离器由一个不断循环的独立线程来实现，在 NIO 中，事件分离器的角色由 Selector 担任。它负责查询 I/O 是否就绪，并在 I/O 就绪后调用预先注册的相关处理器进行处理。

以读取数据操作为例，Reactor 模式的流程如下。

- Selector 阻塞并等待读事件发生。
- Selector 被读事件唤醒，发送读就绪事件至预先注册的事件处理器。
- 应用程序读取数据。
- 应用程序处理相关业务逻辑。

下面是使用 NIO 初始化一个同步非阻塞 I/O 服务端的核心代码。

```
ServerSocketChannel serverChannel = ServerSocketChannel.open();
serverChannel.configureBlocking(false);
serverChannel.socket().bind(new InetSocketAddress(port));
Selector selector = Selector.open();
serverChannel.register(selector, SelectionKey.OP_ACCEPT);
```

值得注意的是，在服务端初始化时，只需向通道注册 SelectionKey.OP_ACCEPT 事件即可，当 OP_ACCEPT 事件未到达时，selector.select()将一直阻塞。OP_ACCEPT 事件表示服务端已就绪，可以开始处理客户端的连接。

下面是使用 NIO 处理同步非阻塞 I/O 请求的服务端核心代码。

```
while (!stopped) {
    selector.select();
    Iterator<SelectionKey> selectionKeys = selector.selectedKeys().iterator();
    while (selectionKeys.hasNext()) {
        SelectionKey key = selectionKeys.next();
        selectionKeys.remove();
        if (key.isAcceptable()) {
            ServerSocketChannel server = (ServerSocketChannel) key.channel();
            SocketChannel channel = server.accept();
            channel.configureBlocking(false);
            channel.register(selector, SelectionKey.OP_READ);
        } else if (key.isReadable()) {
            // 通过 Buffer 来处理读取操作
        }
    }
}
```

如果没有已经注册的事件到达，selector.select()将会一直处于阻塞状态。当有注册事件到达时，阻塞状态结束，继续处理。因此 selector.select()非常适合用作循环的开始。这里处理了建立连接和读取消息这两个最常见的操作。当 OP_ACCEPT 事件未到达时，selector.select()将一直阻塞。server.accept()用于客户端连接的初始化，主要步骤是与客户端建立连接，设置非阻塞模型，以及注册管道读取事件。只有在与客户端建立连接时注册了消息读取，在后续有消息从客户端发送过来时，selector.select()才会响应。由于在初始化的 start 方法中只注册了 OP_ACCEPT 事件，因此需要在接受连接创建之后注册 OP_READ 事件，用于处理读数据操作（不注册 OP_READ 事件的话，程序是不会处理消息读取事件的）。

下面是使用 NIO 初始化一个同步非阻塞 I/O 客户端的核心代码。

```
SocketChannel channel = SocketChannel.open();
channel.configureBlocking(false);
```

```
Selector selector = Selector.open();
channel.connect(new InetSocketAddress(serverIP, serverPort));
channel.register(selector, SelectionKey.OP_CONNECT);
```

下面是使用 NIO 处理同步非阻塞 I/O 请求的客户端核心代码。

```
while (!stopped) {
   selector.select();
   Iterator<SelectionKey> selectionKeys = selector.selectedKeys().iterator();
   while (selectionKeys.hasNext()) {
      SelectionKey key = selectionKeys.next();
      selectionKeys.remove();
      if (key.isConnectable()) {
         SocketChannel channel = (SocketChannel) key.channel();
         if(channel.isConnectionPending()){
            channel.finishConnect();
         }
         channel.configureBlocking(false);
         channel.register(selector, SelectionKey.OP_READ);
         // 发送消息
      } else if (key.isReadable()) {
         // 处理读取操作
      }
   }
}
```

理解和学会使用 Selector 是 NIO 的关键。采取 I/O 多路复用可以在同一时间处理多客户端的接入请求,该项技术能够将多个 I/O 阻塞复用至同一个 Selector 阻塞,让应用具有通过单线程同时处理多客户端请求的能力。与传统的多线程模型相比,I/O 多路复用比传统的多线程模型更能降低系统开销。

NIO 通过非阻塞 I/O 实现编程模型,虽然大大增加了代码的编写难度,但给应用的性能带来了质的提升。因此,直到现在,在使用 Java 原生接口编写网络通信程序时,NIO 仍然使用得最多。

↘ AIO

随着 Java 7 的推出,NIO.2 也进入了人们的视野。虽然 NIO.2 在 2003 年的 JSR203(JSR 为 Java Specification Requests 的缩写,即 Java 规范提案,因此 JSR203 指 Java 的第 203 号规范提案)中就已经被提出,但直到 2011 年才于 JDK 7 中实现并一同发布。NIO.2 提供了更多的文件系统操作 API 以及文件的异步 I/O 操作(即 AIO)。

AIO 采用 Proactor 模式实现 I/O 操作。Proactor 模式是 I/O 多路复用技术的另一种常见模式,它主要用于异步 I/O 处理。Proactor 模式与 Reactor 模式类似,它们都使用事件分离器分离读/

写与任务派发，但它比 Reactor 模式更进一步，它不关心如何处理读/写事件，而是由操作系统将读/写操作执行完后再通知回调方法，回调方法只关心自己需要处理的业务逻辑。

Reactor 模式的回调方法是在读/写操作执行之前被调用的，由应用开发者负责处理读/写事件，而 Proactor 模式的回调方法则是在读/写操作完毕后被调用的，应用开发者无须关心与读/写相关的事情。因此 Reactor 模式用于同步 I/O，而 Proactor 模式则面向异步 I/O。

以读取数据操作为例，Proactor 模式的流程如下。

- 事件分离器阻塞并等待读事件发生。
- 事件分离器被读事件唤醒，并发送读事件至操作系统进行异步 I/O 处理。
- 事件分离器将数据准备完毕的消息发送至预先注册的事件处理器。
- 应用程序处理相关业务逻辑。

不同的操作系统都对 I/O 操作提供了系统级的支持，Java 作为跨平台的开发语言，在 I/O 操作时需要对不同的操作系统进行统一封装。

AIO 实现时分别对 Linux 与 Windows 平台进行了不同的封装。在 Linux 操作系统中，2.6 及以上版本的内核对应的是 epoll，低版本则对应 select/poll，Windows 系统使用 iocp 的系统级支持。由于 Java 的服务端程序很少将 Windows 作为生产服务器，因此 Linux 的 I/O 模型更加受到关注。虽然 Windows 中的 iocp 支持真正的异步 I/O，但在 Linux 中，AIO 并未真正使用操作系统所提供的异步 I/O，它仍然使用 poll 或 epoll，并将 API 封装为异步 I/O 的样子，但是其本质仍然是同步非阻塞 I/O。

AIO 有两种使用方式：一种是较为简单的将来式；另一种是稍为复杂的回调式。

将来式使用 java.util.concurrent.Future 对结果进行访问，在提交一个 I/O 请求之后即返回一个 Future 对象，然后通过检查 Future 的状态得到"操作完成""失败"或"正在进行中"的状态，调用 Future 的 get 阻塞当前进程或获取消息。但由于 Future 的 get 方法是同步并阻塞的，与完全同步的编程模式无异，导致异步操作仅为摆设，因此并不推荐使用。

回调式是 AIO 的推荐使用方式。NIO.2 提供 java.nio.channels.CompletionHandler 作为回调接口，该接口定义了 completed 和 failed 方法，用于让应用开发者自行覆盖并实现业务逻辑。当 I/O 操作结束后，系统将会调用 CompletionHandler 的 completed 或 failed 方法来结束回调。

下面是使用 AIO 处理同步非阻塞 I/O 请求的服务端核心代码。

```java
AsynchronousChannelGroup channelGroup = AsynchronousChannelGroup.withThreadPool(
    Executors.newFixedThreadPool(10));
final AsynchronousServerSocketChannel serverChannel =
    AsynchronousServerSocketChannel.open(channelGroup).bind(
        new InetSocketAddress(port));
serverChannel.accept(null, new CompletionHandler<AsynchronousSocketChannel, Void>() {

    @Override
    public void completed(AsynchronousSocketChannel channel, Void attachment) {
        ByteBuffer buffer = ByteBuffer.allocate(1024);
        Future<Integer> future = channel.read(buffer);
        // 执行业务逻辑
        serverChannel.accept(null, this);
    }

    @Override
    public void failed(Throwable exc, Void attachment) {
        exc.printStackTrace();
    }
});
```

以上代码比起 NIO 的代码要精简不少，至少没有 Selector 的轮询需要处理。AIO 采用 AsynchronousChannelGroup 的线程池来处理事务，这些事务主要包括等待 I/O 事件、处理数据以及分发至各个注册的回调函数。通过匿名内部类的方式注册事件回调方法，覆盖 completed 方法用于处理 I/O 的后续业务逻辑，方法最后需要再调用 accept 方法接受下一次请求，覆盖 failed 方法用于处理 I/O 中产生的错误。

AIO 的客户端代码更简单，下面是 AIO 的客户端核心代码。

```java
AsynchronousSocketChannel channelClient = AsynchronousSocketChannel.open();
channelClient.connect(new InetSocketAddress(serverIP, serverPort)).get();
ByteBuffer buffer = ByteBuffer.allocate(1024);
channelClient.read(buffer, null, new CompletionHandler<Integer, Void>() {

    @Override
    public void completed(Integer result, Void attachment) {
        // 执行业务逻辑
    }

    @Override
    public void failed(Throwable exc, Void attachment) {
        exc.printStackTrace();
    }
});
```

AIO 虽然在编程接口上比起 NIO 更加简单，但是由于其使用的 I/O 模型与 NIO 是一样的，因此两者在性能方面并未有明显差异。由于 AIO 出现的时间较晚，而且并没有带来实质性的性能提升，因此没有达到预想中的普及效果。

▶ Netty

虽然 AIO 的出现进一步简化了 NIO 的开发，但实际使用 AIO 进行开发的应用并不是很多。主要原因是，Java 语言本身的发展远远落后其丰富的第三方开源产品。在这种情况下，AIO 并没有成为主流的网络通信应用的开发利器，加之在 AIO 没有出现时，NIO 的 API 过于底层，导致编写一个健壮的网络通信程序十分复杂，因此一系列的第三方通信框架诞生并快速成长，Netty 和 Mina 就是其中的佼佼者。

发展至今，Netty 由于具有优雅的编程模型以及健壮的异常处理方式，渐渐成为了网络通信应用开发的首选框架。

Netty 最初是由 Jboss 提供的一个 Java 开源框架，目前已独立发展。它基于 Java NIO 开发，是通过异步非阻塞和事件驱动来实现的一个高性能、高可靠、高可定制的通信框架。

相比于直接使用 NIO，Netty 的 API 使用更简单，并且内置了各种协议和序列化的支持。Netty 还能够通过 ChannelHandler 对通信框架进行灵活扩展。在 AIO 出现后，Netty 也在切换内核方面进行了尝试，但由于 AIO 的性能并未比基于 epoll 的 NIO 有本质提升，并且还引入了不必要的线程模型增加了编码的复杂度，因此 Netty 在 4.x 版本中将 AIO 移除了。Netty 官方网站提供的 Netty 逻辑模型如图 2-10 所示。

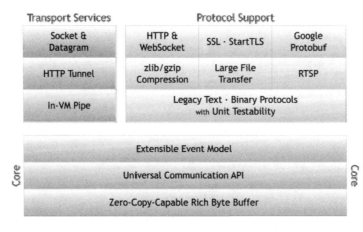

图 2-10　Netty 逻辑模型

Netty 由核心（Core）、传输服务（Transport Servies）以及协议支持（Protocol Support）这几个模块组成。核心模块提供了性能极高的零拷贝能力，还提供了统一的通信 API 和可高度扩展的事件驱动模型。传输服务模块和协议支持模块是对 Netty 的有力补充。传输服务模块支持了 TCP 和 UDP 等 Socket 通信，以及 HTTP 和同一 JVM 内的通信通道。协议支持模块则对常见的序列化协议进行支持，如 Protobuf、gzip 等。我们在讲解序列化协议时会重点介绍这部分。

前文谈到，I/O 是需要将数据从系统内核复制到用户进程中再进行下一步操作的。所谓的零拷贝是指，无须为数据在内存之间的复制消耗资源，即不需要将数据内容复制到用户空间，而是直接在内核空间中将数据传输至网络，从而提升系统的整体性能。

Linux 的 sendfile 函数实现了零拷贝的功能，而使用 Linux 函数的 Java NIO 也通过其 FileChannel 的 transfer 方法实现了该功能。Netty 同样通过封装 NIO 实现了零拷贝功能，而且 Netty 还提供了各种便利的缓冲区对象，在操作系统层面之外的 Java 应用层面上进行数据优化时可以达到更优的效果。

前面介绍过，NIO 中使用了 Reactor 模式进行事件轮询和派发。对于如何合理将各种事件从 Selector 中分离处理，NIO 并未提供实现方案，而需要开发人员自行解决。Netty 建议将用于处理客户端连接的 Selector 与用于处理消息读写的 Selector 分离，以便将一些比较耗时的 I/O 操作隔离至不同的线程中执行，从而减少 I/O 等待时间。Netty 将 Selector 封装为 NioEventLoop，用于处理客户端连接的 EventLoop 称为 boss，用于处理读写操作的 EventLoop 称为 worker。

处理 EventLoop 的线程模型可以分为单线程 Reactor、worker 多线程 Reactor 以及全多线程 Reactor 三种。

- 单线程 Reactor 是不分离 boss 与 worker 的事件选择器，统一使用单线程处理。Netty 已经将 boss 与 worker 分离，因此不推荐此模式。
- worker 多线程 Reactor 是使用独立线程处理 boss EventLoop 的，并且使用线程池来维持多个 worker EventLoop。这种模式可以满足大部分场景。
- 全多线程 Reactor 是使用独立线程池分别处理 boss EventLoop 和 worker EventLoop 的。对于需要安全验证等比较耗时的场景，可以考虑使用此模式。

Netty 对于这三种不同的线程模型都能够轻松支持，只需动态调配 EventLoopGroup 的线程数量即可。

截止到目前，Netty 的稳定版本是 4.1.x，虽然不久前 Netty 5.x 的版本已经被开发出来，但由于它使用了 ForkJoinPool，导致代码的复杂度增加，同时没有明显的性能改善，因此 Netty 的作者直接删除了 Netty 5 的代码分支。本书中的所有例子均基于 Netty 4.1.x 版本。

下面是使用 Netty 创建服务端启动程序的核心代码。

```
EventLoopGroup bossGroup = new NioEventLoopGroup(1);
EventLoopGroup workerGroup = new NioEventLoopGroup();
try {
    ServerBootstrap bootstrap = new ServerBootstrap();
    bootstrap.group(bossGroup, workerGroup)
        .channel(NioServerSocketChannel.class)
        .childHandler(new ChannelInitializer<SocketChannel>() {

            @Override
            public void initChannel(SocketChannel socketChannel) throws Exception {
                socketChannel.pipeline().addLast(new ObjectDecoder(
                        ClassResolvers.weakCachingConcurrentResolver(
                                getClass().getClassLoader())));
                socketChannel.pipeline().addLast(new ObjectEncoder());
                socketChannel.pipeline().addLast(new NettyServerHandler());
            }
        })
        .option(ChannelOption.SO_BACKLOG, 128);
    ChannelFuture future = bootstrap.bind(port).sync();
    future.channel().closeFuture().sync();
} finally {
    workerGroup.shutdownGracefully();
    bossGroup.shutdownGracefully();
}
```

以上代码的大致流程如下。

- 初始化分发与监听事件的轮询线程组。Netty 使用的是与 NIO 相同的 Selector 方式，这里通过 EventLoopGroup 初始化线程池，这个线程池只需要一个线程用于监听事件是否到达，并且触发事件监听回调方法。EventLoopGroup 有多种实现方式，这里的 NioEventLoopGroup 是使用 NIO 的实现方式作为其实现类的，这也是最常用的实现类。

- 初始化工作线程组。EventLoopGroup 的 NIO 线程组用于处理 I/O 的工作线程，可以指定合理的线程池大小，默认值为当前服务器 CPU 核数的 2 倍。

- 初始化服务端的 Netty 启动类。Netty 通过 ServerBootstrap 简化服务端的烦琐启动流程。

- 设置监听线程组与工作线程组。

- 将处理 I/O 的通道设置为使用 NIO。

- 添加事件回调方法处理器，即相应的事件触发后的监听处理器，通过自定义的回调处理器处理业务逻辑。这段代码中添加了 3 个回调处理器。

- 添加解码回调处理器，用于将通过网络传递过来的客户端二进制字节数组解码成服务端所需要的对象。可以使用 weakCachingConcurrentResolver 创建线程安全的 WeakReferenceMap，对类加载器进行缓存。这里使用了 Netty 内置的 ObjectDecoder，它使用了 Java 原生的序列化方式将二进制字节数组反序列化为正确的对象。关于序列化的更多知识，将在下一节中详细说明。

- 添加编码回调处理器，用于将服务端回写至客户端的对象编码为二进制字节数组，以便通过网络进行传递。这里使用了 Netty 内置的 ObjectEncoder，它同样使用 Java 原生的序列化方式将对象序列化为二进制字节数组。

- 添加定制化业务的回调处理器。

- 设置与网络通道相关的参数。

- 绑定提供服务的端口并且开始准备接受客户端发送过来的请求。

- 主线程等待，直到服务端进程结束（Socket 关闭）才停止等待。

- 优雅关闭线程组。

服务端的主启动程序还是非常简单和清晰的，真正的自定制业务处理流程在回调的处理函数中。下面是服务端的业务回调处理类 NettyServerHandler 的核心代码。

```
public class NettyServerHandler extends ChannelInboundHandlerAdapter {

    @Override
    public void channelRead(ChannelHandlerContext context, Object message) {
        //执行业务逻辑
        context.writeAndFlush(pojo);
    }

    @Override
    public void exceptionCaught(ChannelHandlerContext context, Throwable cause) {
        cause.printStackTrace();
        context.close();
    }
}
```

由于 Netty 已经将大量的技术细节屏蔽和隔离，因此 NettyServerHandler 看起来非常简单，它只需要由 EventLoopGroup 监听相应事件，并在接收到事件后分别调用相关的回调方法即可，这个例子中只对读取客户端输入以及错误处理有响应。

channelRead 方法在客户端发送消息到服务端时触发。这里可以定制化实现业务逻辑，最后将对象写入缓冲区并刷新缓冲区至客户端。这里如果不调用 writeAndFlush 方法而是调用 write 方法，则消息只会写入缓冲区，而不会真正写入客户端。但由使用者合理地多次调用 write 之后再调用 flush 方法，便可以合并缓冲区向客户端写入的次数，达到通过减少交互次数来提升性能的目的。

值得注意的是，这里直接将 Java 的对象写入了缓冲区，而无须将其转换为 ByteBuf 对象。这是因为之前在 NettyServer 中配置了 ObjectEncoder，它可以自动对 Java 对象进行序列化，当网络出现错误时会调用这个方法。为了简单起见，这里只是将异常信息打印至标准输出（stdout），并未做出额外处理。

客户端代码与服务端较为相似，这里不再赘述。

通过对上述代码的分析，可以看出，Netty 分离了业务处理以及序列化/反序列化与服务端主进程的耦合，使得代码更加清晰易懂，并且以非常简单优雅的方式提供了支持异步处理的框架。Netty 的出现极大简化了 NIO 的开发，因此对于非遗留代码，建议使用 Netty 构建网络程序。

相比于 Mina，Netty 在内存管理和综合性能方面更胜一筹。它的缺点是向前兼容性不够友好，Netty 3.x 与 Netty 4.x 的 API 并不兼容。笔者认为，Netty 4.x 的 API 和架构设计更加合理，因此建议新开发的程序使用 Netty 4.x。

2.2　序列化

在面向对象的编程语言中，对象是存在于内存中的。以 Java 为例，对象存在于运行状态的 JVM 中，如果希望能够在 JVM 停止运行后持久化保存对象，则需要将内存中的对象转换为一定的格式化数据，这个过程称为序列化。当 JVM 重启后，读取数据并重新将其转化为对象的过程称为反序列化。

因为可以使用各类成熟稳定的数据库，因此开发者几乎不会选择将对象序列化方式作为应用程序的信息持久化存储方案。但若将对象传递至网络，则对象本身同样脱离了本地 JVM 所能管控的范畴，因此同样需要进行序列化和反序列化。分布式系统中的序列化主要用于应用程序进行网络通信时的数据交互。

概括来说，序列化协议是一种结构化数据格式，主要用于数据存储和消息传输。序列化是将对象转化为这种格式的方法。序列化的实现方案非常多，它所关注的重点是性能和对异构语言的支持能力。

性能主要有三个衡量指标，具体如下。

- 对象序列化后的字节占位大小。对象序列化之后是一串字节数组，其中包含对象的属性值以及元数据信息。
- 序列化与反序列化的性能。这主要取决于它生成和解析字节数组的方法。
- 序列化工具自身的性能。主要取决于序列化工具创建自身对象的消耗。

文本和二进制两种序列化格式都能支持异构语言，下面几节中我们将具体介绍。

2.2.1 文本序列化

使用字符串文本的明文序列化方式进行网络传输是较为常见的，JSON 和 XML 这两种格式由于易于理解，且被各种开发语言广泛支持，因而十分流行。JSON 格式由于配置简单，文本所占空间更小，而且对于 JavaScript 的支持更加原生，因此渐渐取代了 XML 的主导地位，目前变得更加流行。

JSON 是 JavaScript Object Notation 的缩写，它本身就是 JavaScript 的对象标记，可以直接转化为 JavaScript 的对象。JSON 是一种轻量级的数据交换格式，是基于 W3C 制定的 ECMAScript 规范的一个子集，采用完全独立于编程语言的文本格式来存储和表示数据。

虽然 JavaScript 可以无障碍地将 JSON 文本和对象相互转换，但同样的操作却无法在 Java 中实现，因此产生了很多第三方处理 JSON 的序列化框架。下面我们来介绍几个常用且各有特点的 JSON 序列化框架。

➢ 流式解析 JSON 序列化框架 Jackson

Jackson 是一个开源的 Java 类库，它的主要用途是序列化 Java 对象使其成为 JSON 文本，或反序列化 JSON 文本使其成为 Java 对象。Jackson 采用流式增量的处理方式解析 JSON，因此在解析数据量比较大的 JSON 文本时比较有优势。

Jackson 主要由 jackson-core 和 jackson-databind 这两个模块组成。jackson-core 为

jackson-databind 提供了底层的解析和生成 JSON 文本的方法,而 jackson-databind 则进行了更好的封装,提供了数据绑定和树模型功能。采用 jackson-core 的底层 API 进行 JSON 处理时性能最佳,但编码比较复杂,而数据绑定方式则对开发比较友好。

下面是使用数据绑定方式生成 JSON 文本的核心代码。

```
ObjectMapper objectMapper = new ObjectMapper();
String jsonValue = objectMapper.writeValueAsString(pojo);
```

下面是使用数据绑定方式解析 JSON 文本的核心代码。

```
Pojo newPojo = objectMapper.readValue(jsonValue, Pojo.class);
```

▶ 轻量级 JSON 序列化框架 Gson

Gson 是 Google 公司开源的第三方 Java 库,它的用途与 Jackson 类似,使用起来较为便利,在处理数据量较大的 JSON 文本时,其性能略逊于 Jackson。Gson 可以通过标识版本号来确保 JSON 的兼容性,我们同样以一个例子来说明如何使用 Gson 来序列化和反序列化对象。

Gson 可以通过在对象属性上使用@Since 注解来表示该字段是在哪个版本之后才出现的,在这个版本出现之前该属性可以忽略。Gson 可以通过@Since 处理协议的向后兼容问题。

Gson 还巧妙地复用了 transient 关键字,一般情况下,若声明了 transient 属性则不进行对象的序列化。关于 transient 关键字,我们在 Java 原生的序列化方案中也可以见到。

下面是使用 Gson 生成 JSON 文本的核心代码。

```
GsonBuilder builder = new GsonBuilder();
builder.setVersion(version);
Gson gson = builder.create();
String json = gson.toJson(pojo);
```

下面是使用 Gson 解析 JSON 文本的核心代码。

```
Pojo newPojo = new Gson().fromJson(jsonValue, Pojo.class);
```

除了上面介绍的两个框架,还有很多类似的框架,如最早的 JSON 解析工具 JSON-lib 和阿里巴巴开源的高性能 JSON 解析框架 FastJson 等。

2.2.2 二进制 Java 序列化

基于 JSON 或 XML 的文本序列化方式简单清晰,且文本传输对于异构语言有着天然优势,只需要其对应的开发语言能够解析 JSON 或 XML 格式即可。但文本格式由于未经压缩,其内容所占据的空间较大并且解析较慢,因此,对于那些对性能要求较高的互联网场景,二进制的序列化方式更受青睐。对于由 Java 语言所搭建而成的同构系统而言,有很多仅针对 Java 语言的序列化方式。仅针对 Java 的二进制序列化方式可以很好地和 Java 语言结合,给开发工作带来了很大的便利。

Java 原生序列化

Java 提供了原生的序列化方式,非常简单易用。只要一个类实现了 java.io.Serializable 接口,那么这个类就可以被序列化。使用 Java 对象序列化保存对象时会将对象状态转化为字节数组。当某个字段被声明为 transient 后,序列化机制会忽略该字段。另外,序列化保存的是对象的成员变量,即对象的状态。因此,对象序列化不会保存静态变量,因为它们是类的属性。

在上文关于 Netty 的介绍中,我们已经引入了序列化这个概念,Netty 使用的正是 Java 的原生序列化方式。

Java 的原生序列化使用 serialVersionUID 来控制兼容性。凡是实现 Serializable 接口的类都有一个标识序列化版本标识符的静态变量,示例如下。

```
private static final long serialVersionUID = 1L;
```

如果不显式指定,这个静态变量将由 Java 运行时环境根据类的内部细节自动生成。修改源码再重新编译的话,类文件的 serialVersionUID 取值可能会发生变化。

Java 的序列化机制是通过在运行时判断类的 serialVersionUID 来验证版本是否一致的。反序列化时,JVM 会将字节流中的 serialVersionUID 与相应类中的 serialVersionUID 进行比较,如果不同,则抛出序列化版本不一致的异常。

如果希望序列化接口的实体能够兼容之前的版本,可以显式指定 serialVersionUID,以保证不同版本的类对序列化兼容。

虽然 Java 原生支持的序列化机制足够简单,但在性能方面,简直可以用"灾难"来形容。由于 Java 原生的序列化后的字节过于臃肿,导致其非常不便于在网络中传输,并且 Java 原生的序列化与反序列化方案本身的性能也并不理想,因此在对性能要求很高的互联网场景中,一般不会采用 Java 原生的序列化及反序列化方案,这种方案仅仅适用于对性能要求不高的场景。

对于 Java 提供的 RMI、EJB 等原生组件,由于采用了 Java 原生序列化方案,吞吐量无法突破瓶颈,因此逐渐被弃用。

高性能序列化框架 Kryo

由于 Java 原生的序列化方案性能无法满足互联网的需要，因此优秀的第三方高性能序列化框架层出不穷。这些框架在不同的场景中性能可能略有波动起伏，但总体来说都高于 Java 原生序列化方案。

Kryo 是一个高效的 Java 序列化框架。Kryo 可以选择不将类的元信息序列化，因此，当一个类第一次被 Kryo 序列化时，需要时间被加载。这虽然导致 Kryo 的初始化时间较长，但这仅仅是一次性消耗。另外，可以使用注册序列化类的方式将这样的消耗转移到应用程序启动时，避免产生不确定的第一次序列化时间。这样做的好处是可以使序列化字节的容量大小明显降低，增加字节信息网络传输的效率。并且由于类信息均已经在内存中加载，因此其序列化和反序列化的性能也有所提升。使用 Kryo 无须再实现 Serializable 接口。

下面是使用 Kryo 进行序列化的核心代码。

```
Kryo kryo = new Kryo();
File file = new File("foo.bin");
try (
    ObjectOutputStream outputStream = new ObjectOutputStream(
        new FileOutputStream(file));
    Output output = new Output(outputStream)) {
    Pojo pojo = // ...
    kryo.writeObject(output, pojo);
}
```

下面是使用 Kryo 进行反序列化的核心代码。

```
try (
    ObjectInputStream inputStream = new ObjectInputStream(new FileInputStream(file));
    Input input = new Input(inputStream)) {
    Pojo newPojo = kryo.readObject(input, Pojo.class);
}
```

使用 Kryo 时必须有一个无参的构造器，否则程序将无法正确运行。如果不提供无参构造器，则可以通过 Kryo 的 setInstantiatorStrategy 方法将对象初始化策略设置为 StdInstantiatorStrategy，该策略可以直接创建一个空对象。但如果需要在构造函数中进行一些初始化操作，使用这种策略会破坏对象的完整性，因此最佳方案还是从一开始就考虑设计一个无参的构造器。

Kryo 有三种序列化方法，具体如下。

- 调用 Kryo 的 writeObject 方法。使用这种方法时只会序列化对象的实例，而不会记录对象所属类的元信息。这种方法的优势是节省空间，劣势是需要提供序列化目标类作为反序列化的模板。上面的示例代码即采用了这种方案。

- 调用 Kryo 的 writeClassAndObject 方法。该方法将同时序列化对象数据信息和类的元信息，优势是在整个程序的声明周期内都无须再提供序列化目标类信息，劣势是空间占用大、网络间传输带宽消耗多。

- 先调用 Kryo 的 register 方法注册需要序列化的类，再调用 Kryo 的 writeClassAndObject 方法进行序列化。Kryo 通过对类进行注册而绑定一个唯一的数字作为 ID，在执行 writeClassAndObject 方法时仅序列化 ID 即可，无须序列化类的全部元信息。这样做的优势是在节省空间的同时无须在反序列化时提供原始类的信息，劣势是对通过 Kyro 编写序列化通用框架的开发者并不友好，需要提供额外的接口让使用方程序员注册相关类。

使用 Kryo 基本可以替代 Java 原生序列化方法，并且性能提升明显。因此，在 Java 同构语言的序列化框架中，Kryo 是一个理想的选择。

2.2.3 二进制异构语言序列化

前面讲到的序列化框架都是基于 Java 语言的,而完全由单一语言组成的现代系统已不多见。由于每种开发语言都有各自的优势和适用的场景，因此，一个复杂系统由异构语言组成是很常见的。下面我们就来介绍一个高性能异构语言序列化框架——Protobuf。

Protobuf 的全称是 Protocol Buffers，是 Google 开源的跨平台、跨语言的轻便高效的序列化协议。它是 Google 公司内部广泛使用的异构语言数据标准，支持反序列化后的对象向前兼容。与同构语言的序列化方式不同，Protobuf 使用预定义协议的方式生成代码。

使用 Protobuf 时首先需要在系统上安装它的命令用于编译 proto 协议文件。

截止到本书写作之时，Protobuf 最新的稳定版本是 3.4.0，因此本书将基于该版本进行举例。我们先来介绍一下在 Mac 上安装 Protobuf 的方法，其他操作系统请自行查阅相关资料。

首先，请确保 Mac 中安装了 Homebrew，然后在命令行中直接输入 brew install protobuf 命令，等待安装完成即可。

若想检验 Protobuf 是否正确安装，可以在命令行中输入 protoc –version，返回当前安装的 Protobuf 的版本号，brew 命令会非常"聪明"地自动设置 Protobuf 的环境变量。

Protobuf 通过 proto 协议文件来定义程序中需要处理的结构化数据，结构化数据在 Protobuf 中被称为消息（Message）。proto 协议文件以".proto"结尾，类似于 Java 语言中对数据对象的定义。一个消息类型由一个或多个字段组成，每个字段中至少应该包括类型、名称和标识符。

标识符是一个正整数，每个标识符在该消息体中必须是唯一的。标识符用于在被转化为二进制的消息中识别各个字段，一旦开始使用则不允许更改。有一个压缩生成二进制消息大小的窍门：数字 1~15 对应的十六进制数范围是 0x1~0xF，仅占用一个字节，以此类推，16~2047 会占用两个字节，因此，应尽量将频繁出现的消息字段保留在 1~15 标识符之内，还可以为将来可能出现的字段预留标识符。标识符只增不删的特性，是 Protobuf 消息能够保持向后兼容的关键。

我们举一个简单的例子，以下代码是一个标准的 proto 协议文件。

```
syntax = "proto3"; // (1)
package protobuf.pojo; // (2)
message ProtoPojo { // (3)
    int32 id = 1; // (4)
    string name = 2; // (5)
    repeated string messages = 3; // (6)
}
```

针对上述代码，我们来逐行说明一下。

- 语句（1）：指明正在使用 proto3 语法。默认情况下使用 proto2，Syntax 语句必须是 proto 文件的空行和注释行之外的第一行。proto2 与 proto3 语法不完全兼容，相比之下，proto3 的语法更加简明清晰。

- 语句（2）：指明该文件编译为类之后的包名称是 protobuf.pojo。

- 语句（3）：定义消息类型，对应 Java 中的类名称。该消息名称为 ProtoPojo，消息体中包含三个字段。

- 语句（4）：定义名为 id 的属性，类型是 32 位的整数，标识符是 1。

- 语句（5）：定义名为 name 的属性，类型是字符串，标识符是 2。

- 语句（6）：定义名为 messages 的属性，类型是可重复的字符串，对应 Java 中的 List 集合类型，标识符是 3。

对于 Protobuf 协议有了直观的了解之后，我们再系统地了解一下 Protobuf 所支持的消息类型。表 2-1 摘自 Protobuf 官方网站，展示了 Protobuf 所支持的所有消息类型。为了简单起见，我们仅将 C++、Java、Python 和 Go 这几种语言的相关类型展示出来，Protobuf 支持的其他语言还包括 Ruby、C#和 PHP。

表 2-1　Protobuf 支持的消息类型

.proto 类型	C++类型	Java 类型	Python 类型	Go 类型
double	double	double	float	float64
float	float	float	float	float32
int32	int32	int	int	int32
uint32	uint32	int	int/long	uint32
uint64	uint64	long	int/long	uint64
sint32	int32	int	int	int32
sint64	int64	long	int/long	int64
fixed32	uint32	int	int	uint32
fixed64	uint64	long	int/long	uint64
sfixed32	int32	int	int	int32
sfixed64	int64	long	int/long	int64
bool	bool	boolean	bool	bool
string	string	String	str/unicode	string
bytes	string	ByteString	str	[]byte

Protobuf 还可以使用枚举类型或嵌套使用其他消息类型，还可以使用 import 命令将其他文件中定义的消息类型导入当前的文件以供使用。

Protobuf 是向后兼容的，可以非常容易地更新消息的结构而不破坏已有代码。在更新时需要遵循以下规则。

- 不能更改已有字段的数字标识符。

- 使用旧代码产生的消息被新代码解析时，新增字段将被赋值为默认值；使用新代码产生的消息被旧代码解析时，新增字段将被忽略。需要注意的是，未被识别的字段会在反序列化时被丢弃。

- 非必填的字段可以删除，但必须保证它们的数字标识符在新的消息中不再被使用。

- int32 类型、uint32 类型、int64 类型、uint64 类型和 bool 类型是全部兼容的,它们之间可以任意转换,兼容性也不会被破坏。需要注意的是,如果解析出来的数字与对应的类型不相符,则会进行强制类型转换,可能会导致精度丢失。例如,将一个 int64 类型的数字当作 int32 类型来读取,那么它将会被截断为 32 位的数字。

- sint32 类型与 sint64 类型相互兼容,但是与其他整数类型不兼容;string 类型与有效的 UTF-8 编码的 bytes 类型相互兼容;fixed32 类型与 sfixed32 类型相互兼容;fixed64 类型与 sfixed64 类型相互兼容;枚举类型与 int32 类型、uint32 类型、int64 类型和 uint64 类型相互兼容。

关于 Protobuf 的格式定义还有很多细节,要想了解更加详细的信息请浏览官方网站。

在完成消息的定义之后,便可以通过 Protobuf 提供的命令行生成相关开发语言的代码了。

这里仍然以 Java 语言为例,在命令行中输入 protoc --java_out=. ./Pojo.proto,即可在当前路径生成相关的 Java 代码。

命令行中的 protoc 即 Protobuf 编译器的命令,它应该已经随着 Mac 的 brewhome 被配置到系统的环境变量中了;--java_out=.则指定了生成 Java 语言编译的类,位置是当前路径;./Pojo.proto 是目标的协议文件路径。

命令执行之后便会在生成的目标路径下按照配置的包名生成相应的.java 文件。更多有关 protoc 命令的使用细节可以通过在命令行中输入 protoc --help 来查看。

为了使生成的代码通过编译,需要在 Maven 的 pom.xml 文件中引用 Protobuf 的相应版本,这里我们使用的是 3.4.0 版本,Maven 坐标如下。

```
<dependency>
    <groupId>com.google.protobuf</groupId>
    <artifactId>protobuf-java</artifactId>
    <version>3.4.0</version>
</dependency>
```

下面我们来看一下.proto 文件生成了什么。

对于 Java 语言来说,编译器为每个.proto 文件生成了一个对应的.java 文件,这个.java 文件的主类名称与.proto 的文件名保持一致,并且为每一个消息类型定义了一个消息对象的内部类以及一个用来创建消息的构建内部接口。每个消息类型的内部类中会再包含一个名为 Builder 的内部类用于实现消息构建接口。

值得注意的是，一个 Java 类中可以包含多个定义的消息类型。在前面的例子中，为了简单起见，协议中仅定义了一个名为 ProtoPojo 的消息，如果同一个协议文件中定义了多个消息，那么每个消息类型将会变成一对消息内部类和消息构建内部接口。

下面是生成 ProtoPojo 构建接口的代码。

```java
public interface ProtoPojoOrBuilder extends
    // @@protoc_insertion_point(interface_extends:protobuf.pojo.ProtoPojo)
    com.google.protobuf.MessageOrBuilder {

  /**
   * <pre>
   * (4)
   * </pre>
   *
   * <code>int32 id = 1;</code>
   */
  int getId();

  /**
   * <pre>
   * (5)
   * </pre>
   *
   * <code>string name = 2;</code>
   */
  java.lang.String getName();
  /**
   * <pre>
   * (5)
   * </pre>
   *
   * <code>string name = 2;</code>
   */
  com.google.protobuf.ByteString
      getNameBytes();

  /**
   * <pre>
   * (6)
   * </pre>
   *
   * <code>repeated string messages = 3;</code>
   */
  java.util.List<java.lang.String>
      getMessagesList();
  /**
```

```
 * <pre>
 * (6)
 * </pre>
 *
 * <code>repeated string messages = 3;</code>
 */
int getMessagesCount();
/**
 * <pre>
 * (6)
 * </pre>
 *
 * <code>repeated string messages = 3;</code>
 */
java.lang.String getMessages(int index);
/**
 * <pre>
 * (6)
 * </pre>
 *
 * <code>repeated string messages = 3;</code>
 */
com.google.protobuf.ByteString
    getMessagesBytes(int index);
}
```

可以看到，生成的 ProtoPojoOrBuilder 接口中包含了协议文件中定义的三个属性的 getter 方法。相关属性的方法上保留了协议文件中原始定义的字符串以及相关注释。下面我们将协议文件中声明的属性和 Java 文件中生成的属性一一对应起来，为了清晰起见，我们将生成文件中的包名都去掉。

- 协议文件中的 int32 id = 1，对应的代码中仅生成了一个 int getId()方法，因为 int32 类型的数据无须进行复杂的序列化。

- 协议文件中的 string name = 2，对应的代码中生成了两个方法，分别是 String getName() 和 ByteString getNameBytes()，用于反序列化和序列化。com.google.protobuf.ByteString 是序列化后的二进制数据格式。

- 协议文件中的 repeated string messages = 3，对应的代码中生成了四个方法，分别是 List< String> getMessagesList()、int getMessagesCount()、String getMessages(int index) 和 ByteString getMessagesBytes(int index)。由于字段 messages 是 repeated 类型的，因此会将它映射为一个集合，并且提供集合长度以及通过索引获取集合中元素的方法。

使用 Protobuf API 进行序列化和反序列化比较简单,序列化的方法主要有两个,具体如下。

- byte[] toByteArray():该方法可以将 Java 对象序列化为二进制字节数组,以便进行网络传递。

- void writeTo(OutputStream output):该方法用于将 Java 对象直接序列化并写入一个输出流。

以上两个序列化方法分别对应两个反序列化方法,与序列化方法不同,反序列化方法都是类的静态方法,具体如下。

- static T parseFrom(byte[] data):将二进制的字节数组反序列化为 Java 对象。其中返回值 T 借用了 Java 的泛型概念,用于表示其返回类型与调用它的类的类型一致。该方法是对应 byte[] toByteArray()的反序列化方法。

- static T parseFrom(InputStream input):通过一个输入流读取二进制字节数组并反序列化为 Java 对象。该方法是对应 void writeTo(OutputStream output) 的反序列化方法。

下面是使用 Protobuf 对 Java 对象进行序列化的核心代码。

```
File file = new File("pojo.bin");
try (OutputStream output = new FileOutputStream(file)) {
  Pojo.ProtoPojo.Builder pojoBuilder = Pojo.ProtoPojo.newBuilder();
  pojoBuilder.setId(1);
  pojoBuilder.setName("Tom");
  pojoBuilder.addMessages("Hi");
  pojoBuilder.addMessages("Hello");
  pojoBuilder.build().writeTo(output);
}
```

下面是使用 Protobuf 对 Java 对象进行反序列化的核心代码。

```
try (InputStream input = new FileInputStream(file)) {
  Pojo.ProtoPojo newPojo = Pojo.ProtoPojo.parseFrom(input);
}
```

面对种类如此之多的序列化方法,该如何选择合适的序列化框架呢?

从调试的便利性以及协议的清晰度方面来说,基于文本的 JSON 协议是不错的选择;从性能方面考虑,文本协议比二进制协议差一些,在二进制协议中,无论是 Protobuf 还是 Kryo,都是比较高效的,而 Java 原生的序列化方案并不理想;在异构语言方面,文本协议全方位支持异构语言,二进制的协议中只有类似于 Protobuf 这种通过协议文件生成静态代码类型的序列化方案能够支持异构语言,但相对来说,这种方法在日常开发中略显烦琐,即使在同构语言间交互也需要代码生成这一步骤。因此,使用何种序列化框架是需要综合考量的,具体可参考表 2-2 中所列举的各类序列化框架的对比。

表 2-2 各类序列化框架的对比

序列化框架	协议	性能	异构语言	代码生成	编程模型复杂度
Jackson	文本	差	支持	不需要	简单
Gson	文本	差	支持	不需要	简单
Java 原生	二进制	较差	不支持	不需要	非常简单
Kryo	二进制	极高	不支持	不需要	一般
Protobuf	二进制	极高	支持	需要	较复杂

2.3 远程调用

远程调用(Remote Procedure Call,RPC)是一种网络间的通信方式,允许程序调用共享网络中其他服务器的方法或函数,而向应用开发者屏蔽远程调用的相关技术细节。RPC 应该尽量做到简单、高效和透明化。客户端应用可以像调用本地对象方法一样直接调用另一台服务器上的服务端应用的对象方法。可以说,RPC 是分布式服务和应用的基石。

2.3.1 核心概念

关于 RPC 的比较有影响力的论文是 1984 年发表的 *Implementing Remote Procedure Calls*,大家可以到网上搜索相关资源。文中将 RPC 的组成抽象为五个概念模型,具体如下。

- User:应用的客户端,RPC 的发起者。它的职责是通过本地调用 User-stub 发起对远端的调用,并负责接收 User-stub 的返回值。是本地调用,还是远程调用,这对于 User 来说是完全透明的。

- User-stub:客户端的存根对象。存根对象的作用是通过使用本地模拟对象来屏蔽需要通过远程调用才可以获取的对象。

  User-stub 负责三件事情:第一件事情是将需要远程调用的接口、方法以及参数通过事先约定好的协议进行序列化;第二件事情是通过本地的 RPCRuntime 对象将序列化的数据传输到服务端的 RPCRuntime 对象中;第三件事是将服务端的返回值反序列化为 User 可以直接使用的对象。

- RPCRuntime：远程调用的运行时对象，它同时存在于客户端和服务端，负责网络间信息的发送与接收。
- Server-stub：服务端的存根对象，它负责将服务端的 RPCRuntime 对象接收到的数据进行反序列化并调用服务端的本地方法，以及将服务端本地方法的返回值序列化后交给服务端的 RPCRuntime。
- Server：应用的服务端，用于处理相关业务逻辑。

客户端和服务端需要互相熟悉相同的业务方法接口。服务端需要将远程接口导出给客户端，同样，客户端需要将该接口导入，这样客户端才能像调用本地方法一样调用相同接口的远程方法。

RPC 的流程如图 2-11 所示。

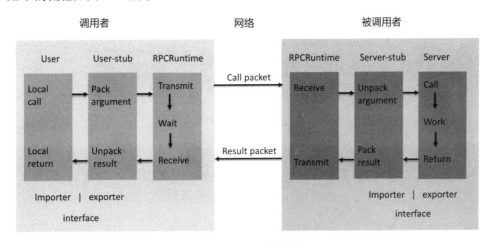

图 2-11　RPC 流程图

对于一个完整的 RPC 调用来说，核心是通信、序列化和透明化调用。通信和序列化正是前两节所讲述的内容，开发者可以根据自己的需求定制化地实现各种组合，例如使用 Netty 和 Kryo 实现一个 RPC 框架。

2.3.2　Java 远程方法调用

远程方法调用（Remote Method Invocation，RMI）是 Java 最初用于实现透明远程调用的重要组成部分，它能够让客户端 JVM 运行的应用像调用本地方法一样调用服务端 JVM 中的方法。在进行远程调用时，客户端仅具有服务端提供的接口即可，它将客户端的存根（Stub）对象作为远程接口进行远程方法调用。

核心机制

RMI 的运行机制与论文 *Implementing Remote Procedure Calls* 中介绍的流程极为相似，只是在其基础上增加了 RMI Registry 这一概念，图 2-12 是 RMI 的流程图。

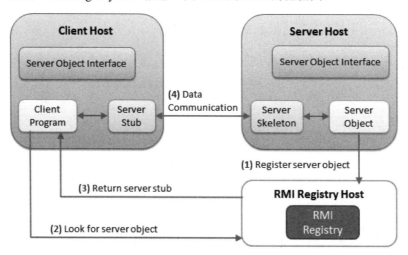

图 2-12　RMI 流程图

应用的服务端（Server）需要在启动时向 RMI Registry 注册服务，应用的客户端（Client）通过 RMI Registry 查找并获取服务对象的 Stub。服务对象 Stub 仅指向远程对象的引用，并非服务对象本身。在客户端获取到服务对象 Stub 之后，即可通过其与服务端提供的 Skeleton 进行交互。

应用开发者仅需要关注开发服务对象以及客户端应用本身，Stub 和 Skeleton 都可以由 RMI 提供的 rmic 命令自动生成。应用开发本身需要实现 RMI 定义的 Remote 接口以及抛出 RemoteException 异常，因此对应用程序有一定的侵入性。

Java 8 版本中对原有的 RMI 进行了重新设计。Skeleton 的职责已经完全由 RMI 服务端所实现，因此它已无须存在。同时，Stub 也无须再通过 rmic 命令静态生成，而可以通过动态代理来生成，因此使用起来更加简单，这意味着 rmic 命令也将结束它的历史使命。

开发流程

使用 RMI 开发应用程序主要经过开发服务接口、实现服务业务逻辑、发布服务和客户端使用服务这四个步骤。

开发服务接口很简单，只需要在业务的应用接口中继承 Remote 接口，以及在需要远程调用的方法签名中抛出 RemoteException 即可，核心代码如下。

```
public interface FooService extends Remote {

    String bar() throws RemoteException;
}
```

实现服务业务逻辑并无特殊要求，发布方法需要配合 RMI 提供的 Registry 一起使用，核心代码如下。

```
FooService stub = (FooService) UnicastRemoteObject.exportObject(
    new FooServiceImpl(), port);
Registry registry = LocateRegistry.getRegistry();
registry.bind("foo", stub);
```

最后，再看一下客户端使用 RMI 的核心代码，具体如下。

```
Registry registry = LocateRegistry.getRegistry(host);
FooService stub = (FooService) registry.lookup("foo");
stub.bar();
```

局限性

RMI 虽然方便易用，并且在 Java 的 EJB 时代大放异彩，但在微服务大行其道的如今，它已经很难再获得容身之地。RMI 最主要的问题是性能低、灵活性差以及缺乏对异构语言的支持，具体说明如下。

- 性能低。RMI 使用 Java 远程方法协议（JRMP），该协议实际使用阻塞 I/O 进行远程通信，并且采用 Java 原生的序列化方案。其性能难与非阻塞 I/O 以及 Protobuf、Kryo 等高性能序列化方案相比。由于阻塞 I/O 与 Java 原生序列化方案均已不适合用于当今高性能与高并发的应用场景中，因此基于这两种技术组合的 RMI 也不可能适用。

- 灵活性差。采用 RMI 实现远程调用虽然便捷，但它采用了客户端与服务端直接建立连接的方式，并没有提供用于实现分布式系统中多服务副本治理的相关措施，如负载均衡、限流熔断等，因此不能适应分布式系统对高可用性的要求。

- 缺乏对异构语言的支持。RMI 要求客户端与服务端两端必须都使用 Java 语言，因此也限制了异构语言共同开发系统的可能性。

综上所述，RMI 已经不适合作为现代应用系统的技术选型了。

2.3.3 异构语言 RPC 框架 gRPC

在跨语言的 RPC 解决方案中，RESTful API 是热门的选择。RESTful API 大多采用 JSON 或 XML 的格式传输信息，虽然绝大多数的编程语言都支持 JSON 和 XML 解析，但需要应用开发者自行选择编码方式和服务器架构。使用文本格式序列化性能较差，而搭建一个高性能且容错性强的通信架构也并非易事，因此，RESTful API 未必是互联网高并发场景下的合理选择。

gRPC 是 Google 开源的一款对语言和平台均中立的高性能 RPC 框架，它使用 HTTP/2 进行网络通信，并将 Protobuf 作为其序列化工具。gRPC 支持多种异构语言，提供了支持 Java 语言、Go 语言和 C 语言的三个版本。其中 C 语言版本又支持 C、C++、C#、Node.js、PHP、Python、Ruby 和 Objective-C 等多种语言。由于其支持 Objective-C 和 Java 这两个 iOS 和 Android 移动客户端的主要开发语言，因此为移动端到服务器端通信提供了一站式解决方案。

gRPC 是面向服务端和移动端设计的 RPC 框架，基于 HTTP/2，具有双向流、请求压缩、单连接多路复用等功能，因此在移动设备上表现更好，能够进一步节省移动端的耗电量和网络流量。

在 gRPC 里，客户端应用可以像调用本地对象一样调用处于另一台机器上的服务端应用方法，使开发者能够更容易地创建分布式应用和服务。前文介绍过 Dubbo 透明化远程调用的概念，与 Dubbo 类似，gRPC 也基于类似的理念，具体如下。

- 定义服务接口，指定能够远程调用该接口的方法，以及接口的参数和返回值。
- 在服务端实现该接口，并运行一个服务器来监听、处理客户端调用。
- 在客户端持有一个与服务端一样的方法存根，使客户端与服务端的调用像本地方法调用一样。

图 2-13 展示了 gRPC 的架构图，我们可以明确地看出，它的特点是使用跨语言的 proto 协议进行通信传输，且完全透明化远程调用的细节。

使用 gRPC 可以在一个 .proto 文件中定义服务的契约，并使用任何支持它的语言去生成客户端和服务端的 RPC 代码。gRPC 解决了在不同语言及环境间通信时的复杂性和性能低下问题。

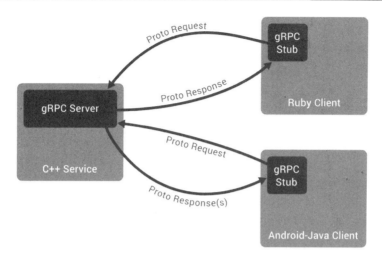

图 2-13　gRPC 架构图

服务类型

gRPC 默认将 Protobuf 作为其消息序列化工具。使用 gPRC 也需要预先编写.proto 文件来定义服务接口，然后通过该协议文件生成与各种开发语言对应的代码。gRPC 推荐使用 Protobuf 的 3.x 版本，也就是我们在前文中介绍过的版本。

gRPC 支持四种服务类型，分别是简单 PRC 类型、服务端流式 RPC 类型、客户端流式 RPC 类型和双向流式 RPC 类型，具体说明如下。另外，要理解这几种服务类型，需要充分理解前文介绍过的 HTTP/2。

- 简单 RPC 类型是最简单的 RPC 调用方式，即一次请求对应一次应答。客户端发送一次请求给服务端，并从服务端获取一次应答，和一次普通的函数调用一样，其接口定义方式如下。

```
rpc foo(FooRequest) returns (FooResponse) {
}
```

- 在服务端流式 RPC 类型中，一次请求可以对应多个响应结果。客户端发送一次请求给服务端，可以获取一个数据流用来读取一系列消息，客户端会从返回的数据流中不停读取消息，直到没有更多消息为止。在定义接口时，只需在返回值中增加 stream 关键字即可，接口定义方式如下。

```
rpc foo(FooRequest) returns (stream FooResponse) {
}
```

- 在客户端流式 RPC 类型中，多次请求可以对应一个应答结果。客户端提供数据流写入并批量发送消息给服务端，当客户端完成消息写入后，再等待服务端读取消息并应答。在定义接口时，只需在方法参数中增加 stream 关键字即可，接口定义方式如下。

```
rpc foo(stream FooRequest) returns (FooResponse) {
}
```

- 双向流式 RPC 类型是服务端流式 RPC 类型和客户端流式 RPC 类型的结合，可实现多次请求对应多个应答结果。服务端和客户端都可以分别通过读写数据流批量发送消息，两个数据流相互独立，客户端和服务端都能按照期望顺序完成读写。举例说明，服务端可以在发送应答消息之前等待接收所有的客户端消息，也可以先接收一条消息之后再应答另一条消息，每个数据流里消息的顺序会被保持。在定义接口时，需要在方法参数和返回值中都增加 stream 关键字，接口定义方式如下。

```
rpc foo(stream FooRequest) returns (stream FooResponse) {
}
```

通过以上几种服务类型可以看出，基于 HTTP/2 的 gRPC 在交互模型采用请求/响应模式的同时，充分利用了 HTTP/2 的流式处理特性。

在 Java 中使用 gRPC

与 Protobuf 一脉相承，无论是 Java 还是其他编程语言，使用 gRPC 时都需要根据它的 .proto 生成相关语言的代码。在 Java 语言中使用 gRPC 还算简单，只需要在 pom.xml 中引用 gRPC 提供的代码生成插件即可。在执行 mvn install 命令时，protobuf-maven-plugin 会默认从 src\main\proto 和 src\test\proto 中查找所有的 .proto 文件并生成代码。配置 protobuf-maven-plugin 的代码如下。

```
<build>
  <extensions>
    <extension>
      <groupId>kr.motd.maven</groupId>
      <artifactId>os-maven-plugin</artifactId>
      <version>1.5.0.Final</version>
    </extension>
  </extensions>
  <plugins>
    <plugin>
      <groupId>org.xolstice.maven.plugins</groupId>
      <artifactId>protobuf-maven-plugin</artifactId>
      <version>0.5.0</version>
      <configuration>
```

```xml
            <protocArtifact>
                com.google.protobuf:protoc:3.4.0:exe:${os.detected.classifier}
            </protocArtifact>
            <pluginId>grpc-java</pluginId>
            <pluginArtifact>
                io.grpc:protoc-gen-grpc-java:1.7.0:exe:${os.detected.classifier}
            </pluginArtifact>
        </configuration>
        <executions>
            <execution>
                <goals>
                    <goal>compile</goal>
                    <goal>compile-custom</goal>
                </goals>
            </execution>
        </executions>
    </plugin>
  </plugins>
</build>
```

在基础环境搭建完成之后,便可以开始定义服务契约了。定义一个简单 RPC 类型服务的.proto 核心代码如下。

```
syntax = "proto3";  // (1)

option java_multiple_files = true;  // (2)

package book.code.tutorial.grpc; // (3)

service Greeting { // (4)
    rpc SayHello (HelloRequest) returns (HelloResponse) {} // (5)
}

message HelloRequest { // (6)
    string name = 1;
}

message HelloResponse { // (7)
    string message = 1;
}
```

下面,我们针对以上代码中标有(1)至(7)的语句逐条说明,介绍一下代码中值得注意的地方。

- 语句(1):与定义 proto 协议相同,指明使用 proto3 协议。

- 语句(2):将服务接口和消息类型生成多个 Java 类文件。如果设置为 false,则多个服务接口和消息类型将会采用内部类的方式生成到同一个 Java 类文件,可读性略差。

- 语句(3)：指定生成代码的包名称。

- 语句(4)：定义 RPC 服务接口，名称为 Greeting。

- 语句(5)：提供一个 SayHello 的方法。参数的消息类型是 HelloRequest，返回的消息类型是 HelloResponse。该方法为简单 RPC 服务类型，在服务端和客户端中都未使用流。

- 语句(6)：定义 HelloRequest 参数类型。只有一个 name 字符串类型的属性。

- 语句(7)：定义 HelloResponse 参数类型。只有一个 message 字符串类型的属性。

执行 mvn install 命令即可生成编译完成的 Java 类。根据服务定义文件，gRPC 会生成 6 个 Java 类文件，与 Protobuf 生成的类相比，多了一个 GreetingGrpc，它对应的是与 RPC 相关的操作。

接下来就可以根据 gRPC 生成的代码编写通信的服务端和客户端了。

首先构建服务对象，将获取到的客户端消息结合应用需求实现业务代码，核心代码如下。

```java
public class GreetingService extends GreetingImplBase {

    @Override
    public void sayHello(
            HelloRequest request, StreamObserver<HelloResponse> responseObserver) {
        HelloResponse response = HelloResponse.newBuilder().setMessage(
            "Hello, " + request.getName()).build();
        responseObserver.onNext(response);
        responseObserver.onCompleted();
    }
}
```

服务实现类需要继承 gRPC 生成的服务接口实现类，用于在声明的接口中实现业务逻辑。在实现服务定义文件中定义的 SayHello 方法时，其方法签名与.proto 中声明的有所不同，它们的方法名称是一致的。由于示例使用的是简单 RPC 类型，因此入参 HelloRequest 是一样的，返回值是第二个参数，但是使用的是 StreamObserver 类型，泛型是方法声明中定义的 HelloResponse 类型。StreamObserver 用于响应传输流中的事件，处理完业务逻辑后，将响应信息送入数据流。由于服务定义的是简单 RPC 类型，所以 onNext 方法最多只能调用一次，最后结束向数据流的消息推送。

实现服务端之后，只需启动服务即可，其中核心代码如下。

```
final Server server = ServerBuilder.forPort(port)
      .addService(new GreetingService())
      .build()
      .start();
server.awaitTermination();
Runtime.getRuntime().addShutdownHook(new Thread() {

   @Override
   public void run() {
      server.shutdown();
   }
});
```

服务端启动服务时需要绑定服务的端口号并且添加服务接口,然后将主线程挂起等待直到服务端进程结束,最后可以添加 JVM 关闭响应事件,让其优雅关闭服务器。

gRPC 服务端的启动代码与 Netty 较为相似,其实 gRPC 的 Java 实现版本确实使用了 Netty 作为其底层通信框架。

客户端调用服务相对简单,核心代码如下。

```
ManagedChannel channel = ManagedChannelBuilder.forAddress(host, port)
      .usePlaintext(true)
      .build();
GreetingBlockingStub greetingBlockingStub = GreetingGrpc.newBlockingStub(channel);
HelloRequest request = HelloRequest.newBuilder().setName(name).build();
System.out.println(greetingBlockingStub.sayHello(request));
```

在连接了指定的服务器 IP 地址和端口之后,即可通过管道创建供 gRPC 使用的远程通信 Stub。gRPC 生成类提供了 builder 方式构建对象,通过 gRPC 调用服务端的 SayHello 方法,与调用本地方法并无区别。

总结而言,远程调用框架的可选择余地非常大,除了性能好以及支持跨语言这两点,还有能够将服务治理与远程调用集中于一体的框架,如 Dubbo。除此之外,开发者也可以根据自己的需要定制化实现将不同的通信协议与序列化协议进行搭配的方案。面对种类如此之多的远程调用方案,又该如何选择合适的框架呢?

对于只需要使用 Java 单一语言开发的应用来说,由于 RMI 已经不再适用,因此一体化的远程调用框架基本只有 Dubbo 及 Spring 等框架封装的 RESTful API 这两种选择。

Dubbo 的远程通信性能极高,并支持多种通信和序列化协议,还具有服务治理能力。基于 Spring 的 HTTP 与 RESTful API 在性能方面较为逊色,但调试和适配能力出色。对于很多一般性需求来说,使用 Dubbo 有些"重",而 RESTful API 又性能不足,因此采用 Netty 与 Kryo 的通信和序列化组合自行实现通信框架也是不错的选择。

对于跨语言的场景，RESTful API 依然是可行选择之一。在与 WebService 的对抗中，更加轻量级的 RESTful API 在当今的技术选型中更占据优势。除此之外，gRPC 在性能方面更加出色，也在技术选型时较为常见。但它需要代码生成，而且双工的流式通道使用方式也较为复杂，因此应用成本较高。

与 gRPC 类似的还有 Apache Thrift。其他的选择还包括历史悠久的 Hessain 框架，虽然也使用二进制的序列化协议，但是需要依托于 HTTP 和 Web 服务器，性能较差，也不具备和 RESTful API 一样的文本易读优势，因此已经逐渐退出历史舞台。

最后我们通过表 2-3 来对比一下各类一体化远程调用框架间的差异，帮助各位读者来明确一下在选择框架时需要注意哪些问题。

表 2-3　各类一体化远程调用框架对比

远程调用框架	通信协议	序列化协议	性能	异构语言	代码生成	服务治理
RMI	TCP	二进制	一般	不支持	不需要	无
gRPC	HTTP 2.0	二进制	好	支持	需要	无
Thrift	TCP	二进制	好	支持	需要	无
Hessian	HTTP 1.1	二进制	差	支持	不需要	无
HTTP + RESTful	HTTP	文本	差	支持	不需要	无
Dubbo	可选	可选	好	不支持	不需要	有

第 3 章
配置

配置（Configuration）对于每个工程师来说都不陌生，相信没有哪个系统是不提供配置参数的。那么为什么每个系统都会提供配置参数呢？

在系统开发时，开发工程师往往无法预知可能发生的全部情况与变更，因此在有可能产生变更的地方免去直接的代码修改而进行配置预留，便成了一种常见的且被提倡的行为。在互联网领域经常看见一个比喻——在空中给飞机更换引擎，进行配置预留便是更换引擎的重要组成部分，其本质是为程序提供在运行时进行动态调整的能力。

本章将讲解由单机应用的本地配置向分布式应用的配置中心演进的过程，以及配置中心的一些核心概念。

3.1 本地配置

在集中式系统架构的单机应用时代，配置大多通过属性文件的形式存储，以 Key=Value 的形态出现。当然也有使用 XML 或 YAML 等更加复杂的方式进行配置的（比如 Spring 的配置文件 applicationContext.xml），但开发工程师更倾向于将它们归类为代码部分，真正可以动态修改的配置应该是简单的、易于理解的、易于修改的。

相信绝大多数的 Java 工程师都见过 log4j.properties 这个文件。在系统正常运行时，只需要将日志级别配置为 WARNING 或者 ERROR 即可，只有当系统出现问题时，才需要将日志的级别配置为 DEBUG 甚至 TRACE。对于这样的配置文件，开发者一定看到过 log.level=ERROR 这样的内容。

在单机应用时代,配置文件是完全够用的。运维工程师若要修改配置,只需要登录生产服务器,用 vim 等文本编辑工具进行修改,然后再重启应用,或者等待定时任务重新加载配置即可。

3.2 配置集中化

由于服务器数量增加导致运维工作量增加,因此分布式系统很难继续采用本地配置的方式。提升运维生产力的核心方法是集中化,即将散落在每台服务器的运维操作集中于一点统一处理,然后由程序通过远程通信或异步消息自动分发至各个服务器。对系统配置进行修改是运维工程师线上操作的重要工作之一,因此对配置进行集中统一管理已是大势所趋。配置中心,顾名思义,就是集中管理各个系统配置的服务。

在分布式系统中,很多集中式系统无须关注的配置项也浮出水面,如限流、降级、灰度的开关,数据源容灾的主备切换,负载均衡的路由策略等,线程池和连接池的容量配置变得更加重要和敏感,配置项的多元化和复杂化也需要一个管理平台来集中处理。

为了进一步说明配置中心的必要性,下面列举一些代码与配置一同部署的集中式系统模式中存在的问题。

- 配置修改的工作量大。大量线上服务器需要运维工程师逐台操作,效率低下。
- 配置修改可能发生遗漏而导致环境不一致。同一组分布式服务分别运行在不同的配置下,状况难以预料。
- 各节点配置不一致的时间差长。每台服务器的操作时间不同,因此不可能同时完成修改,同样会造成由于分布式节点配置不同而产生的不一致行为。
- 配置修改无法动态生效。配置修改之后,无论定时重新加载还是重启应用,这些修改都无法即时生效。
- 直接修改配置文本信息产生的错误难于校验。比如误将数字 1 输入为小写字母 l,或者误将开启的线程池容量扩大了 100 倍。

配置中心不但能够解决本地配置的问题,还能够提供额外的便利,具体如下。

- 配置修改的工作量减少。运维工程师只需要修改配置中心即可达到"单点修改，全局生效"的效果。

- 配置修改不可能遗漏。应用程序均通过配置中心远程读取配置，杜绝了遗漏修改的可能性。

- 各节点配置不一致，时间差基本一致。由配置中心统一分发，不存在人工操作带来的时间差。

- 配置修改动态生效。应用可以选择性地监听配置中心的相关数据，实时获取配置的变更。

- 可以在输入时进行规则校验，避免常见错误。如校验配置的数据类型、边界值、是否为 IP 地址等。

- 配置信息可以像业务数据一样被持久化保存，能够快速搭建环境、恢复业务。

- 多个系统配合上线时，配置检查、沟通协调变得更加容易。

- 业务应用系统将配置信息放置于应用程序之外，更容易保持应用的无状态化，为容器化、微服务等部署方案提供了强有力的支持。

3.3 配置中心和注册中心

很多人认为配置中心和注册中心是可以相互替换的两个同义词，因为它们的使用场景非常相似。另外，当前很多开源产品，如 ZooKeeper、etcd 等，都同时支持这两种场景，这也更加容易让人误以为它们就是同一个事物。但事实上，它们还是有着本质区别的。

注册中心与配置中心的关注点不完全相同。注册中心用于分布式系统的服务治理，多用于管理运行在当前集群中的服务的状态，需要随时进行动态更新。而配置中心则不然，它关注的是配置本身，相比于状态，配置是更加静态和具象的事物。配置的三个要素是快速传播、变更稀疏、环境相关，下面我们具体来看。

➡ 快速传播

先来看一个配置中心和注册中心一致的场景——快速传播。在分布式的场景下，各个服务节点都需要得到一致的数据，无论是配置还是状态，一旦发生改变往往要求集群中的所有节点同时感知变更。

但是配置和状态的信息在细节处理时又不相同，配置信息服务节点收到信息后会调整所属应用的行为，这个过程需要尽可能地整齐划一。状态信息则是满足条件或感兴趣的相关服务节点才需要订阅和处理的。有关状态信息的内容，我们将在后面的章节详细说明。

▶ 变更稀疏

变更稀疏这个词比较晦涩，通俗地讲，就是指配置发生变更的情况非常少。一般来说，配置变更大多需要根据具体场景进行人为调整。相信大家一定不愿意面对一个每 10 秒便自动变更一次配置的系统。

注册中心的状态信息是随着应用程序运行状态自动变更的，变更的可能性远远大于配置变更的可能性。

因此配置中心对读性能进行优化，而对写性能要求稍低，这是完全可以接受的。

▶ 环境相关

任何成熟的系统中都会有各种各样的环境。开发环境、测试环境、线上环境是工程师们耳熟能详的几种环境。一般来说，开发环境连接开发工程师的本地数据库，线上环境连接生产数据库，这是最基本的环境配置。很多配置都是和环境密切相关的。

注册中心所关注的应用程序的运行状态和环境是没有任何关系的。在不同的环境中，注册中心的状态数据都只会随着真实系统状态的变化而变化。

通过上述说明可以得知，配置中心是不同于注册中心的。下面会进一步探讨实现配置中心的一些关键点。

3.4　读性能

采用配置中心的方案之后，由于远程调用而导致的性能下降和配置中心本身的单点访问压力，这两个在本地配置时无须考虑的事情，就升级成了需要解决的问题。

通过远程通信方式读取数据的性能显然远远不及通过本地内存读取数据的性能。读性能大幅下降的同时，还带来了配置中心与日俱增的访问压力。一旦配置中心因为访问压力大而瘫痪，整个集群也会受到明显的影响。那么应该使用什么方式提升读性能并降低配置中心的压力呢？答案是使用缓存。

由于内存空间远远小于磁盘空间，因此用于存储业务数据的缓存系统大多需要实现如 LRU 之类的缓存清理算法，将暂时不需要的数据清理出缓存。然而幸运的是，配置信息和缓存是天生的好拍档。与其他类型的数据中心相比，配置中心最大的特点是数据量少，因为配置信息是可穷举的，不可能是海量的，所以一次性被加载进本地缓存是非常方便的。另外，哈希表数据结构是缓存的最佳使用方式，而以键值对出现的配置信息恰好符合这个条件。

缓存分为位于配置中心的集中式缓存和位于应用端的本地缓存，下面具体来看。

↘ 集中式缓存

配置中心具备数据持久化的能力，所有的配置数据必须落盘以保证数据的完整性。前面提到过，配置信息是变更稀疏的，读取操作远远多于写入操作。如果每次访问都直接从磁盘中读取，难免会影响性能。将配置信息全量加载至系统内存，每次仅通过内存读取，则可以大幅提升访问效率。

集中式缓存的优点是，每次客户端进行访问时都可以获取到最新的数据，缺点是并未缓解配置中心的访问压力。

↘ 本地缓存

客户端应用也在本地内存保留了一份配置数据，只有在必要的时候才访问配置中心并更新本地缓存，这也是明智的做法。

本地缓存的优点是通过减少远程调用进一步提升了访问效率，并且有效缓解了对配置中心的访问压力。缺点是数据存在多份，数据的一致性和更新的及时性会受到一定的影响。

在实际使用场景中，也可以采取两种缓存方式配合使用的方案。

3.5 变更实时性

将配置信息放入本地缓存，数据就会产生多个副本。那么配置中心的数据发生变更时，如何将配置信息实时通知给应用客户端呢？在业内，有两种常见的方式，分别是监听和定时同步。

监听

每个使用配置中心的应用程序客户端都需要与配置中心建立长连接。配置信息发生变化时，由配置中心主动通过长连接将变更推送至各个客户端，客户端应用再各自更新缓存。

监听方式的优点是实时性高，配置变更会主动通知客户端应用，无时间延迟。缺点是每个应用客户端都需要和配置中心长期持有一个连接，比较消耗系统的连接资源，一旦发生连接闪断、失效等情况，还需要自行负责容错、重连接等，实现复杂度非常高。

保持连接长期有效的方法是进行定期心跳监听服务，一旦发现连接不可用则销毁当前连接并重新开启新连接。为了保证应用客户端能正确接收到信息变更的请求，也需要让应用客户端在接收到请求之后给予反馈，如果一定时间内没有收到反馈，配置中心会再次发送配置变更请求，直至收到应用客户端的反馈信息或达到最大重试次数为止。应用客户端需要实现幂等性。

定时同步

定时同步是指，每个应用客户端每隔一段时间便主动访问配置中心一次，如果发现配置中心的配置信息与当前缓存信息不一致，则更新本地缓存。主动访问没有规定使用长连接还是短连接，因为配置信息不会经常变动，所以使用长连接有些浪费，使用短连接更加合适。

定时同步方式的优点是节省连接资源，可以有效降低配置中心服务器的连接压力。缺点是配置变化更新不及时，造成这一问题的主要原因是定时时间间隔不太容易决定。如果时间间隔太短，会造成配置中心的压力，而且使大部分同步轮询都成为无用功，而时间间隔过长则会使配置变化生效较慢，需要根据业务需求合理配置定时同步间隔的时长。

除了定时同步，类似的方法还有设置缓存的失效时间。超过失效时间的数据将被从缓存中清除，读取时如果无法在缓存中找到数据，则需要穿透至配置中心进行读取，并再次加载数据至缓存。定时同步和设置缓存失效时间都属于被动更新缓存的行为，实时性较差。

3.6 可用性

配置中心是整个分布式系统的核心，一旦配置中心不可用，整个系统将会受到极大的影响，那么可以通过什么方式提升配置中心的可用性呢？本节就为大家来解答一下这个问题。

服务冗余

前面章节已经讨论过可用性的话题,提到过服务冗余是可用性的基本策略。对于有状态的数据类服务而言,数据冗余和数据分片是两种解决方案。配置中心由于数据量少,因此采用数据冗余即可,无须进行数据分片。

数据冗余可以采用基于主节点提供服务和基于对等节点提供服务两种机制。它们的共同特点是,客户端需要事先知道所有配置中心服务器的地址。在某个服务节点崩溃时,客户端可以通过失效转移机制自动转移到其他可提供服务的配置中心节点。配置中心一般来说是无法也无须提供动态增加服务节点功能的。

1. 基于主节点提供服务

任意时刻,最多只能有一个主节点拥有决策权和提供服务的能力,应用客户端只能与主节点进行交互,发送到非主节点的请求都将被转发至主节点处理。

主节点崩溃时,其中一个待机的跟随节点会通过选举机制成为主节点继续提供服务,其他节点继续作为跟随节点待机并接受冗余的数据备份。原主节点再次上线后,将作为从节点待机,等待选举。

此方案的优点是实现简单且更容易维持分布式状况下的数据一致性。缺点是只有主节点可以提供服务,这样会造成资源浪费,而单台节点提供的 TPS 也有最大限制。

对于读多写少、数据量和访问量都可控的配置中心来说,基于主节点提供服务是非常适合的解决方案。

2. 基于对等节点提供服务

相比于仅基于主节点提供服务的方案,基于对等节点提供服务的方案更加复杂。集群中的每个节点都是对等的,都可以提供服务和处理数据更新请求。在访问量非常大的情况下,可以有效分流应用客户端的访问请求。此方案若仅用于配置中心,不免有些小题大做。

缓存

缓存也是另一种服务冗余,但它冗余的不是整个服务,而仅仅是数据。缓存不仅可以提升读取配置信息的性能,还可以在配置中心节点全部失效时提供临时数据以便应急时使用,这种情况也可以称为离线模式。

通过离线模式可以让每个本地调度仍然继续运行，直至配置中心服务恢复正常，这样一来，即使配置中心完全不可用，也不会影响分布式调度现有的状态。但如果配置中心完全不可用，新的调度任务上线将不能读取到配置。

3.7 数据一致性

配置中心通过服务冗余的方式提高可用性，那么分布式架构下的数据一致性将如何保证呢？前面章节介绍过 ACID、BASE 和状态机同步这三种数据一致性方案，哪种方案更加合适呢？

配置数据并不需要基于 ACID 的事务，也不会有类似于关系型数据库那样的复杂跨表的关联操作。对于 BASE 的最终一致性的柔性事务场景而言，一致性状态没有时间的保证，因此也不适合用于处理相对敏感的配置信息。而通过状态机保证数据一致性的处理方式，无论是在一致性上还是在性能上，都更加适合配置中心。

常用的基于状态机的数据一致性算法是 ZAB 和 Raft。关于 ZAB 和 Raft 算法，前文也有介绍，这里不再赘述。ZAB 有成熟的开源产品 ZooKeeper 支持，而 Raft 实现起来更加简单，有 etcd、Consul 等后起之秀的支撑。无论选择哪种算法都可以。

总而言之，配置中心的出现有效地解决了互联网分布式环境的配置问题。

第 4 章

服务治理

服务化的关键是服务治理。在微服务大行其道的今天,服务的粒度被拆分得非常细,随之而来的是服务数量的迅速增长。在云原生的浪潮中,服务治理更多情况下与容器调度平台结合,共同形成一站式的自动化调度治理平台。无论是否使用基于容器的调度系统,服务治理的原理和范畴都不会发生改变,只是实现方式不同而已。

服务治理主要包括服务发现、负载均衡、限流、熔断、超时、重试、服务追踪等。目前已经有很多成熟的服务治理解决方案,它们是保证微服务顺利实施的中流砥柱。

4.1 服务发现

微服务架构意味着有更多的独立服务,服务之间通过远程通信来交互。如果只有少量服务或服务部署的频率较低,则可以通过硬编码或配置文件的方式提供所有的服务地址。但面对大量服务实例和频繁的上线部署行为,服务之间若想知道彼此的地址以及运行时状态,就需要通过服务发现组件来实现了。

4.1.1 服务发现概述

服务发现是指使用一个注册中心来记录分布式系统中的全部服务的信息,以便让其他服务能够快速找到这些已注册的服务。服务发现是支撑大规模 SOA 和微服务架构的核心模块,它应该尽量做到高可用。服务发现模块需要具有服务注册、服务查找、服务健康检查和服务变更通知等关键功能。

服务发现可以使环境与配置之间的关系完全透明化。应用无须以硬编码或配置文件的方式提供网络地址和端口号，而可以通过服务名称来查找和使用服务。服务的消费方无须了解整个架构的部署拓扑结构就可以找到该服务实例。

服务发现其实很早之前就已经存在了。DNS 可以说是最早出现的服务发现实例，它使用域名方式让访问者不必关心主机的具体 IP 地址和数量。DNS 适合在单体式应用中使用，但是单体式应用却很少涉及服务发现，主要原因是单体式应用是相对稳定的，它们不会频繁更新和发布，也不会进行弹性伸缩。传统的单体式应用的 IP 地址发生变化的概率较小，在发生变化时，运维人员手动更新一下配置文件即可。

微服务架构与单体式架构完全不同，微服务更新、发布频繁，并且常根据负载情况进行弹性伸缩，因此微服务应用实例的 IP 地址发生变化是一种常态，所以需要提供一种机制，让服务消费者在服务提供者的 IP 地址发生变化时能够及时获取最新信息。

提供一个高可用且网络位置稳定的服务注册中心是最常见的服务发现解决方案。具体说来，服务发现的基本机制有以下几点。

- 服务提供者在服务启动时，将服务名称、IP 地址、访问端口以及其他服务元数据信息注册到注册中心。
- 注册中心与服务提供者无法维持心跳探测时会将服务从注册中心剔除。
- 服务消费者从注册中心获取服务提供者的最新信息时，可以使用定期拉取和事件通知两种方式。

目前，业界已经有很多种服务发现解决方案。

❯ CAP 定理

由于服务发现是微服务架构体系的核心，因此必须采用分布式架构来保持其高可用性。

在一个分布式的计算机系统中，只能同时满足一致性（Consistency）、可用性（Availability）和分区容错性（Partition tolerance）这三个基本特性中的两个，这就是著名的 CAP 定理。

一致性指的是所有节点都能够在同一时间返回同一份最新的数据副本；可用性指的是每次请求都能够返回非错误的响应；分区容错性指的是服务器间的通信即使在一定时间内无法保持畅通也不会影响系统继续运行。

对于分布式系统来说，分区容错性是必须满足的。因此，必须要在一致性和可用性之间进行取舍，这就是所谓的"选择 AP 还是选择 CP"。传统的关系型数据库选择的是 CA，即缺乏分布式的能力。CAP 定理的示意图如图 4-1 所示。

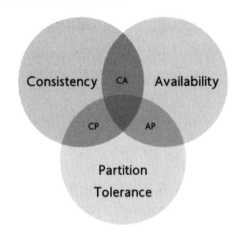

图 4-1　CAP 定理的示意图

本节的主题是服务发现和注册中心，因此我们先放下 CA 的系统，将关注点集中在 AP 和 CP 上。

如果选择一致性而牺牲可用性（选择 CP）的话，那么为了保证多台服务器上的数据一致，一旦某台服务器宕机，所有的服务器都需要暂停对外提供数据写入服务。在保证所有服务器的数据一致的同时，牺牲了写入服务的可用性。

如果选择可用性而牺牲一致性（选择 AP）的话，那么为了保证服务不中断，当某台服务器宕机时，仍然存活的服务器可以选择先将数据写入本地然后直接返回客户端，但这样又将导致多服务器间的数据不一致。

业界提供的用于服务发现的注册中心，本质上都是满足 AP 或 CP 的系统。

高可用

在分布式服务体系中，所有的服务提供者和服务消费者都依赖于服务发现组件，如果服务发现的注册中心出现问题，将会出现服务状态感知不敏感等现象，且波及整个系统。因此，保证用于服务发现的注册中心的可用性至关重要。

为保证注册中心的可用性，除了要保证本地多节点部署，通常还要跨多机房进行部署，以确保注册中心在单一机房不可用的情况下仍然可以提供服务。

具有高可用特性的注册中心除了具有多节点部署的能力，还需要在分布式场景下具备自我治愈和调整的能力。注册中心需要具备判断集群内所有节点健康状况的能力，可以将访问超时的节点从当前集群中移除，也可以将恢复访问能力后的节点再度加入当前集群。

在下面的章节中，我们将介绍几个常见的可直接作为注册中心的产品。

4.1.2 ZooKeeper

ZooKeeper 致力于提供一个高可用且具有严格顺序访问控制能力的分布式协调系统，它是一个分布式数据一致性的解决方案。

ZooKeeper 提供了分布式通知和协调、配置管理、命名服务、主节点选举、分布式锁、分布式队列等完善的解决方案。其中分布式通知和协调被广泛用于服务发现。至今为止，它是服务发现领域历史最为悠久、使用最为广泛的产品。

ZooKeeper 最初是 Hadoop 的众多子项目之一，随着被越来越广泛地使用，如今它已成为 Apache 基金会的顶级项目。它是参照 Google 的 Chubby 而开源的产品，也是 Hadoop 和 HBase 的分布式协调组件。

ZooKeeper 本质上来说是一个强一致性的产品，在集群发生分区时它会优先保证一致性而舍弃可用性。换句话说，它是一个基于 CP 的系统。图 4-2 展示了 ZooKeeper 的架构，可以看出，ZooKeeper 的每个服务端（Server）存储的数据都是一致的，整个服务集群中存在唯一一个通过选举得到的主节点（Leader）。客户端（Client）连接到任意一个 ZooKeeper 的服务端都能够得到一致的最新数据副本。

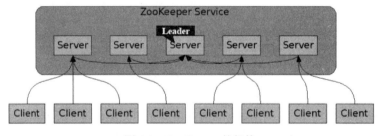

图 4-2　ZooKeeper 的架构

Paxos 算法与 Zab 协议

ZooKeeper 是如何保证多个服务端的数据一致的呢?

ZooKeeper 通过消息传递保持分布式节点之间的数据一致性。Zab 是 ZooKeeper Atomic Broadcast 的缩写,是专门为 ZooKeeper 而设计的支持崩溃恢复的原子广播协议。

介绍 Zab 协议之前,我们先来介绍一下 Paxos 算法。

Paxos 算法由 Leslie Lamport 于 1990 年提出,目标是解决分布式一致性问题,提高分布式系统的一致性,它本质上是一个基于消息传递的高度容错的一致性算法。

为了描述 Paxos 算法,Lamport 虚拟出了一个叫作 Paxos 的希腊城邦。在他的假设中,这个城邦要采用民主提议和投票的方式确定最终决议,由于城邦的居民没人愿意把全部的时间和精力放在这件事情上,所以他们只能不定时地表达自己的投票意见。无论是议长、议员,还是传递纸条的工作人员,都无法承诺在别人需要的时候一定能出现,也无法承诺批准决议或者传递消息的时长。而 Paxos 算法的目标就是让城邦居民的意见按照少数服从多数的原则最终达成一致。

Paxos 算法的推导过程有点复杂,感兴趣的读者可以通过网络上的内容自行学习。

由于 Paxos 算法并不易于理解,因此,ZooKeeper 基于对 Paxos 进行裁剪的 Zab 协议,实现了一种主备模式的系统架构来保持服务端集群中各个副本之间的数据一致性。

通过图 4-2 可知,ZooKeeper 客户端是随机连接到 ZooKeeper 集群的某个节点上的。读请求直接从当前节点中读取数据,如果是写请求,那么收到请求的节点就会向位于服务端的主节点提交事务,再由主节点广播事务。只有超过半数的节点都写入成功,写请求才会被提交。

Zab 协议规定,消息传递需要遵循可靠递交(Reliable delivery)、完全有序(Total order)和因果有序(Causal order)这三条规则。

- 可靠递交:如果消息 m 能被一台服务器递交,那么它将可以被其他所有的服务器递交。
- 完全有序:如果消息 a 在消息 b 之前被一台服务器递交,那么每台服务器都应该在递交消息 b 之前递交消息 a。如果消息 a 和消息 b 已经被递交到服务器,那么任何早于消息 a 的消息都将在消息 a 之前被递交到服务器。
- 因果有序:如果消息 a 在消息 b 之前发生,并和消息 b 一起被递交,那么消息 a 将始终在消息 b 之前被执行。

在主节点崩溃的情况下，Zab 协议通过主节点快速选举、初始化、同步从节点、广播这几个阶段来保证数据的一致性和主节点选举的高效性，下面我们具体来看一下。

- 阶段 0：主节点快速选举

  当 ZooKeeper 集群刚刚启动，或者当前主节点刚刚崩溃时，整个集群处于一种"天地初开"的混沌状态，ZooKeeper 将进入主节点快速选举状态。主节点选举时只需要超过半数的节点投票即可生效，这样不需要等待所有节点投票完成就能够尽早选出主节点。完成选举之后即进入阶段 1。

- 阶段 1：初始化

  从节点根据主节点新生成的 Epoch 更新它们的 acceptedEpoch。Epoch 可以翻译为"纪元"或"年号"，如同中国古代皇帝登基时会开启一个新的年号一样，每次主节点重新选举时都会开启一个新的 Epoch 编号。主节点快速选举时，并非所有的从节点都会选举同一个主节点，所以当某个从节点连接的主节点并非真正的主节点时，该从节点连接的伪主节点会拒绝连接，该从节点会重新进入阶段 0。

- 阶段 2：同步从节点

  各个从节点与主节点同步最近接收的事务提议。从节点只会接收 Zxid 比自己的 lastZxid 大的提议。Zxid 是 Zab 协议中的事务编号，它是一个 64 位的数字，低 32 位为递增计数器，高 32 位为主节点的 Epoch 编号。

- 阶段 3：广播

  ZooKeeper 集群在这个阶段才能正式对外提供服务，提案如被批准，则会由主节点通过消息方式进行广播。

核心概念

接下来我们将介绍 ZooKeeper 中的一些核心概念，主要有集群角色、会话、数据节点、监听等，下面具体来看一下。

1. 集群角色

在 ZooKeeper 集群中，每台服务器中都有特定的角色。ZooKeeper 服务器中主要有三种角色，分别是主节点（Leader）、从节点（Follower）和观察者节点（Observer）。

在介绍 Zab 协议的时候已经提到了主节点和从节点。整个集群中只有一个通过选举得到的主节点，用于提供数据写入服务，从节点则用于读取数据。观察者节点同样可以提供数据读取服务，但是它不参与选举和投票，因此它可以在不影响写性能的前提下提升集群的读性能。

在 ZooKeeper 集群中，服务器数量是奇数时被认为是一种最佳实践。ZooKeeper 集群对外可用的必要条件是，集群中有超过半数的服务器是能够正常工作的。

举例说明，如果使用 2 台 ZooKeeper 服务器组成集群，那么只要有 1 台服务器宕机，整个集群都不能提供服务，因为剩余的 1 台在数值上没有超过总数 2 的一半。因此，2 台 ZooKeeper 服务器组成集群的宕机容忍度为 0。同理，对于 3 台 ZooKeeper 服务器组成的集群，当有 1 台服务器宕机，余下 2 台服务器正常时，正常工作的服务器数量过半，可以正常提供服务，因此，3 台 ZooKeeper 服务器组成集群的宕机容忍度为 1。同样地，我们很容易知道，使用 4 台 ZooKeeper 服务器组成集群时其宕机容忍度仍然是 1。

2. 会话

在 ZooKeeper 中，客户端与服务端是通过 TCP 建立长连接的。会话可以理解为客户端与服务端的 TCP 连接。客户端可以通过 TCP 连接定期向服务端发送心跳以保持会话连通状态，可以通过设置 sessionTimeout 的值来调整会话超时时间。

由于 ZooKeeper 中的客户端是可以连接任意服务端的，因此当客户端与当前连接的服务端 TCP 因为网络原因断开连接时，只要在会话超时时间间隔内连接其他的 ZooKeeper 服务端，该会话仍然有效。会话在服务发现中是用于探测服务是否存活的重要指标。

3. 数据节点

ZooKeeper 中的数据节点的英文名字是 Znode，它和操作系统的文件路径比较类似，通过斜杠"/"分隔父节点和子节点。

Znode 的数据模式结构是树形的，除根节点之外，其他节点都仅有一个父节点。包括根节点在内的所有层级的节点都可以包含任意数量的子节点。图 4-3 清晰展示了 Znode 的树形数据结构。

Znode 将节点分为持久节点和临时节点。持久节点一旦被创建，只要不主动将其移除，那么它将永久存在于 ZooKeeper 的系统中。临时节点则与创建它的客户端会话相关联，一旦会话结束，客户端创建的临时节点也将被自动删除。值得注意的是，只有持久节点可以拥有子节点，临时节点不能拥有子节点。

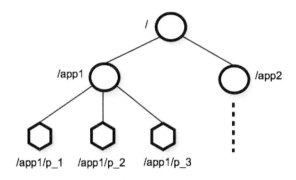

图 4-3　Znode 的树形数据结构

还可以为每个节点增加顺序属性，创建增加顺序属性的节点时，将在节点名称后面追加由其父节点维护的整型数字进行区分。

因此，经过排列组合，Znode 分为持久化节点、临时节点、持久化顺序节点和临时顺序节点这四种类型。

4．监听

ZooKeeper 中的监听称为 Watcher。ZooKeeper 允许客户端在其感兴趣的 Znode 上注册监听器，该 Znode 的状态发生变更时，服务端将直接通知客户端进行处理。

除了上述功能，ZooKeeper 中还有版本和权限控制等概念，与服务发现的关系不是很密切，这里篇幅有限，就不额外说明了。

▶ 使用 ZooKeeper 实现服务发现

在 ZooKeeper 的几个核心概念中，会话、临时节点和临时节点的监听器，与服务发现有着密切的关系。

将 ZooKeeper 作为服务发现解决方案时，需要在每个服务启动时将其信息注册到 ZooKeeper 中。这时，ZooKeeper 的角色是一个服务的注册中心，服务的使用方可以通过 Znode 快速查找相应的服务。图 4-4 展示了一个将 ZooKeeper 作为注册中心的典型场景。

在图 4-4 中，数据服务 X 和数据服务 Y 将自己的服务名称以临时节点的方式存储到 ZooKeeper 中，这时 Znode 分别为/services/X 和/services/Y。客户端 A 对服务的根节点/services 进行监听。当数据服务 X 和数据服务 Y 能同时提供服务时，客户端 A 可以获取到全部服务节点。

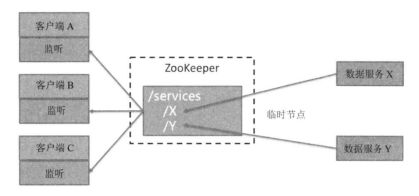

图 4-4　将 ZooKeeper 作为注册中心

将 ZooKeeper 作为注册中心时，服务崩溃的场景如图 4-5 所示。如果其中的一个数据节点宕机，那么该节点与 ZooKeeper 所保持的会话将在超时时间到达后失效，以至于临时节点会被主动删除，而监听它们父节点的客户端将通过监听器得到数据节点宕机的消息，进而得知最新的可访问数据节点列表。

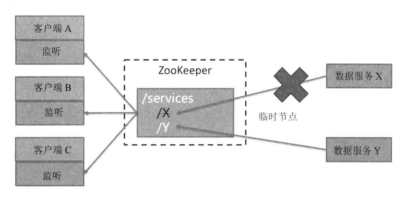

图 4-5　服务崩溃

在图 4-5 中，数据服务 X 宕机，相应的/services/X 随之被删除。客户端 A 会及时收到/services/X 被删除的消息。同理，如果数据服务 X 再次上线，或者一个新的数据服务 Z 上线，客户端 A 同样可以得知，这就是使用 ZooKeeper 实现服务发现的原理。

会话超时时间是一个关键属性，它的长度将影响服务发现的敏感度。如果会话超时时间过长，系统将不会快速感知由服务宕机导致的服务列表变更，从而延长服务的不可用时长；如果会话超时时间过短，系统将会由于网络抖动和延迟变得异常敏感，服务列表可能会随着一次网络延迟而更新。会话超时时间需要根据生产环境的网络状况合理设定。

客户端

ZooKeeper 提供了命令行客户端，以及基于 Java 和 C 的原生客户端。无论使用哪种客户端，都可以对 ZooKeeper 的节点及其子节点执行查询、创建、更新、删除等操作。

命令行用于在 shell 界面直接输入命令操作以及查询 Znode 的数据，操作方式与 Linux 的文件系统较为相似。

通过 Java 或 C 的原生客户端 API 操作 ZooKeeper，即可开发出具有服务发现功能的应用程序。但 ZooKeeper 的原生客户端 API 太过底层，使用起来并不便捷。

以下是使用 ZooKeeper 的原生客户端 API 连接 ZooKeeper 服务端的核心代码。

```java
final ZooKeeper zooKeeper = new ZooKeeper(
        connectString, sessionTimeoutMilliseconds, new Watcher() {

    @Override
    public void process(WatchedEvent event) {
        if (Event.KeeperState.SyncConnected == event.getState()
            && Event.EventType.None == event.getType()) {
            System.out.println("ZooKeeper connected.");
        }
    }
});
```

下面是使用 ZooKeeper 的原生客户端 API 创建用于注册服务的临时节点的核心代码。

```java
zooKeeper.create(
    "/services", null, ZooDefs.Ids.OPEN_ACL_UNSAFE, CreateMode.PERSISTENT);
zooKeeper.create(
    "/services/X", null, ZooDefs.Ids.OPEN_ACL_UNSAFE, CreateMode.EPHEMERAL);
```

使用 ZooKeeper 的原生客户端 API 不支持递归创建子节点，因此，创建子节点之前需要先创建父节点。我们以图 4-4 和图 4-5 为例进行说明，假设该代码片段是数据服务 X 的启动部分，那么我们需要先创建一个 /services 的持久节点，再将数据服务 X 作为临时节点存储至路径 /services/X，这样当数据服务 X 崩溃时，/services/X 将在会话超时时间到期后自动删除。

最后来看一下使用 ZooKeeper 的原生客户端 API 监听服务注册节点变化的核心代码。

```java
zooKeeper.getChildren("/services", new Watcher() {

    @Override
    public void process(final WatchedEvent event) {
        if (Event.EventType.NodeChildrenChanged == event.getType()) {
```

```
            List<String> servicesList;
            try {
                servicesList = zooKeeper.getChildren("/services", false);
            } catch (KeeperException | InterruptedException ex) {
                ex.printStackTrace();
            }
            // 处理服务节点变化
        }
    }
});
```

虽然 ZooKeeper 的原生客户端 API 是官方提供的，但直接使用原生 API 进行开发的人并不多。主要原因在于原生 API 太过底层，很多场景需要额外进行编码处理才能够使用，ZooKeeper 原生客户端 API 的主要缺点如下。

- 不支持递归创建和删除节点。

- 监听器只能注册一次生效一次，长期有效的监听器需要不断重复注册。

- 需要开发者自行解决会话超时重连等应用健壮性问题。

- 对于常用的选举、分布式锁、分布式计数器等场景不提供封装，需要二次开发。

由于 ZooKeeper 的原生客户端 API 缺乏便利性，因此有一些第三方的 ZooKeeper 客户端对原生 API 进行了封装，让其使用起来更加便捷。ZkClient 和 Curator 便是两个最常见的第三方 ZooKeeper 客户端。

ZkClient 提供了递归创建和删除节点、会话超时重连、监听器反复注册等功能，简化了 ZooKeeper 客户端 API 的使用。

由 Netflix 公司开源的 Curator 功能更加强大，目前已被 Apache 基金会收录。Curator 提供了一套 Fluent 风格的客户端 API 框架，使用起来十分清爽。Curator 包含 ZkClient 所提供的全部功能，另外还增加了对选举、分布式锁等 ZooKeeper 常用场景的支持，应用开发者无须进行二次开发便可以直接使用。

以下是使用 Curator 连接 ZooKeeper 服务端的核心代码。

```
CuratorFramework client = CuratorFrameworkFactory.builder()
    .connectString(connectString)
    .retryPolicy(new ExponentialBackoffRetry(1000, 3, 3000))
    .build();
client.start();
client.blockUntilConnected(5000, TimeUnit.MILLISECONDS);
```

由于 Curator 的操作都是异步的，因此在连接 ZooKeeper 之后，为了保证后续的操作都是在连接正确的前提下进行的，最好阻塞一段时间，直到确认连接被创建为止。

以下是使用 Curator 创建临时节点的核心代码，来感受一下 Fluent 风格的魅力吧！

```
client.create().creatingParentsIfNeeded().withMode(
    CreateMode.EPHEMERAL).forPath("/services/X", null);
```

通过上述代码可以轻松创建临时节点，还能够在父节点不存在的情况下递归创建所需的父节点路径。

若每次请求都直接访问 ZooKeeper，则会增加服务器的压力，性能也得不到保障。因此，Curator 提供了本地缓存功能。

Curator 提供了 PathCache、NodeCache 和 TreeCache 分别应对不同的场景。其中 TreeCache 功能最为强大，可以轻松对整个节点及所有层级的子节点的树形结构数据进行缓存和监听。以下是使用 Curator 监听节点变化的核心代码。

```
TreeCache cache = new TreeCache(client, "/services");
cache.start();
cache.getListenable().addListener(new TreeCacheListener() {

    @Override
    public void childEvent(final CuratorFramework client, final TreeCacheEvent event)
        throws Exception {
        // 处理服务节点变化
    }
});
```

只要开启缓存，所有的节点和子节点的变化都会自动更新至缓存，更新相关节点信息时无须手动更新缓存。同时，对缓存注册的监听器永久有效，无须在监听生效一次后再对下一次监听进行注册。

但对于在 ZooKeeper 中使用缓存这一点，技术圈内一直存在着争议。缓存的增加使 ZooKeeper 从强一致性的 CP 系统转变为高可用的 AP 系统，这显然违背了 ZooKeeper 的设计初衷。

▶ 优势与不足

ZooKeeper 作为使用最为广泛的分布式协调组件，优点非常多。使用广泛就是它最大的优点，这也使得 ZooKeeper 很容易在架构师进行技术选型时占据优势。

但是，需要明确说明的是，虽然服务发现这一节以 ZooKeeper 开场，但它已经不是服务发现领域的最佳选择了，它的优势主要体现在选举和分布式锁等分布式强一致性的场景中。

当 ZooKeeper 的主节点因为网络故障与其他节点失去联系而触发整个系统选举时，集群是不可用的，这将导致注册服务体系在选举期间瘫痪。

服务发现模块对数据一致性的要求并不是非常苛刻的，服务治理系统也难于做到实时感知宕机，它更看重的是自愈能力。Curator 的缓存能力能够让 ZooKeeper 在服务发现领域的适配度更高，但这并非 ZooKeeper 的原生能力和设计初衷。由于 Curator 仅能够在客户端提供缓存来将 ZooKeeper 从 CP 系统转变为 AP 系统，但这并非最优选择，因此后续 Netflix 公司又开源了完全基于 AP 的服务发现组件 Eureka。

4.1.3 Eureka

Eureka 由 Netflix 公司开源，主要用于定位 AWS 域的中间层服务。由于 Eureka 被用作 Spring Cloud 的注册中心，因此受到了广泛的关注。

Eureka 由服务器和客户端这两个组件组成。Eureka 服务器一般用作服务注册服务器，Eureka 客户端用来简化与服务器的交互，作为轮询负载均衡器提供对服务故障切换的支持。但是 Netflix 公司在生产环境中使用的是另外的客户端，该客户端提供了基于流量、资源利用率及出错状态的加权负载均衡。

▶ 整体架构

Eureka 比 ZooKeeper 更加适合作为服务发现体系中的注册中心。Eureka 优先保证了可用性，它采用了去中心化的设计理念，整个服务集群由对等节点组成，无须像 ZooKeeper 那样选举主节点。集群中失效的节点不会影响正常节点对外提供服务注册和服务查询能力。

Eureka 客户端有失效转移的能力，如果在向某个 Eureka 服务器注册服务时发现连接失败，则会自动切换至其他节点。因此，只要有一台 Eureka 服务器节点还能够正常工作，就无须担心注册中心的可用性。但是，保证可用性必然造成数据一致性的缺失，客户端查询到的信息不一定是最新的。将 Eureka 作为注册中心的较为典型的场景如图 4-6 所示。

通过图 4-6 可以看出，从架构层面上来看，将 Eureka 作为注册中心与将 ZooKeeper 作为注册中心的区别不大，同样包含三个角色：注册中心、服务提供者、服务消费者。

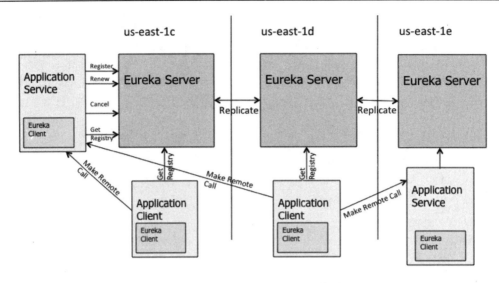

图 4-6 将 Eureka 作为注册中心的典型场景

注册中心即图 4-6 中的 Eureka Server，它通过服务注册和租约续订等操作感知服务的运行状况。服务提供者即 Application Service，它嵌入 Eureka Client，在启动时将自身服务实例注册到 Eureka Server。服务消费者即 Application Client，它同样嵌入 Eureka Client，通过 Eureka Server 获取服务实例，并自行实现远程调用。

Eureka 的服务端和客户端都是用 Java 编写的，完全针对微服务场景。Eureka 同 Netflix 的其他开源项目一样，都可以与 Spring Cloud 进行非常好的整合。在使用 Java 语言开发的系统中，Eureka 几乎是最佳的注册中心。它是专门为服务发现而开发的项目，在这一点上，它与 ZooKeeper 和 etcd 有着本质的区别。

服务端

Eureka 服务端使用互相注册的方式来实现部署的高可用性，注册在同一个集群中的 Eureka 服务端可以同步彼此之间的信息，Eureka 客户端连接任何一个 Eureka 服务端都可以提供服务。Eureka 服务端之间的同步遵循一个简单原则：只要服务端节点之间可以通过一条边连接，那么它们之间即可进行信息的传播和同步。

Eureka 的服务端是一个 war 包，需要将其部署到一个如 Tomcat 一样的 Web 服务器中绑定运行。

Eureka 提供自我保护机制，可以在故障恢复后进行最终一致性状态合并，清理掉错误数据。

如果超过 85%的节点在 15 分钟内都没有正常的心跳，Eureka 就认为客户端与注册中心出现了网络故障，此时 Eureka 将进入自我保护模式。自我保护模式下将进行以下操作。

- 不再从注册列表中移除因为长时间没有收到心跳而应该过期的服务。
- 不会将新接受的服务注册请求数据同步到其他节点上。
- 网络稳定后再将当前实例中新的注册信息同步至其他节点。

客户端

Eureka 在客户端处理服务注册与发现。客户端嵌入应用程序代码，在应用程序启动时，Eureka 客户端向 Eureka 服务端注册自身的服务，并在应用程序运行时周期性地发送心跳以更新服务租约。Eureka 客户端同 Curator 一样，可以将 Eureka 服务端数据缓存至本地，以提高性能和可用性。

除了 Java 的 Eureka 客户端，Python、Node.js 和.net 等平台也提供了相应的客户端，对于没有原生客户端的语言来说，可以通过 Eureka 提供的 RESTful API 与 Eureka 服务端交互。

除了 ZooKeeper 和 Eureka，etcd 和 Consul 也经常被当作服务发现的注册中心。

etcd 与 ZooKeeper 具有相似的架构和功能，不同的是，etcd 使用更为简单的 Raft 算法代替了略为复杂的 Zab 协议。etcd 也是一个 CP 的系统，对一致性的要求强于对可用性的要求。etcd 通过 TTL（Time To Live，存活时间）来实现类似于 ZooKeeper 临时节点的功能，需要 etcd 客户端不断地定时续租节点租约来判断服务的运行状态。

Consul 是 HashiCorp 公司的商业产品，它也有一个开源的版本。Consul 除了提供服务发现功能，还提供了内存、磁盘使用情况等细粒度服务状态检测功能，以及用于服务配置的键值对存储功能。不仅功能强大，耦合性也同样很强。

关于以上四个可用作服务发现注册中心的解决方案，其总体对比如表 4-1 所示，其中与注册中心的契合度表示该产品适合作为注册中心的程度。

表 4-1 服务发现注册中心对比

	ZooKeeper	Eureka	etcd	Consul
一致性协议	Zab	自研	Raft	Raft
CAP 取舍	CP	AP	CP	AP

续表

	ZooKeeper	Eureka	etcd	Consul
健康检查	临时节点	连接心跳	TTL	服务状态、内存、磁盘
开发语言	Java	Java	Go	Go
客户端	Java、C 等原生客户端	Java、Python 等原生客户端 RESTful API	gRPC	HTTP、DNS
功能	服务发现、KV 存储、分布式选举、分布式锁	服务发现	服务发现、KV 存储	服务发现、KV 存储
典型使用案例	Hadoop Dubbo	Spring Cloud	Kubernetes	Docker、Swarm
与注册中心的契合度	中	高	低	高

4.2 负载均衡

负载均衡（Load Balance）是分布式系统架构设计中必须考虑的因素之一，它是实现系统高可用、网络流量疏导和扩容的重要手段。

负载均衡的本质是通过合理的算法将请求分摊到多个服务节点。对于由服务承载能力对等的节点组成的服务集群来说，实现负载均衡的关键在于均匀分发请求。

DNS 可以说是最早出现的负载均衡使用案例。在 DNS 服务器中为同一个主机名称配置多个 IP 地址，在应答查询时，DNS 服务器对每个查询都将以轮询的方式返回不同的主机 IP 地址，将客户端访问引导至不同的服务器，从而达到负载均衡的目的。

小规模系统可以使用 DNS 作为负载均衡的手段，但 DNS 缺乏对服务发现的应对能力，一旦服务节点的启动和销毁变得更加频繁，DNS 就会无法应对，它的记录和传播速度无法跟上服务节点的变化节奏。

4.2.1 服务端负载均衡

在微服务架构体系中，常见的负载均衡方案是服务端负载均衡和客户端负载均衡。服务端负载均衡又分为硬件负载均衡和软件负载均衡。硬件负载均衡需要在服务器节点之间安装专用的负载均衡设备，常见的有 F5 等设备。软件负载均衡的解决方案有很多，常见的有 LVS、Nginx

等。无论硬件负载均衡方式还是软件负载均衡方式，它们的部署架构都是类似的，只是负载均衡服务器的产品不同。负载均衡的部署架构如图 4-7 所示。

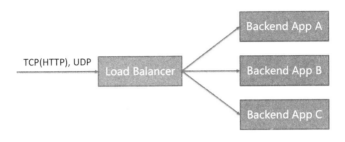

图 4-7　负载均衡的部署架构

采用服务端负载均衡方案时，负载均衡器会维护一个可用的应用服务器列表，并通过心跳检测将发生故障而无法及时响应心跳的服务器移出列表。当负载均衡器接收到客户端的请求时，将通过轮询、权重或流量负载等负载均衡算法将请求转发至相应的服务器。

前面讨论通信协议时谈到过 OSI 七层网络模型。负载均衡的网络消息转发一般集中在传输层和应用层。由于传输层在七层模型的第四层，因此通常简称为四层负载均衡，它是基于 IP 地址和端口号进行负载均衡的。而应用层在七层模型的第七层，因此集中在应用层的负载均衡是基于 URL 和请求头等应用层信息进行负载均衡的。也有基于 MAC 地址的二层负载均衡和基于 IP 地址的三层负载均衡。

四层负载均衡

第四层的负载均衡通过三层发布的 IP 地址加上四层的端口号来决定哪些流量需要进行负载均衡，然后将需要处理的流量转发至后台服务器，七层的负载均衡在第四层的基础上增加了对应用层特征的辨识能力。

四层负载均衡通过修改报文中的目标地址和端口，将请求转发至合适的应用服务器。以 TCP 为例，负载均衡服务器在接收到第一个来自客户端的 SYN 请求后，即可通过负载均衡算法选择合适的应用服务器，然后将报文中的目标 IP 地址修改为真实的后端应用服务器的 IP 地址，并将请求直接转发至该服务器。因此 TCP 通过三次握手建立的连接是由客户端与真实应用服务器端直接建立的，负载均衡服务器在这种情况下仅作为路由器进行转发。

四层负载均衡的性能强于七层负载均衡，F5 和 LVS 是四层负载均衡中最常用的产品。

七层负载均衡

七层负载均衡通过解析报文中应用层的内容,将请求转发至合适的应用服务器。仍然以 TCP 为例,负载均衡服务器需要先通过三次握手分别与所代理的应用服务器和客户端建立连接,然后才能解析客户端发送的应用层报文,并且将报文中的特定字段作为负载均衡算法的输入,以此为依据选择合适的应用服务器。

负载均衡服务器在这种情况下需要作为代理服务器。举一个例子说明,将 Web 服务器按照用户使用的语言划分为不同组别,每种语言对应一组服务器,那么七层负载均衡可以通过辨识用户语言将请求转发至对应的语言服务器组。七层负载均衡的优势是,能够充分理解应用层协议的意义,使转发更加灵活。Nginx 是七层负载均衡中最常用的产品。

四层负载均衡与七层负载均衡的区别如图 4-8 所示。

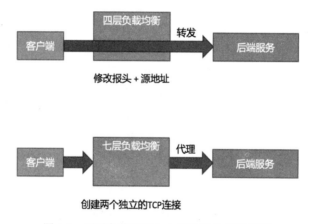

图 4-8 四层负载均衡与七层负载均衡的区别

服务端负载均衡的优点是对业务开发无侵入性。无论怎样调整服务端负载均衡的部署结构,都不会对应用代码本身产生影响,应用开发者只需保证应用系统的无状态性。缺点是负载均衡服务器是整个系统处理的瓶颈,一旦该节点由于负载过高导致响应缓慢,或者出现单点故障,无论下游系统是否安然无恙,整个系统都将受到影响,甚至完全不可用。另外,客户端请求需要先发送至负载均衡服务器,再由其进行二次转发,传输效率会受到一定影响。

对于大型网站来说,一般是将四层负载均衡与七层负载均衡搭配使用的,其部署架构如图 4-9 所示。

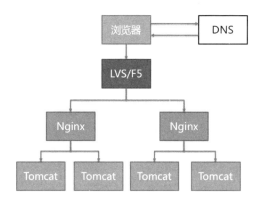

图 4-9　四层负载均衡与七层负载均衡搭配使用的部署架构

用户访问网站时，通过 DNS 服务器获取网站对外公开 IP 地址的服务器，该服务器通过 LVS 或 F5 进行四层负载均衡，将请求路由至七层负载均衡服务器，通常使用 Nginx 作为七层负载均衡服务器，并将请求转发至应用服务所在的 Tomcat 服务器。

服务端负载均衡多用于网站前端与后端交互、应用与数据库交互等场景。对于应用后端服务之间的调用，还是通过客户端负载均衡实现的方案居多。

4.2.2　客户端负载均衡

服务端的负载均衡方案在服务器列表不经常变化的情况下是不存在问题的。但是在当今的微服务架构下，服务的动态伸缩使得服务的实例数量以及 IP 地址经常发生变化，面向静态的服务端负载均衡方案就无法胜任了。

客户端负载均衡的最佳实践是与服务发现配合使用，它们一同构成了微服务架构体系中最基本的部分。客户端负载均衡与服务端负载均衡的区别是，客户端来选择连接到哪个服务端，而不是由客户端连接到一个服务端地址再由服务端分发请求。换句话说，客户端负载均衡是直接被连接至服务端的，其部署架构如图 4-10 所示。

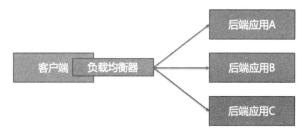

图 4-10　客户端负载均衡的部署架构

客户端负载均衡的优点是，由客户端内部程序实现，无须额外部署负载均衡器，而且客户端和服务端是直接连接的，无须通过服务端负载均衡器进行二次转发，无网络间传输带来的损耗。若能减少一次转发，由于网络不稳定而产生错误的情况也会随之减少。由于绕过了中心化的负载均衡路由和代理节点，因此也无须考虑中心节点的高可用性，客户端负载均衡方案能够更加充分地利用服务发现的优势，进而提升整个服务集群的弹性伸缩能力。

在应用程序内部实现负载均衡逻辑是一把双刃剑，除了上述优势，也确实带来了一些不便。最主要的问题是使应用程序的复杂度增加，并且无法做到异构语言之间的负载均衡透明化。此外，无中间节点的架构模型，以及过多的客户端与服务端的网状交叉访问，也会造成客户端和服务端节点连接数量的增加。

采用 Java 开发的应用级服务框架都采用客户端负载均衡的方式，如 Dubbo 和 Spring Cloud，由于它们是嵌入应用的框架，因此也可以将这类框架称为侵入式服务治理方案。虽然各种服务治理方案中都提供客户端负载均衡模块，但目前单独提供客户端负载均衡功能的组件还比较少，目前常见的是 Netflix 公司的 Ribbon。

Ribbon 是 Netflix 公司开源的客户端负载均衡解决方案，也是 Spring Cloud 集成的负载均衡插件。它的主要功能是提供客户端的软件负载均衡算法，并可以与服务发现的注册中心有效地整合在一起。除此之外，Ribbon 还提供了连接超时和重试的能力。当 Ribbon 和 Eureka 一起使用时，Ribbon 会通过 Eureka 注册中心获取服务列表。一个典型的 Ribbon 应用的架构如图 4-11 所示。

在图 4-11 中，外部请求通过负载均衡服务器，分发至后端的用于提供服务的 API，API 服务也称为边缘服务，用于屏蔽外部请求对系统内部服务的依赖和流量冲击。边缘服务的应用中同时嵌入了 Ribbon 和 Eureka 客户端，由 Eureka 客户端向 Ribbon 提供当前可用的服务列表，再由 Ribbon 通过应用配置的负载均衡策略将请求发送至相关的后端服务。

Ribbon 提供了五个核心接口用于实现其负载均衡策略，分别是 ILoadBalancer、IRule、IPing、ServerList 以及 ServerListFilter，下面我们具体来看一下。

1．ILoadBalancer

用于定义负载均衡器的操作，是负载均衡器的入口。由 IRule、IPing、ServerList 以及 ServerListFilter 组成。DynamicServerListLoadBalancer 是其最主要的实现类，可用于动态获取服务器列表。

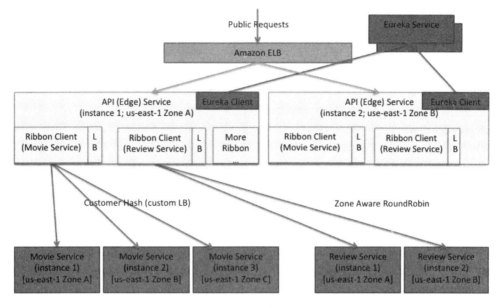

图 4-11　Ribbon 应用的架构

2．IRule

用于定义负载均衡规则。Ribbon 提供了非常丰富的规则实现策略，主要有以下几种。

- BestAvailableRule：该策略每次都会选择一个并发请求最小的服务实例。

- AvailabilityFilteringRule：该策略会过滤掉一直连接失败而被标记为不可用的以及并发度超过配置阈值的服务实例。

- WeightedResponseTimeRule：该策略根据响应时间的快慢分配权重的高低，响应时间越长则权重越低，被选中的可能性也越低。

- RetryRule：该策略将对选中的服务实例进行重试。

- RoundRobinRule：该策略将通过轮询的方式选择服务实例。

- RandomRule：该策略将随机选择一个服务实例。

- ZoneAvoidanceRule：该策略将对服务实例所在区域的性能和可用性等指标进行复合判断，进而选择服务实例。

3. IPing

用于定义与服务端通信的方式,进一步判断服务存活与否。常用的实现类包括 DummyPing 和 PingUrl。DummyPing 不会真正与服务端通信,它在任何时刻都认为服务是可用的。PingUrl 则是通过 URL 与服务端进行通信的。

4. ServerList

这是一组服务器对象的集合,用于告诉 Ribbon 需要进行负载均衡的目标服务器列表。可以与服务的注册中心结合使用,将线上可用的服务存入服务器列表,并动态更新该列表。

5. ServerListFilter

这是一组服务器对象的集合,允许动态获取具有所需特征的服务器列表。比如,它的其中一个实现类 ZoneAffinityServerListFilter 用于过滤客户端在相同区域的服务器列表。

以上五个接口的实现类可以通过属性文件注入,它们分别对应相关的属性名称,可以通过 <Ribbon 客户端名称>.<属性名>的方式进行配置。表 4-2 对 Ribbon 的属性进行了说明,给出了它们的详细对应关系。

表 4-2　Ribbon 的属性说明

Ribbon 接口名称	属性名称
ILoadBalancer	NFLoadBalancerClassName
IRule	NFLoadBalancerRuleClassName
IPing	NFLoadBalancerPingClassName
ServerList	NIWSServerListClassName
ServerListFilter	NIWSServerListFilterClassName

客户端负载均衡的解决方案对客户端是不透明的,客户端需要知道服务器端的服务列表,并且自行决定需要发送请求的目标地址。负载均衡策略和服务列表的时效性是由客户端维护的,因此,客户端负载均衡并不适用于直接面向外网的场景,它更适合系统内部的微服务架构模型使用。

4.3　限流

限流又被称为流量整形(Traffic Shaping),它能够平滑网络上的突发流量,并将突发流量整形为一个稳定的流量供网络使用。限流的主要目的是保护后端的服务节点不被突然到来的流量洪峰冲垮。限流通过对一个时间窗口内的请求流量进行限速来实施对系统的保护，一旦达到限速阈值，则进入限流之后的处理流程。限流之后的操作主要有以下三种。

- 拒绝服务：直接定向到错误页面，或告知用户当前资源已经没有了。
- 排队等待：将客户端请求放入队列，在服务端有资源处理时再从队列中获取请求处理，处理完毕再返回客户端。客户端通常会设置超时等待时间，请求失效后再次发起请求即可。这比较适用于资源稀缺的场景，如商品"秒杀"或车票抢购等。
- 应用降级：提供默认行为或数据，如默认显示无任何评论、库存有货等。

4.3.1 限流算法

目前常见的限流算法主要有计数器限流算法、漏桶算法和令牌桶算法，它们分别适用于不同的限流场景，下面具体来看一下。

➤ 计数器限流算法

使用计数器统计一段时间窗口之内的请求数量来进行限流，这在简单场景下是可行的。但这种限流方案在较为复杂的场景中使用时则显得粒度较粗，它并未将 QPS（Queries-per-second，每秒查询率）平均分配到一段时间窗口的各个时间单位中，也未将时间窗口的边界进行有效处理。举例说明，如果上一个时间窗口的最后一毫秒与下一个时间窗口的第一毫秒都达到了请求阈值，那么实际上两毫秒内承载了双倍的 QPS，而并未成功限流。

计数器限流方案常用于限制服务端资源而非客户端请求。服务端资源包括数据库连接池和线程池等。相比于并不精确的用户请求数量，服务端的资源则显得更加珍贵。因此，采用计数器方案可以更加精确地控制服务端资源的使用，最好不要将其浪费在精确控制海量用户请求的场景。

➤ 漏桶算法

漏桶算法（Leaky Bucket）中要用到一个容量固定的桶，该桶的底部有一个洞。我们可以以任意流速让水流入漏桶，但漏桶只能按照固定的流速让水流出，一旦水流入的速度超过了水流出的速度，水将会很快超出漏桶的容量，这时新流入的水将溢出漏桶，而漏桶中包含的水的总量是维持不变的。

图 4-12 将现实中的水与网络流量相对应,很好地描述了漏桶算法的思想。

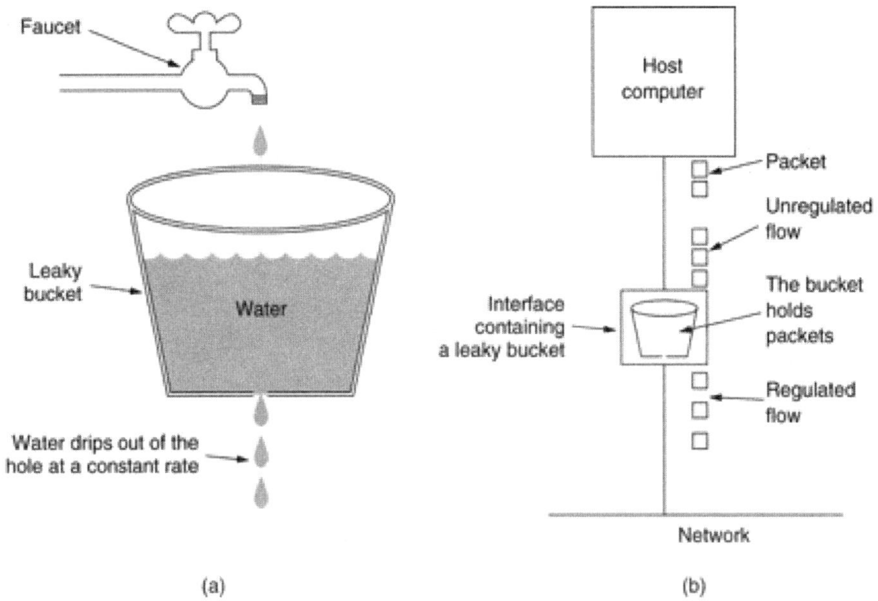

图 4-12 漏桶算法

服务器间的网络流量与现实中的水极为类似,因此经常将输入输出称为流。客户端可以比作水龙头的请求流量,它往往是不受控的,未进入漏桶算法管辖的数据流与从水龙头滴下的还未进入漏桶的水滴一样,是未受管控的流量洪峰。只有经过漏桶的流量,才能真正地到达目标服务器。

漏桶算法可以控制应用服务器向其他应用服务器发送请求的速率,确保速率稳定。它主要用于控制其他系统的回调洪峰,若想针对用户洪峰,使用令牌桶算法更适合。

令牌桶算法

令牌桶算法(Token Bucket)的原理是使用一个存放固定容量令牌的桶,按照固定速率向桶中添加令牌,如果有请求需要被处理,就先从令牌桶中获取一个令牌,当令牌桶中没有令牌时,该请求将被放入队列等待执行或者直接被拒绝执行。图 4-13 是令牌桶算法的示意图。

令牌桶算法与漏桶算法最明显的区别是,令牌桶算法允许一定程度上的流量突发。令牌桶算法在取走令牌时不会耗费时间,如果令牌桶内有 1024 个令牌,则可以在一瞬间允许 1024 个请求通过。

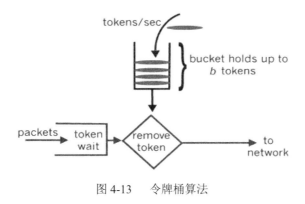

图 4-13　令牌桶算法

4.3.2　限流实现方案

限流实现方案主要针对客户端限流、服务端限流和接入端限流三种，下面我们具体来看一下。

❧　客户端限流

客户端限流方案是通过限制客户端对服务端的访问来实现的。为避免单个调用者对服务过度使用，可以在客户端实现限流，以降低网络传输的消耗。客户端限流需要嵌入应用程序，虽然效率最优，但却使得应用本身变得十分复杂。客户端限流不易进行全局控制，虽然阈值等参数可以通过统一的配置中心修改，但当限流算法本身发生变化时，整体升级会比较困难。

使用 Java 开发的应用程序可以比较容易地实现客户端限流。在 Google 公司开源的 Guava 类库中有一个 RateLimiter 类，它实现了基于令牌桶算法的限流方案。使用 RateLimiter 进行限流的核心代码如下。

```
RateLimiter rateLimiter = RateLimiter.create(0.5d);
for(int i = 0; i < 10;i++) {
    System.out.println(rateLimiter.acquire());
}
```

通过 RateLimiter 的静态方法创建限流对象，参数是每秒向令牌桶中投放的令牌数量。示例中每两秒放入一个令牌，然后循环 10 次，将获取到令牌的时间打印出来。通过前文对令牌桶算法的描述可知，只有获取到令牌的请求才能够继续执行。运行程序的控制台打印的结果如下。

```
0.0
1.999536
1.996712
```

```
1.994916
1.995194
1.995768
1.996515
1.996341
1.996426
```

可以看到,除第一次可以立刻获取令牌之外,后面获取令牌都需要等待大约两秒的时间。

除了标准的令牌桶算法实现,RateLimiter 还提供了预热策略。在预热时间内,RateLimiter 每秒分配的令牌数将平稳地增长,直至预热期结束才会达到最大速率。如果 RateLimiter 在预热期间被闲置,则会逐步地恢复至冷却状态。

预热的能力使得请求在一开始不会以最大速率访问远程服务,给了远程服务资源初始化的时间,以及从钝化状态恢复到常态的时间。使用 RateLimiter 预热策略的核心代码如下。

```
RateLimiter rateLimiter = RateLimiter.create(5d, 1000L, TimeUnit.MILLISECONDS);
for(int i = 0; i < 10;i++) {
    System.out.println(rateLimiter.acquire());
}

System.out.println("----------");
Thread.sleep(1000L);

for(int i = 0; i < 10;i++) {
    System.out.println(rateLimiter.acquire());
}
```

上面的示例使用 3 个参数的静态方法创建了 RateLimiter,后面的两个参数用于描述预热时间。示例中的 RateLimiter 每秒向令牌桶放入 5 个令牌,预热时间为 1000 毫秒。在一次性发送 10 个请求之后,休眠 1 秒,让其回到冷却状态,再批量发起第二波请求。运行程序的控制台打印的结果如下。

```
0.0
0.519582
0.353878
0.215351
0.196709
0.197269
0.197829
0.196053
0.19611
0.196197
```

```
----------
0.0
0.36419
0.218344
0.195829
0.196497
0.196112
0.196405
0.199106
0.198386
0.196439
```

通过控制台打印的每次请求的获取时间可以验证,在第一波与第二波批量请求的预热时间段内,响应速率是依次递增的,直至预热时间结束,请求速率才开始趋于稳定。而第一波与第二波请求之间的一秒停歇,也使得第二波请求进入了冷却状态,再次发送需要重新预热。

完全依赖客户端限流会使系统变得不完整,因此,将客户端限流与服务端限流或接入端限流配合使用才是最佳方案。客户端限流作为第一道屏障可以将多余的流量丢弃以节省带宽,服务端限流或接入端限流作为最终屏障,可以保证独立服务的健壮性。

◢ 服务端限流

服务端限流是在服务端采取的对资源进行保护的限流方案。在客户端实现限流可以有效地控制单个客户端访问服务端的速率,但一个服务端可能同时为多个客户端提供服务,单从客户端角度是无法完全了解服务端的状态的。对于一个应用系统来说,一定会有极限并发阈值,超过阈值的应用系统响应请求会变得非常慢,甚至无法正确响应请求,因此服务端需要根据自身的状态进行保护性限流,以防止大量请求涌入将系统击垮。

应用服务端一般通过框架或中间件提供服务,如 Tomcat、Dubbo 等。Tomcat 和 Dubbo 都提供了防止过载的限流能力。

以 Tomcat 为例,在 server.xml 文件中配置 Connector 的代码如下。

```
<Connector port="8080" protocol="HTTP/1.1"
        connectionTimeout="20000"
        redirectPort="8443"
        maxConnections="128"
        maxThreads="10"
        acceptCount="10"
/>
```

其中的 maxConnections、maxThreads 和 acceptCount 分别表示该 Tomcat 的应用实例所能承载的最大连接数、最大线程数以及当 Tomcat 无法立刻响应请求时进入队列等待的最大请求数，超过阈值的请求将会被丢弃。

除了应用端服务，各种后端服务中也同样具有相应的配置，如 MySQL、MongoDB、Redis 等。

除了中间件和数据库产品，也有独立的服务端限流组件。Zuul 是 Netflix 公司开源的网关，它能够在服务化架构中提供动态路由、监控、安全验证等边缘服务。Zuul 可以通过加载动态过滤器的机制来实现各项功能，具体如下。

- 安全校验：用于识别面向资源的验证。

- 精确路由：以更加灵活的方式将请求路由至后端服务集群。

- 精准限流：以更加灵活的方式弃用超过阈值的请求。

- 压力测试：通过编程方式逐渐增加指向集群的负载流量。

- Metrics 统计：在网关中追踪和统计访问数据。

Zuul 与应用部署在一起，通过一个 Servlet 拦截和过滤所有的请求，并将过滤处理完毕的请求传递至业务应用。过滤器使用 Groovy 编写，Zuul 会定期轮询过滤器的 Groovy 脚本约定的存放目录，过滤器可以动态更新和加载，过滤器之间通过 RequestContext 进行数据传递。Zuul 的架构如图 4-14 所示。

Zuul 定义了四种标准的过滤器类型，对应请求的生命周期，具体如下。

- Pre：请求被路由前调用，典型的使用场景是身份验证、精准路由以及记录调试等。

- Routing：将请求路由至业务应用时调用，典型的使用场景是使用 Ribbon 请求后端服务。

- post：请求执行完毕后调用，典型的使用场景是收集调用耗时信息。

- error：发生错误时调用。

Zuul 过滤器的生命周期如图 4-15 所示。

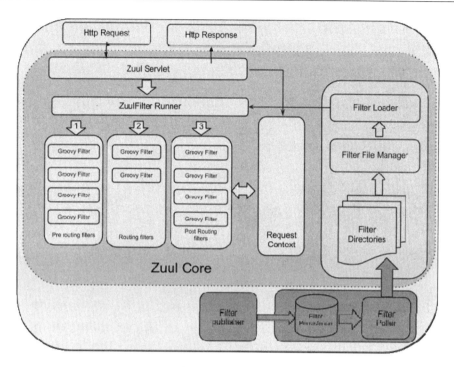

图 4-14 Zuul 的架构

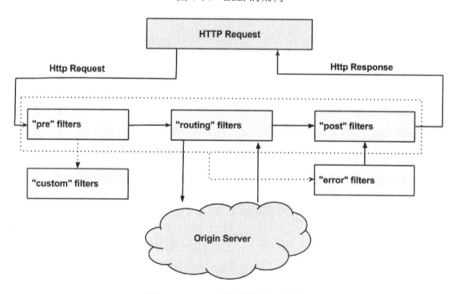

图 4-15 Zuul 过滤器的生命周期

使用 Zuul 实现限流的逻辑很简单，只要继承 ZuulFilter 类，覆盖其接口方法即可，核心代码如下。

```java
public class RateLimterZuulFilter extends ZuulFilter {

    private final RateLimiter rateLimiter = RateLimiter.create(1024d);

    @Override
    public String filterType() {
        return "pre";
    }

    @Override
    public int filterOrder() {
        return 0;
    }

    @Override
    public boolean shouldFilter() {
        return true;
    }

    @Override
    public Object run() throws ZuulException {
        if (rateLimiter.tryAcquire()) {
            return null;
        }
        RequestContext context = RequestContext.getCurrentContext();
        HttpServletResponse response = context.getResponse();
        response.setContentType("text/plain");
        response.setStatus(503);
        context.setSendZuulResponse(false);
        throw new ZuulException("Too many requests", 503, null);
    }
}
```

以上示例代码中覆盖了四个方法，具体如下。

- fliterType：用于指定限流过滤器是在请求发送前执行的。

- filterOrder：用于指定此过滤器的执行顺序，filterOrder 的值越小越先执行。

- shouldFilter：用于声明此过滤器是否生效，可以在此增加控制过滤器的开关。

- run：核心处理方法，这里复用了前文中提到的采用 Guava 进行限流的类库，在获取不到令牌桶中的令牌时，丢弃请求，并将限流结果响应至客户端，在 run 方法中可以定制化实现与业务逻辑相关联的限流策略。

接入端限流

接入端是流量的入口，通常是通过负载均衡服务器来实现的，比如 F5 和 Nginx。接入端限流是通过对网关路由请求进行限制而保护服务端资源的限流方案。仅通过客户端和服务端的单个实例限流，难于实现分布式，而且应用端本身处理高强度负载的能力有限，接入端处理负载的能力远远高于应用端。

四层负载均衡器限流和七层负载均衡器限流有很大的差别。四层负载均衡器只能无差别限流，无法根据业务需要灵活地将某些流量放入后端系统。比如，通过登录平台拿到令牌的请求在一段时间内无须被限流，此类需求在复杂的应用系统中比较常见。

以电商系统为例，在用户登录后的十分钟之内，该用户的一切操作，无论是浏览商品、将商品加入购物车，还是下单结算，都不应再被限流系统挡在服务器之外。否则若用户结算时遇到被限流系统挡住的情况，其体验会受到极大影响，下单转化率也会降低。

四层负载均衡器通常完成紧急情况下的限流。比如当后端服务集群完全崩溃时，通过 F5 阻挡住大部分的流量，可以让整个集群有机会恢复启动，而不至于在每启动一个服务实例时都立刻被流量洪峰所压垮。

限流通常是通过七层负载均衡器来实现的。Nginx 作为当前最常用的七层负载均衡器，内置了连接数限流和请求限流两个模块。

ngx_http_limit_conn_module 是 Nginx 提供的连接数限流模块，它针对某一关键字段所对应的总连接数进行限流。关键字段可以是访问方的 IP 地址或域名，其核心配置代码如下。

```
http {
    limit_conn_zone $binary_remote_addr zone=addr:10m;

    ...

    server {

    ...

        location /ratelimit/ {
            limit_conn addr 1;
        }
```

配置示例中的 limit_conn_zone 用于配置限流关键字段，存放与之对应的信息的内存区域容量。示例中的限流关键字段$binary_remote_addr 表示根据 IP 地址限流，配置为$server_name 则表示可以将域名作为限流的关键字段，示例将存储 IP 地址信息的内存区域容量设置为 10 兆字节，然后配置同一 IP 地址访问/ratelimit/这个 URL 的请求，系统最多只能处理一个连接。

ngx_http_limit_req_module 是 Nginx 提供的基于漏桶算法实现的请求限流模块，它针对某一关键字段所对应的请求速率进行限流，其核心配置代码如下。

```
http {
    limit_req_zone $binary_remote_addr zone=one:10m rate=1r/s;

    ...

    server {

    ...

    location /ratelimit/ {
        limit_req zone=one burst=5 nodelay;
    }
```

配置示例中的 limit_req_zone 与连接数限流模块中的 limit_conn_zone 类似，但是增加了 rate 属性，用于配置限流的速率。limit_req 配置的 burst 属性用于表示漏桶的容量。

如果不配置则表示漏桶容量为 0，那么超过速率阈值的请求将被直接丢弃。如果配置了漏桶容量，则需要通过是否增加 nodelay 配置来决定限流使用非延迟模式还是延迟模式。burst>0 且无 nodelay 配置时，为延迟模式；burst>0 且配置了 nodelay 时，则为非延迟模式。无论是否为延迟模式，漏桶容量满了之后都会将溢出的请求丢弃，它们的区别在于，延迟模式会按照固定速率处理请求，而非延时模式允许处理突发请求，打破固定速率。

虽然使用内置的限流标准化策略较为便利，但无法满足业务应用的各种个性化需求。进一步讲，由多个 Nginx 组成的接入端集群需要采取分布式的限流策略来掌控整体集群的流量分发和限制。因此，需要以编码的方式来编写个性化限流策略，感知各个接入端分发请求的状态。

OpenResty 是一个基于 Nginx 与 Lua 的高性能 Web 平台，内部集成了大量精良的 Lua 库、第三方模块以及大多数的依赖项，可用于搭建扩展性极强的动态 Web 应用、Web 服务和动态网关。

使用 OpenResty 提供的 Lua 限流模块 lua-resty-limit-traffic，可以定制与业务逻辑强相关的动态限流策略。lua-resty-limit-traffic 提供了 resty.limit.conn 和 resty.limit.req 的实现，对应 Nginx 内置的 ngx_http_limit_conn_module 和 ngx_http_limit_req_module。

以下是使用 OpenResty 限流的 Lua 脚本的核心代码。

```
local limit_req = require "resty.limit.req"

local lim, err = limit_req.new("my_limit_req_store", 200, 100)
if not lim then
    ngx.log(ngx.ERR, "failed to instantiate a resty.limit.req object: ", err)
    return ngx.exit(500)
end

local key = ngx.var.binary_remote_addr
local delay, err = lim:incoming(key, true)
if not delay then
    if err == "rejected" then
        return ngx.exit(503)
    end
    ngx.log(ngx.ERR, "failed to limit req: ", err)
    return ngx.exit(500)
end

if delay >= 0.001 then
    ngx.sleep(delay)
end
```

示例代码中使用了 OpenResty 提供的漏桶算法模块，将用户的 IP 地址作为关键字段进行限流。在调用了 OpenResty 提供的限流方法后，如果请求被拒绝，则向客户端返回 503 状态码，如果请求被申请延时，则需要等待延时的时长，如果请求可以通过漏桶，则继续进行后续处理。

4.3.3 限流的维度与粒度

限流的灵活度需要根据后端服务的复杂性来决定。根据各种业务场景的需求，限流的灵活度主要通过维度和粒度两个指标来衡量。

▶ 限流维度

限流的维度可以理解为用于限流的关键字段。用于限流的关键字段大致有客户端访问的 IP 地址、请求的目标 URL、用户令牌、用户组、设备信息等。

通过客户端访问的 IP 地址限流的主要策略是限制每个 IP 地址在一段时间内允许的请求次数，或单一 IP 地址的并发访问次数。这种策略的优点是对于正常操作的用户来说用户体验较好，不会有随机被限制访问的情况出现。但是通过客户端访问 IP 地址限流存在以下几个方面的问题。

第一个问题是，如果通过 Nginx 这种反向代理部署结构，在应用程序中获取的客户端 IP 地址可能是部署 Nginx 服务器的 IP 地址，可以通过在 Nginx 的 location 节点中配置 proxy_set_header 解决此类问题，代码如下。

```
proxy_set_header Host $host;
proxy_set_header X-Real-IP $remote_addr;
proxy_set_header REMOTE-HOST $remote_addr;
proxy_set_header X-Forwarded-For $proxy_add_x_forwarded_for;
```

第二个问题是，客户端可能使用同一个网络流量出口，比如同一家公司对外使用同一个 IP 地址访问外网，而实际上这个 IP 地址是由很多独立的访问者组成的，因此针对客户端访问的 IP 地址进行限流就会对此类用户很不友好。

最后一个问题是，即使通过客户端访问 IP 地址进行限流，仍然无法保证服务端资源不被过度消耗，因为对客户端 IP 地址的访问是不可预测的，因此这种策略无法完全控制流量上限。

对请求的目标 URL 限流的主要策略是限制某个 URL 在一段时间内的访问频次。这种策略可以有效地保护后端资源，控制住流量上限，缺点是用户体验较差，缺乏目标 URL 上下文的关联，用户每次访问都存在被限流的可能。

将用户令牌、用户组以及设备信息作为限流关键字段可以有效地结合业务场景。比如，保证同一用户访问网站的完整性，保证级别高的用户组优先访问系统，或者优先保证移动端的用户体验等。

要想在保障系统流畅性的情况下尽可能地减少对用户体验的影响，需要根据业务场景设计多维度混合限流策略，将各种策略通过与、或、非的方式有机结合。比如，在目标 URL 的请求并发数达到第一阈值时，保证移动端的客户和高组别的客户访问；在目标 URL 的请求并发数达到第二阈值时，仅保证高组别的客户访问；当目标 URL 的请求并发数超过最终阈值时，进行无差别限流。

↘ 限流粒度

限流粒度可以分为集群粒度、服务粒度以及接口粒度，可以为各种粒度配置不同的限流策略和阈值。限流粒度越细，对系统的控制越灵活，但系统的复杂度也随着配置项的增多而增加。

面向整个集群的限流一般用作兜底的保护措施，使系统不会被突然流量洪峰压垮。在接入端控制住流量的总入口，是实施整体集群限流的行之有效的方案。

面向服务的限流在服务化的体系结构中最为常见。在服务化体系中，不同的部门负责保证自己部门的服务的健壮性，每个系统边界都应该进行保护性限流，有条件的团队也可以在访问外部服务的时候采取客户端限流以节省带宽。

面向接口的限流则粒度过于细，如果为每个接口都提供不同的限流策略和阈值，系统的维护成本就太高了，因此建议对有必要限流的接口进行分组，针对组别限流会使系统更加可控。对于微服务架构来说，因为服务已经拆分得足够细了，因此面向服务与面向接口的限流区别不大。

在服务治理中，限流主要用于保证服务质量。限流的具体实现方案非常多，一套健全的系统需要在各个部分考虑如何合理限流。只要将客户端限流、服务端限流以及接入端的限流合理组合使用，就可以搭建出在任何流量洪峰下都不被压垮的系统。

4.4 熔断

4.4.1 概述

熔断（circuit breaker）也称为自动停盘机制，是指当股指波幅达到一定的熔断点时，交易所为控制风险所采取的暂停交易措施。它同样是服务治理中用于保护后端服务节点的有效手段，都属于服务化中流量调控的范畴。

在流量过载的情况下禁止客户端对服务端进行访问，是熔断的目的所在。限流和熔断在某种意义上来说，是类似的两个概念，限流是允许部分流量通过，而熔断则是完全禁止某客户端访问后端服务，它们的目的都是防止流量洪峰压垮整个集群。

熔断的原理与电路熔断的原理相同，若一条线路上的电压过高，保险丝会自动熔断以防止火灾的发生。同理，若某目标服务质量低于临界点（如发生大量响应超时），熔断对该服务的调用便能快速释放资源，防止目标服务因持续超负荷运转而宕机，在目标服务状况恢复正常时再恢复调用。

熔断还可以防止连锁失效（Cascading Failure）。当调用远程服务时，如果每个请求都在到达响应超时阈值后才返回，将会导致大量并发请求的调用阻塞，这些阻塞会持续占用系统资源。资源释放缓慢，使得依赖同一份资源的其他系统受到连锁影响，最终拖累整个系统，直至资源消耗殆尽。在这种情况下，采用熔断使操作立即返回错误而不是等待超时的发生，是更合理的方案。

因为熔断是在服务提供方发生状况后所采取的保护措施，在服务提供方有状况发生时，每一次多余的请求都可能成为压垮服务的最后一根稻草，因此必须在调用方阻止其对服务提供方发起请求，才能够达到保护服务端资源、快速释放资源的目的。熔断的粒度越细越好，因此应该使程序接口的粒度尽量细，直接熔断应用对外的所有访问与系统宕机无异，意义就不大了。

4.4.2 熔断器模式

熔断器模式可以防止应用程序不断尝试执行可能会失败的操作，使应用程序继续执行而不用等待错误修正。熔断器模式也可以诊断错误是否已经修正，如果已经修正，应用程序会再次尝试调用操作。熔断器需要记录最近调用发生错误的次数，然后决定操作继续还是立即返回错误。图 4-16 所示的是熔断器的运作模式。

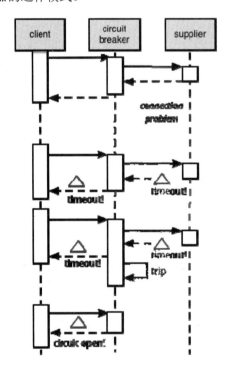

图 4-16 熔断器的运作模式

熔断器有三种状态，分别是关闭状态、开启状态和半开启状态，下面我们具体来看一下。

1. 关闭状态（Closed）

关闭状态是熔断器的正常状态，这时熔断器对应用程序的请求无任何干涉，仅仅计算时间窗口内的调用失败次数。如果时间窗口内的调用失败次数超过阈值，熔断器的状态则会切换至开启状态。

2．开启状态（Open）

开启状态是熔断器禁止应用程序访问远端服务时的状态，应用程序的请求会立即返回错误响应。熔断器不会一直维持开启状态，而是会为其设置超时阈值，目的是利用这段时间让目标服务有机会自愈。等待超时结束后自动切换为半开启状态。

3．半开启状态（Half-Open）

半开启状态允许少量请求调用服务，如果调用结果符合预期，则认为服务端的问题已被修正，此时熔断器会切换至关闭状态；如果仍有调用失败或超时现象，则认为服务端的问题仍然存在，此时熔断器会切换至开启状态，并重新计时。半开启状态能够有效地探测服务端服务的状态，并且防止恢复中的服务被突然降临的流量再次冲垮。

熔断器的状态转换如图 4-17 所示。

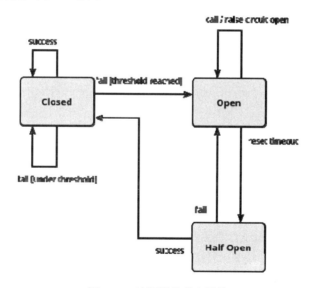

图 4-17　熔断器的状态转换

4.4.3　Hystrix

Hystrix 是 Netflix 公司开源的又一个支撑微服务体系的利器。在分布式系统中，远程依赖的调用失败，如超时、异常等，是无法完全避免的。Hystrix 可以保证其中一个依赖出状况时不会导致服务整体不可用，它提供了熔断、隔离、失效转移、缓存和监控等功能，能够在依赖出现问题时保证系统的可用性。

Hystrix 是拉丁文，它的中文意思是"豪猪"。豪猪通过周身长刺来保护自己不受天敌的伤害，Hystrix 的愿景是最大限度地保护自身应用，与豪猪的防御机制非常类似，因此 Hystrix 也使用了豪猪的卡通形象做作为 logo。

Hystrix 采用了舱壁隔离模式。舱壁隔离是什么呢？在海上航行的货船，为了防止漏水以及发生火灾，会将货仓分离，使各个货仓与其他部分完全隔绝，这种通过资源隔离减少风险的方式称为舱壁隔离（Bulkheads），如图 4-18 所示。

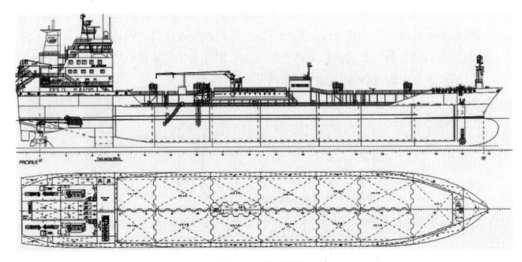

图 4-18　舱壁隔离

Hystrix 提供了线程隔离和信号量隔离这两种解决方案。

线程隔离是 Hystrix 的默认隔离策略，使用线程隔离策略，Hystrix 命令将会在独立的线程中执行，这样即使依赖服务的线程池被占满，也不会影响应用程序的其他部分。线程隔离支持异步调用，在需要远程调用的场景中较为常用。使用独立线程的缺点是增加了线程切换的开销。

使用信号量隔离方案时，Hystrix 命令将会在当前调用线程中执行，开销相对较小，并发请求的个数受到信号量数目的限制。虽然性能高于线程隔离，但信号量隔离不支持异步调用，因此更加适用于本地调用的场景。

总之，合理地使用熔断可以让系统更加具有柔性，在系统从错误中恢复时提供流量保护，并且减少错误对系统性能的影响。

第 5 章

观察分布式服务

服务化的发展,以及容器化编排、微服务框架、Service Mesh 等各项技术的持续进化,为分布式服务化提供了技术层面的支持。但是,仅仅构建微服务是不够的,对于一套完整的技术体系而言,除了开发,还需要运维给予强力支持。随着微服务架构的持续演进,应用和服务数量不断增加,调用关系越来越复杂。所以,从运维的角度来看,首要任务便是保持可观察性(Observability)。我们再来浏览一下 CNCF 全景图,如图 5-1 所示。

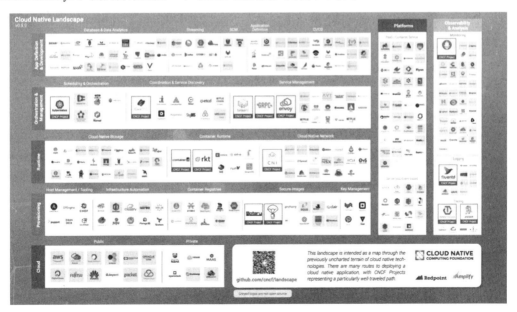

图 5-1 CNCF 全景图

CNCF 赋予了可观察性极高的地位，可观察性和由操作系统、底层网络提供商构成的平台层（Platform）一样，贯穿整个云原生体系。

变化是微服务的本质，也是应用系统设计和开发中唯一不变的准则。因此，无法通过一张静态的架构图来描述微服务架构下的系统部署情况。微服务集群的组成元素、依赖关系、流量分布以及外部边界等都会随着时间发生变化，虽然微服务技术降低了应对变化的难度，但运维团队却依然需要明确地了解系统的运行情况，这就是微服务系统对可观察性的诉求。

可观察性提供了穿越微服务边界的能力，它先对应用数据或管理平台数据进行观测及后台分析，然后通过高度可视化系统，直观地将系统当前的状态展现出来。

5.1 层次划分

根据观察层次的不同，谈论可观察性时一般涉及基础设施层、工具层和应用环境层。

- 基础设施层：对云主机、操作系统、云服务进行包括可用性在内的基础指标监控，提供云服务商的基础运维支撑能力。

- 工具层：编排工具的可观察性是微服务体系中的重要一环，随着容器化的不断推进，对 Kubernetes 和 Mesos 等容器编排生态工具的监控也越来越多样化。另外，由于 DevOps 体系的发展，相关工具链（如 Git、SVN、CI/CD 等）的可观察性也成为当今的关注焦点。

- 应用环境层：应用环境层的可观察性是指对应用服务器、数据库、消息队列、缓存等中间件组件进行观察。

由于基础设施层的监控和系统健康度观察大多由平台提供商直接负责，而工具层的解决方案基本是由其核心产品以及周边生态提供的，因此对于微服务和云原生应用开发者来说，关注点应集中在应用环境层。应用环境层因为涉及业务系统，所以场景变化也是最多的。下面我们将具体讲解如何进行应用环境层系统观察。

5.2 核心概念

日志（Logging）、指标（Metrics）和追踪（Tracing）是紧密相关的三个核心概念。通过图 5-2 所示的韦恩图，我们能够很清楚地了解这三者之间的关系。

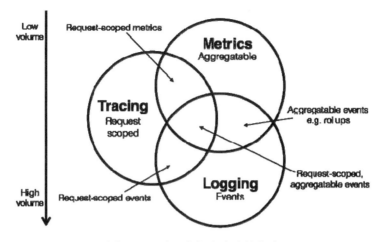

图 5-2　日志、指标和追踪的关系

- 日志描述的是一些不连续的离散事件。例如，有些业务系统采用 ELK（Elasticsearch + Logstash + Kinaba）或类似技术栈的日志收集系统，它们是分布式监控系统的早期形态，借鉴了传统应用解决问题的方式，是最容易理解的解决方案。

- 指标是可累加的，它具有原子性。每个指标都是一个逻辑计量单元，体现了一段时间之内相关指标的状态。

  例如，队列当前的深度可以被定义为一个计量单元，在写入或读取时更新；输入 HTTP 请求的数量可以被定义为一个计数器，用于进行简单累加；请求的执行时间可以被定义为一个柱状图，在指定时间片上更新和汇总。

  CNCF 生态中的 Prometheus 监控系统正是基于指标的典型系统，它通过定义和收集不同的指标数据，以及提供基于时间维度的查询能力，为分布式服务指标提供基础数据保障。

- 追踪在监控领域通常被称为分布式追踪，是指在单次请求范围内处理信息。任何的数据和元数据信息都被绑定到了系统中的单个事务上。追踪能力是近几年技术人员最为关注的需求，由 Twitter 开源的 ZipKin 是目前运用最为广泛的分布式追踪系统。

上面介绍的三个概念并不是相互独立的，往往会有一定的重叠，复杂和完善的监控系统一般是跨越多个维度的，下面我们具体来介绍一下。

- 追踪+日志：这是多数分布式追踪系统的早期形态，通过简单的上下文传递，可以将请求的上下文 ID 输出到日志，让日志具备时间维度之外的另一个关键维度——上下文关联。通过时间和上下文关联这两个维度的组合，用户可以快速感受到分布式追踪带来的强大优势。

- 日志+指标：这是日志分析系统的常规架构，可通过解析系统现有的业务日志获取相关的指标数据。

- 追踪+指标：用于指明基于分布式追踪的数据分析指标、应用间的关系以及数据流向等。

日志、指标、追踪可以看作功能全集中的元素，一些商业级别的 APM（Application Performance Management，应用性能管理）系统便采用"追踪+指标"的方式提供一体化的解决方案。充分理解这三个概念，能够更好定位目前市面上的各种开源和商业监控体系工具，理解它们的核心优势。

下面我们重点介绍一下与分布式追踪系统相关的内容。

5.3 分布式追踪

5.3.1 概述

分布式追踪的概念源自最早面对超大规模分布式场景的 Google 公司于 2010 年发表的论文——*Dapper, a Large-Scale Distributed Systems Tracing Infrastructure*。论文中详细地介绍了 Google 的 Dapper 系统及其实现原理，此处我们不再介绍论文中的内容，感兴趣的读者可以自行阅读、学习。

Dapper 的核心实现方法是在分布式请求的上下文中加入 span id 以及 parent id，用于记录请求的上下级关系。分布式追踪的示意图如图 5-3 所示。

阿里巴巴公司曾经分享过鹰眼系统的实现方案，也是国内早期的分布式追踪系统实现方案。鹰眼系统使用类似书签索引的方法，简化了 parent id 和 span id 的表达方式，其请求流程如图 5-4 所示。

第 5 章 观察分布式服务

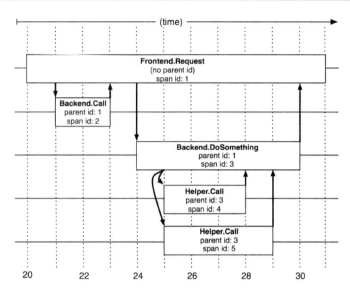

图 5-3　分布式追踪的示意图

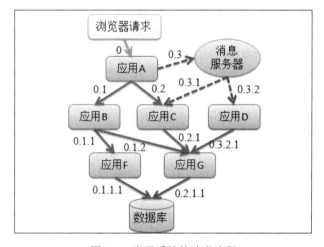

图 5-4　鹰眼系统的请求流程

鹰眼系统与 Dapper 在原理上没有本质区别。之所以在此刻意提及，是因为鹰眼系统的编码方案可以帮助读者理解 Trace 树形结构。但是，需要强调的是，Trace 并非只有树形结构，对于消息消费、异步处理等批量模型，会出现一条 Trace 关联多个 TraceId 的情况。

5.3.2　常见的开源解决方案

Apache ZipKin 是起步最早、社区体系最为完备的分布式追踪解决方案。它借助稳定的 API

库及广泛的集成，几乎覆盖了从开源到商业级的分布式系统的各个角落。其覆盖的语言包括 Java、C#、Go、JavaScript、Ruby、Scala、C++、PHP、Elixir、Lua 等，甚至为每种语言都提供了不止一种 API 库，更好地适应了各种不同的应用场景。

OpenTracing 是 CNCF 托管的分布式追踪项目，它的官方定位是针对分布式系统追踪的 API 标准库，与厂商无关，旨在为不同的分布式追踪系统提供统一的对外 API 接入层。所以 OpenTracing 并不包含任何实现，可以将它理解为接口协议，类似于 Java 的数据库访问接口 JDBC。

这里要强调的是，OpenTracing 只是一套可选的接口 API 库，并非分布式追踪的实现标准，其原生支持者同样是 CNCF 托管的项目——Jaeger。另外，前面提到的运用最为广泛的分布式追踪系统 ZipKin 并不是 OpenTracing 的主要支持者，ZipKin 具有完全独立的规范、协议和 API 接口。所以截止到目前，还不能承认 OpenTracing 是分布式追踪领域的 API 标准。

OpenCensus 来自于 Google，是 2017 年才崭露头角的新兴项目。它的定位介于 OpenTracing 和 ZipKin 之间，提供了统一的 API 层，同时提供了部分实现逻辑。工程师只需在 OpenCensus 的基础上自定义实现最小范围的逻辑（如上下文传递和数据格式上行）即可。OpenCensus 目前支持发送 ZipKin、Jeager、Stackdriver 和 SignalFx 格式的数据。OpenCensus 在 Google 的大力支持下，已经成了 OpenTracing 的有力竞争者，同时，它很有可能在不久的将来开源部分后端功能，成为 ZipKin 的挑战者。

总之，分布式追踪的 API 之间竞争十分激烈，而且会愈加激烈。因此，在选择和使用 API 时，需要特别注意。如果团队需要自创一套 API，也可以从现有方案中学到不少的设计理念。

5.4 应用性能管理与可观察性平台

APM（Application Performance Monitoring，应用性能管理）经常和分布式追踪同时出现，但两者却有着明显的差异。APM 由来已久，已经有十几年的历史，自最早的以 WebLogic 为代表的 J2EE 应用出现开始，APM 就逐步受到了各大厂商的重视，并作为商业软件的组成部分被提供出来。

APM 系统为单体式应用和分布式应用提供了全面的可视化展现建议、性能分析建议、性能诊断和优化建议，为开发团队、运维团队提供了常规监控体系之外的保障。

随着分布式应用监控难度的增加，应用性能问题的发现和定位变得越来越困难。在分布式系统中，传统的以日志为主的监控正在越来越多地被用来进行基础设施、网络环境的监控。而在应用层面上，日志监控基本失去了定位问题的能力，尤其是上云之后，网盘逐步成为主流，日志的有效性问题、写入压力和成本问题凸显出来。

因此，人们对 APM 系统提出了越来越高的要求，分布式追踪、非侵入式的语言探针、轻量化、低延迟分析，这些都是对新时代 APM 提出的基本要求，也是对传统 APM 系统的挑战，下面我们具体来看一下。

分布式追踪

前面已经对分布式追踪进行了详细的介绍，分布式追踪能完成日志监控的绝大部分功能，提供更好的使用内存而非文件系统，解决性能定位问题。Google、Twitter、Uber、Pivotal 等各大公司都在这个领域投入了极大的精力。

非侵入式的语言探针

这一点恰恰和"分布式追踪"的需求矛盾，因为无论是自动探针（Agent）还是手动探针（SDK），本质上都对被监控的目标程序进行了修改，且任何修改都是有一定风险的。而在语言众多、团队小型化、多元化的云原生年代，语言探针在能力上虽然十分吸引人，但使用成本却很高，所以非侵入式的语言探针，即非语言探针，被提了出来，可以在用户不需要分布式追踪和方法级诊断的情况下完全做到和语言无关。后面即将介绍的 SkyWalking 的 Service Mesh 探针就是非侵入式语言探针的典型代表。

轻量化

传统的 APM 系统使用大量的大数据技术栈，如 Spark、Storm、HBase 等，虽然功能完善，但是运维难度很大。监控系统可能比被监控系统更难运维，这显然不是一个好的设计。大量的中小型公司需要的正是非大数据的 APM 解决方案。只有以 Elasticsearch 或 MySQL 为核心，使用非大数据框架解决方案，才能更好地在新兴的云原生环境下提供服务。

低延迟分析

系统的分布式压力变化很快，APM 系统能够做出秒级反应，而不是像使用报表系统一样需要 3 分钟以上才能对数据做出反应。这里需要注意，很多公司把流量分析、经营分析的系统职责加到了 APM 系统上，这样会造成低延迟和轻量化性能的降低。实际上，APM 可以作为流量分析、经营分析的系统数据源，但是应该专注在可观察性、指标分析以及告警上。

5.5 Apache SkyWalking

SkyWalking 是由吴晟在 2015 年创建的,早期是一个单纯的分布式追踪系统,历经三年的时间,随着项目本身及 SkyWakling 社区的发展,逐渐成为一个全功能、多语言、支持多种应用场景的 APM 系统。2017 年年底,SkyWalking 进入 Apache 软件基金会孵化器,成为中国首个从个人项目进化为 Apache 项目的案例。同时,SkyWalking 从以大数据平台为主的分析模式,进化为轻量化、低延迟的分析模式,同时支持分布式追踪和非侵入式的语言探针这两种模式,是能够提供一致性解决方案的开源项目。

5.5.1 项目定位

自项目创建至今,大家会发现,SkyWalking 在不停地进行大规模的重构、迭代和演进,强大的开源社区的力量是项目能够得到良好发展的根基。

截止到目前,SkyWalking 项目的发展历程可分为五个阶段,具体如下。

- 分布式追踪 POC

  这一阶段,SkyWalking 进行自身协议、体系架构、Java 自动探针等基础技术验证,基本是以个人项目的形式在运行,1.x 版本和 2.x 版本便是此阶段的产品,该阶段将大数据作为基础技术栈。

- APM POC

  这一阶段主要实现 APM 的核心功能,支持自动语言探针和后端轻量化流式分析,强化可视化 UI 展现,对 Java 技术栈提供全面支持。3.0~3.1.x 版本属于此阶段的产品。

- 初级 APM

  这一阶段主要通过 POC 的积累和社区反馈全面重构架构体系,进一步进行轻量化改造,实现模块化内核。3.2.x 版本是此阶段的代表性产品,这一阶段的开源版本初步具有了生产环境的运行条件。

- 全功能开源 APM

  这一阶段全面引入了各种强大的功能,如各级应用性能指标分析、多语言探针接入(.NET、Java、Node.js 等)、多生态整合(接受 ZipKin 追踪数据)、现代化 UI、轻量化分析后端。5.x 版本处于此阶段,并会在很长一段时间内处于此阶段。

- 可观察性分析平台 OAP

  OAP 是一个客观性平台，不再单纯依靠语言探针，可以从多种不同的数据源进行可观察性数据分析，常见的数据源包括 SkyWalking 语言探针、其他追踪框架（Zipkin、Jaeger、OpenCensus）、Service Mesh 生态（Istio、Envoy）。无论从哪种驱动获取数据源，都会被规范化到统一的分析流程中，并以统一的、概念一致的形式展现出来。OAP 将是项目未来的主要发展方向。

从项目目前的状态来看，它主要维护两条主线，具体如下。

- 5.x 版本分支：稳定版本，处于维护状态，主要用于修复版本 Bug 以及扩展语言探针插件。

- 6.x 版本分支：2019 年 1 月发布了稳定版本，提供基于语言探针和 Service Mesh 探针的数据收集，具有统一可定制的数据分析、数据展现能力，将替代 5.x 版本成为主推的生产分支。

5.5.2　SkyWalking 5 核心架构

SkyWalking 5 及以上版本主要由探针层、分析层、可视化层这三部分组成，其核心架构如图 5-5 所示。

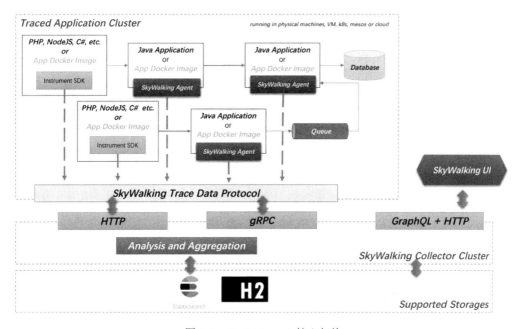

图 5-5　SkyWalking 5 核心架构

- 探针层：在这一层，多语言手动探针和自动探针通过语言特性提供数据采集功能，通过 Java、.NET、Node.js 自动探针，遵守 SkyWalking 协议采集并上报观测数据。

- 分析层：接受 SkyWalking 标准上行协议，提供数据汇集能力、数据分析能力、数据存储能力和查询能力。分析层是逻辑处理核心，它通过模块化内核和轻量级流式处理框架提供高效、高可扩展的分析聚合能力。

- 可视化层：可视化层即 UI 层，可通过高交互性 UI 对分析层数据进行展示。

SkyWalking 5 的 Java、.Net 和 Node.js 自动探针提供了大量具有适配性的第三方通用框架插件，使用者无须修改源代码，无须进行二次开发，就能完成对应用程序的监控和追踪。下面列出了 SkyWalking 5 所支持的自动探针。

- HTTP Server
  - Tomcat 7
  - Tomcat 8
  - Tomcat 9
  - Spring Boot Web 4.x
  - Spring MVC 3.x、4.x
  - Nutz Web Framework 1.x
  - Struts2 MVC 2.3.x～2.5.x
  - Resin 3 (Optional[1])
  - Resin 4 (Optional[1])
  - Jetty Server 9
  - Undertow 2.0.0.Final～2.0.13.Final

- HTTP Client
  - Feign 9.x
  - Netflix Spring Cloud Feign 1.1.x、1.2.x、1.3.x
  - Okhttp 3.x
  - Apache httpcomponent HttpClient 4.2、4.3
  - Spring RestTemplete 4.x
  - Jetty Client 9
  - Apache httpcomponent AsyncClient 4.x

- JDBC
    - Mysql Driver 5.x、6.x
    - Oracle Driver (Optional[1])
    - H2 Driver 1.3.x～1.4.x
    - Sharding-JDBC 1.5.x
    - PostgreSQL Driver 8.x、9.x、42.x
- RPC Frameworks
    - Dubbo 2.5.4～2.6.0
    - Dubbox 2.8.4
    - Motan 0.2.x～1.1.0
    - gRPC 1.x
    - Apache ServiceComb Java Chassis 0.1～0.5，以及 1.0.x
    - SOFARPC 5.4.0
- MQ
    - RocketMQ 4.x
    - Kafka 0.11.0.0～1.0
    - ActiveMQ 5.x
- NoSQL
    - Redis：Redis 2.x
    - MongoDB Java Driver 2.13、2.14 及 3.3+
    - Memcached Client
        - Spymemcached 2.x
        - Xmemcached 2.x
    - Elasticsearch：transport-client 5.2.x～5.6.x
- Service Discovery：Netflix Eureka
- Spring Ecosystem
    - Spring Bean annotations（@Bean、@Service、@Component、@Repository）3.x、4.x
    - Spring Core Async SuccessCallback/FailureCallback/ListenableFutureCallback 4.x
- Hystrix：Latency and Fault Tolerance for Distributed Systems 1.4.20～1.5.12
- Scheduler：Elastic Job 2.x

- OpenTracing community supported
- Node.js
  - Http
  - Mysql
  - Egg
- .Net Core
  - ASP.NET Core
  - .NET Core BCL types（HttpClient and SqlClient）
  - EntityFrameworkCore
  - Npgsql.EntityFrameworkCore.PostgreSQL
  - Pomelo.EntityFrameworkCore.MySql
  - CAP

在 SkyWalking 之前，只有商业产品能提供多语言自动探针的接入功能，截止到本书写作之时，SkyWalking 是第一个也是唯一一个提供多语言自动探针接入功能的开源项目。

同时，除自动探针外，SkyWalking 还提供了对 OpenTracing-Java 0.31 的 API 适配功能，开发者可以使用 OpenTracing 的 API，配合 SkyWalking 探针，实现手动标注和增加埋点信息等功能。

5.5.3　SkyWalking 5 公开案例

图 5-6 展示了使用 SkyWalking 的公司，我们可以看到，其中不乏一些大型企业。

截止到目前，SkyWalking 社区已收到大量的使用反馈，表明 SkyWalking 项目的热度很高。SkyWalking 社区鼓励所有使用者主动上报案例，修改方式包括如下两种。

- 提交 Pull Request 到 https://github.com/apache/incubator-skywalking/blob/master/docs/powered-by.md，推荐这种方式。
- 回复案例信息到 https://github.com/apache/incubator-skywalking/issues/443。

第 5 章 观察分布式服务 147

图 5-6 使用 SkyWalking 的公司

5.5.4 SkyWalking 6 可观察性分析平台

SkyWalking 5 在基于语言探针的 APM 解决方案上实现了绝大多数的功能，并获得了良好的评价。2018 年，随着 Service Mesh 的流行，性能监控和可观察性的概念被进一步推广，因此，社区决定推出 SkyWalking 6。

SkyWalking 6 不局限于以往的基于多语言探针的思想，它面向多数据源，可提供统一、高效、可定制的可观察性分析平台解决方案，如图 5-7 所示。

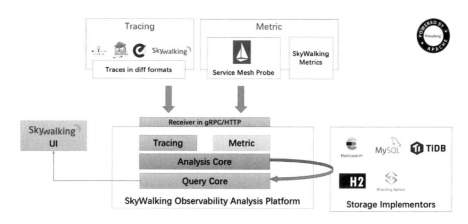

图 5-7 SkyWalking 6 可观察性分析平台

可观察性分析平台（Observability Analysis Platform，OAP）是 SkyWalking 社区的 PMC 团队提出的新概念，OAP 将可观察性分析分为两个维度和三个层次。

两个维度具体如下。

- Tracing 追踪链路数据。
- Metric 指标数据。

三个层次具体如下。

- Receiver 接收器，针对不同协议提供解析和适配的能力。
- Analysis Core 分析内核，提供面向 Source 分析源的流式分析方法，并派生出 OAL（Observability Analysis Language，可观察性分析语言）来描述流式分析。
- Query Core 查询内核，基于拓扑结构、基础数据和指标数据等多个维度提供基于 GraphQL 的查询，为页面和第三方系统集成提供支持。

➘ SkyWalking OAL

OAL 定义了数据的分析过程，格式如下。

```
METRIC_NAME = from(SCOPE.(* | [FIELD][,FIELD ...]))
[.filter(FIELD OP [INT | STRING])]
.FUNCTION([PARAM][, PARAM ...])
```

通过以上示例可以看出，该分析过程分为三个部分，具体描述如下。

- from 语句块：必选，用于描述来源数据。来源数据是标准格式化数据，定义明确。后面会详细介绍 SkyWalking 默认的来源数据。
- filter 语句块：可选，用于过滤来源数据，所有通过 filter 过滤掉的数据都不会被分析处理。
- FUNCTION 语句块：必选，聚合函数，制定数据由明细汇集成不同观测指标的规则。对于不同函数、参数和数据接口，汇集规则也可能不同。

OAL 是一种源码生成语言，即 OAL 脚本通过 SkyWalking-OAL-Tool 生成源代码，再通过 SkyWalking 标准的打包过程生成可执行程序。

SkyWalking 6 中已经集成了常见的来源数据定义，如 Service、Service Instance、Service Relation 等，具体定义可参考官方文档。每一个定义中都包含字段名称（Name）、描述（Remarks）、是否为聚合主键（Group Key）以及数据类型（Type）等信息，以 Service 定义为例，其信息如图 5-8 所示。

SCOPE Service

Calculate the metric data from each request of the service.

Name	Remarks	Group Key	Type
id	Represent the unique id of the service	yes	int
name	Represent the name of the service		string
serviceInstanceName	Represent the name of the service instance id referred		string
endpointName	Represent the name of the endpoint, such a full path of HTTP URI		string
latency	Represent how much time of each request.		int
status	Represent whether success or fail of the request.		bool(true for success)
responseCode	Represent the response code of HTTP response, if this request is the HTTP call		int
type	Represent the type of each request. Such as: Database, HTTP, RPC, gRPC.		enum

图 5-8　Service 定义的信息

下面是 SkyWalking 6 默认集成的针对 Service 的分析脚本。

```
// Service 分析脚本
service_resp_time = from(Service.latency).longAvg();
service_sla = from(Service.*).percent(status == true);
service_cpm = from(Service.*).cpm();
service_p99 = from(Service.latency).p99(10);
service_p95 = from(Service.latency).p95(10);
service_p90 = from(Service.latency).p90(10);
service_p75 = from(Service.latency).p75(10);
service_p50 = from(Service.latency).p50(10);
```

我们可以看到，该脚本用于分析以下内容。

- resp_time：服务的平均响应时间。

- sla：服务成功率，用百分比形式体现。

- cpm：每分钟的调用数。

- p99、p95、p90、p75、p50：响应时间五分线。

另外，OAL 可以提供多种扩展能力，具体如下。

- 修改 OAL 脚本，可以增加和删除分析的内容，或者修改分析的过滤条件及函数参数。如 p99 函数中的 10，是计算 p99 函数的精度参数，设置为最小值 1 时，统计出来的 p99 更精确，但是内存和存储消耗都会更大。这是最简单的分析自定义模式。

- 新增分析函数后，再修改 OAL 脚本。SkyWalking 已提供的分析函数包括 count、sum、cpm、percent、longAvg、doubleAvg、Thermodynamic heatmap、p99、p95、p90、p75、p50。

- 新增数据来源。这一点相对复杂，一般用于多语言扩展和监控场景扩展。

OAL 将是 SkyWalking 6 的建设重点和核心能力，使用 OAL 可以全面降低系统的理解难度，使系统便于被二次开发，具有更强的生态融合能力。

在源代码中，用户可以找到 official_analysis.oal 脚本文件，每次编译都会根据此脚本生成全新的分析内核程序，这个特性已经包含在 6.0.0-beta 版中了。

➷ OAP 助力 Service Mesh

Service Mesh 作为新一代的微服务基础设施，正在被越来越多的公司重视。SkyWalking 社区在 Service Mesh 推出以来就一直关注着行业的发展。

2018 年四季度，SkyWalking 6 的第一版首先支持了针对 Istio 的遥感数据监控，只要使用 Istio 作为控制面板，用户不通过语言探针也可以监控各个服务和服务实例的性能、拓扑图以及告警。图 5-9 展示了 Service Mesh 的"当家"产品 Istio 的架构图。

2019 年，SkyWalking 和 Envoy 项目的核心维护团队成员 maintainer 合作，推出了 SkyWalking 的 Envoy Filter，实现了从 Service Mesh 中采集遥感数据监控的第二步，用户可以使用不同的控制平面解决方案验证 Service Mesh 的可观察性。

无论选择数据平面还是控制平面，都可以借助 Service Mesh 的特性，从而做到透明观测，实现监控。

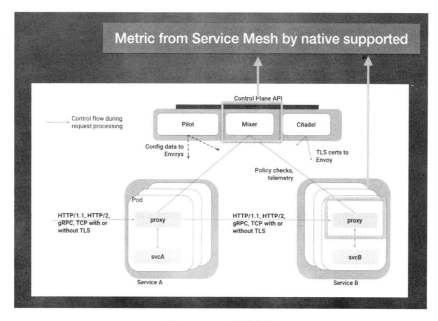

图 5-9　Istio 的架构图

▶ 可切换存储

存储是分析平台的必备部分，不同规模的用户和运维团队会选择不同的组件作为监控平台的存储，SkyWalking 提供了标准的存储层模块接口，并原生提供了多种存储方案，具体如下。

- Elasticsearch 6
- Elasticsearch 5
- H2 Database
- MySQL Database
- TiDB

同时，用户可以进行简单的扩展，实现不同的存储方式，甚至使用大数据平台，如 HBase、Cassandra 等。从原理上来说，存储模块需要具备以下基本能力。

- 结构化数据存储能力和更新能力。监控平台的元数据，如服务名称、服务实例的 IP 地址、端口等，会以结构化的形式进行存储、查询、更新，监控数据的存储也是结构化的，例如，服务的平均响应时间指标由服务名称、ID、总访问时间、成功的总次数、时间窗口等字段组成。

- 大字段存储能力。监控中的 Trace/Span 数据都会以 BASE64 编码之后的字符串形式存储到数据库中，这些数据一般较大，可以达到几 KB 甚至几十 KB，所以选择的存储引擎需要具备大字段存储能力。

- 直接命中查询能力。存储模块应具备通过实体表指定的多个候选值来查询对应的数据集合的能力。

- 聚合查询和排序能力。聚合查询是针对相同实体在不同时间窗口内的统计结果进行的查询，如对所有服务在指定时间段内的访问时间进行聚合查询。排序则是针对聚合查询的结果进行的二次排序。

举例说明，假设要针对 ProductA 服务在 2018 年 11 月 8 日 12:30—12:45 这段时间内的平均访问时间进行聚合。从存储结果上来看，结构化存储实际存储了 16 条记录，则在查询阶段要使用存储引擎对 16 条记录进行聚合。

理论上，也可以在 SkyWalking 的存储层进行聚合（H2 的 In Memory 模式实际上采取的就是这种方式），但是这种方式效率很低，不推荐在实际生产中使用。同时，在查询聚合指标时，需要进行排序，如果在存储层进行，会进一步降低效率，因为这种操作要求将查询指标在某时间段内的所有数据都读取到 SkyWalking 内存中。

可切换视图 UI

由于不同团队和公司的要求不同，应用检测和观测也有不同的展现需求、技术栈需求，甚至权限管理需求。一套 UI 组织形式无法满足所有人的需求，因此 SkyWalking 从 5.x 版本开始便引入了 GraphQL 查询协议，并在 6.x 版本中形成了稳定的查询协议风格。根据协议、项目、公司、产品的不同，可以使用不同的方法包装 UI。

GraphQL 是一种运行时数据查询 API 风格，包含各种不同语言库的实现，比较主要的特性如下。

- 具备数据类型定义能力。需要预先定义 "*.graphqls" 文件，GraphQL 实现时会校验数据类型，并提供映射到各个语言类型的能力。

- 单次请求返回多次查询结果。这是 SkyWalking 选择 GraphQL 的最主要原因。组装页面时，需要使用不同的参数同时调用多种 API，当具备这种能力后，页面集成能力将得到强化。

1. SkyWalking GraphQL 查询协议

SkyWalking GraphQL 查询协议同样托管在 Apache GitHub 中供大家使用。SkyWalking GraphQL 查询协议包括如下几个维度。

- 元数据查询：服务、服务实例、Endpoint 等作为系统的元数据，需要通过专用的 API 进行查询。

- 拓扑图查询：服务和 Endpoint 级别的拓扑关系或依赖关系，都需要通过这套 API 进行查询。拓扑图由实体和实体关系构成，这里需要注意的是，拓扑图中并不包括指标数据，只体现实体和实体关系。当需要显示指定的指标数据时，要先使用指标查询接口来获取数据。

- 指标查询：查询分为指标线性数据查询以及热力数据集合查询两种。这里的查询和 OAL 脚本定义的变量直接关联，如 OAL 脚本定义中存在指标分析定义 "service_p50 = from(Service.latency).p50(10);"，则查询时，service_p50 会作为指标名称。

- 聚合查询：和指标查询十分类似，也是针对 OAL 脚本变量进行查询的。不同之处在于，聚合查询会将时间窗口内的指标值进行聚合，得到一个单值，或者对某类实体的单值进行查询。例如，查询 ProductA 服务在 10 分钟内的平均响应时间，或者所有服务在 10 分钟内响应时间的 TopN 列表。

- Trace 查询：对 Trace 访问明细进行查询。

- 告警查询：对系统产生的告警数据进行查询。

2. SkyWalking 候选 UI

SkyWalking 具有一套原生的、完整的 UI，展现观察目标元数据、拓扑图、指标、告警等。图 5-10 展示了 SkyWalking 的全局视图，从中可以看到被观察服务的基础信息，以及全局性能指标。图 5-11 展示了 SkyWalking 的全局服务依赖拓扑图。

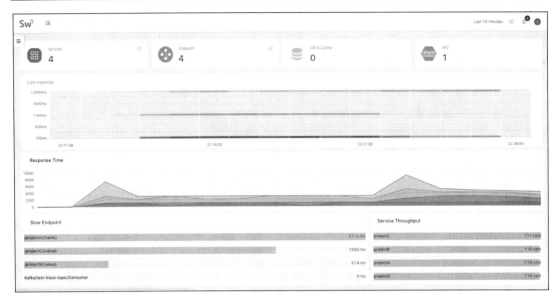

图 5-10　SkyWalking 的全局视图

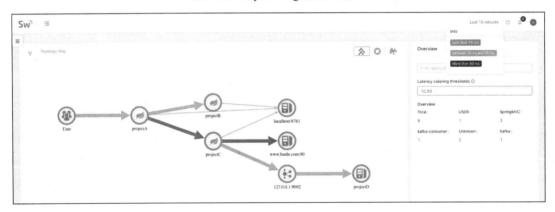

图 5-11　SkyWalking 的全局服务依赖拓扑图

更多的 UI 截图可以前往 SkyWalking 的官方网站查看。

另外，由于 GraphQL 的存在，SkyWalking 拥有了第二套开源社区 UI 项目 RocketBot，可提供不同的 UI 体验，其中比较典型的系统截图如图 5-12 和图 5-13 所示，图 5-12 展示了全局服务和 Endpoint 指标，以及选中的特定服务和 Endpoint 指标。图 5-13 展示了 RocketBot 的全局服务依赖拓扑图。

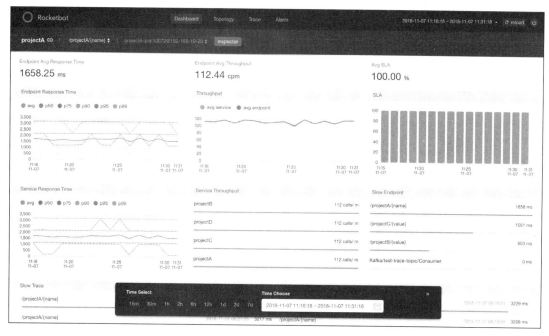

图 5-12　全局服务和 Endpoint 指标、特定服务和 Endpoint 指标

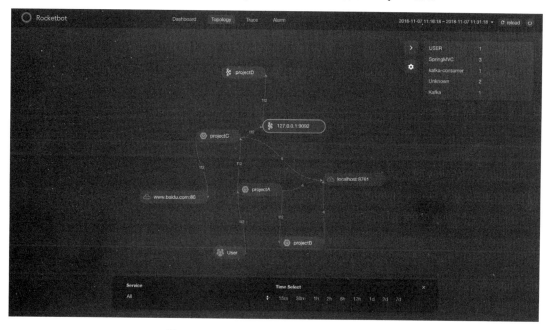

图 5-13　RocketBot 的全局服务依赖拓扑图

在 2019 年，SkyWalking 会提供更多的 UI 选择，第一步将是 SkyWalking 的 Grafana UI 实现。虽然 Grafana 并不能提供和原生 UI 或者 RocketBot 一样的良好体验，但依然可以作为 metric 数据可视化集成方式。

本章介绍了可视化的基本概念，开源社区的发展情况，同时以 Apache SkyWalking 在可观察性方面提供的多维度解决方案为例，全面介绍了从不同角度实现可观察性的方案。

可以说，无侵入性、原生的可观察性是云原生中除部署之外的最大能力之一。

第 6 章 侵入式服务治理方案

尽管在程序执行效率上，Java 不如 C、C++，在开发效率、易用性以及学习难度上，Java 又不如 Ruby、Python、Go，但 Java 无疑是当今后端系统开发中使用最为广泛的语言。

Java 所累积的大量生态体系是其他任何开发语言都不具备的。基于 Java 开发的"杀手级"应用数不胜数，互联网后端的很多复杂系统也都是用 Java 开发的。因此，如何治理基于 Java 开发的分布式应用系统，是互联网公司面对的首要问题。

侵入式服务治理方案指的是，在应用端使用框架提供的 API 开发程序并提供服务治理方案。Java 提供了很多一站式服务化框架，可以有效地与应用系统深度配合，形成完善的服务治理体系。由阿里巴巴公司开源的 Dubbo，以及由 Pivotal 公司开源的 Spring Cloud 是业界采用最多的侵入式服务治理方案。

6.1 Dubbo

Dubbo 是阿里巴巴公司于 2012 年前后开源的分布式服务框架。从开源至今，它由于设计理念超前、性能出色、稳定性较强而累积了大量国内忠实用户。虽然中间有几年停止了更新，但现在 Dubbo 又重新开启被维护，这使得它又焕发了新的活力。

在远程通信一章中，我们已经介绍过 Dubbo 的 RPC 部分。严格地说，Dubbo 目前并非一款完善的服务治理框架，它更偏重 RPC 部分。

6.1.1 Dubbo 概述

提起 Dubbo，就不得不再次给出 Dubbo 刚刚开源时发布的架构演进图，如图 6-1 所示。

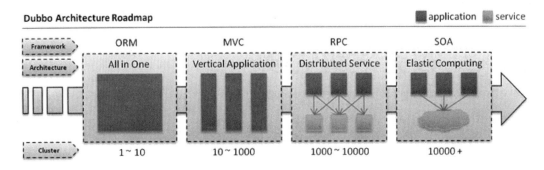

图 6-1　架构演进图

在图 6-1 中，互联网架构的演进过程分为四个阶段，每个阶段对应一种架构模式，具体如下。

- 单体应用架构

  在系统访问流量不大时，应用所需的所有功能都在开发和部署时被集中在一起。单体应用架构获取数据的主要途径是与数据库进行交互。由于关系型数据库与面向对象的阻抗不匹配，因此，开发出能够简化增删改查工作的数据库访问（ORM）框架是重中之重。

- 垂直应用架构

  在系统访问流量逐渐增大时，像单体式应用架构一样通过服务器硬件加速带来的承载量提升的方式已经无法满足业务需要。因此，需要将应用按照业务线进行垂直拆分，将系统部署为多个相对独立的应用。垂直应用架构获取数据的途径除了系统内部与数据库的交互外，也包括系统间的交互。通过灵活的 Web MVC 框架提供数据，供前端系统及其他外围系统展示和使用，这是垂直应用架构关注的重点。

- 分布式服务架构

  随着系统访问流量进一步增大，越来越多的垂直应用被拆分出来，独立应用间的共同特征越来越多。因此，我们要将核心业务抽取出来形成独立的后端服务，再对前端进行进一步抽离，使其能够更加快速地响应市场需求。此时，前端与后端的交互以及后端服务之间的交互,若采用基于 RESTful API 的 Web MVC 显然并不适合,因此 RPC 成了获取数据的重要方式。

- 弹性计算架构

  后端服务的增多,使得服务的治理成本越来越高,手动进行服务发现、负载均衡、连接管理、限流保护等工作已经变得不现实,因此提供一个服务治理中心是弹性计算架构的关键所在。另外,越来越多的细小服务的资源评估工作也变得非常烦琐,服务的资源浪费问题也需要重点关注,因此,提供一个调度中心来管理和分配集群容量进而提高集群利用率,是另一个关键所在。

Dubbo 所关注的重点在于第三点和第四点的前半部分。对于分布式应用间的 RPC 交互而言,Dubbo 采用透明化的方式,让使用者无须关心方法的调用是本地的还是远程的。Dubbo 采用以 ZooKeeper 为主的注册中心和治理中心来提供服务治理,并未提供调度中心的实现方案。图 6-1 成型于 2012 年,当时并没有 Docker 和 Kubernetes 这样的产品出现,Dubbo 所提出的调度中心管控资源的概念,与 Docker 和 Kubernetes 的理念不谋而合,展现出了极具前瞻性的眼光。

图 6-2 是官方提供的采用 Dubbo 作为服务化框架的应用架构图,除了调度中心,其他都已开源。

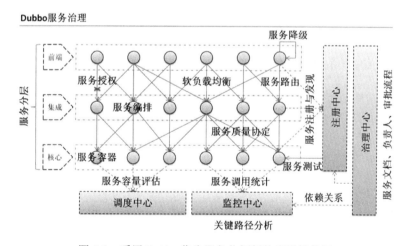

图 6-2 采用 Dubbo 作为服务化框架的应用架构图

Dubbo 将服务划分为提供者和消费者,根据需求不同,每个应用都可以既是服务的提供者,又是服务的消费者。应用开发方可以将服务进行合理分层。在图 6-2 中,服务被划分为前端服务、集成服务以及核心服务三层。其中前端服务是服务的消费者,核心服务是服务的提供者,集成服务对于前端服务而言是提供者，对于核心服务而言则是消费者。

6.1.2 核心流程

简单来说，Dubbo 中必有的核心概念只有服务提供者、服务消费者和注册中心这三个，治理中心以及监控中心并非必需品。

服务提供者和服务消费者启动时，都会初始化一个 Dubbo 的运行时容器，多为 Spring 容器。服务提供者完成初始化后，将向注册中心注册服务；服务消费者完成初始化后，将向注册中心订阅服务。

注册中心在服务提供者列表发生变化时会将变化的内容主动通知给服务消费者。服务提供者和服务消费者在初次连通后，即持有长连接，它们之间将通过透明化的远程调用进行通信。每次调用的信息将传递至监控中心用于统计。Dubbo 启动的核心流程如图 6-3 所示。

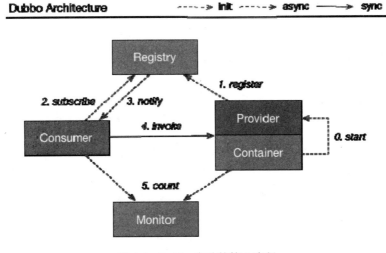

图 6-3　Dubbo 启动的核心流程

6.1.3 注册中心

Dubbo 通过注册中心来实现服务发现，它支持 Multicast、ZooKeeper、Redis 和 Simple 这四种类型的注册中心。虽然看似选择不少，但 Multicast 注册中心受网络结构限制，只适合小规模使用，而 Simple 注册中心不支持集群，因此，实际上生产级别可用的只有 ZooKeeper 注册中心和 Redis 注册中心。

无论是使用 ZooKeeper 还是使用 Redis 作为注册中心，都不是阿里巴巴内部的实现方案，而是开源的桥接实现方案，因此没有经历阿里巴巴内部的长时间考验。通过服务发现一章中的介绍可知，虽然 ZooKeeper 并不是首选的用于服务发现的注册中心，但相较于 Redis，它的可靠性更强。除了 Dubbo，其他很多第三方组件也采用 ZooKeeper 作为注册中心或元数据管理系统，如 Kafka、Hadoop、Mesos，而 Redis 更加适合于存储应用数据的缓存体系。因此，大部分情况下，Dubbo 都是配合 ZooKeeper 注册中心来使用的。

无论使用 ZooKeeper 还是 Redis 作为注册中心，服务注册和服务发现的流程都是相同的，只是存储数据结构以及监听等功能的具体实现不同而已，因此，下文仅选用 ZooKeeper 作为注册中心来举例说明。图 6-4 展示了 Dubbo 注册服务后在 ZooKeeper 注册中心的 Znode 中的存储结构。

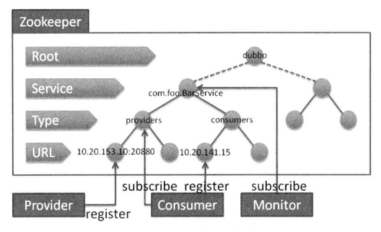

图 6-4 Dubbo 的存储结构

Dubbo 所有的运行时状态信息都会集中存入一个统一的根节点，根节点的名称就是 dubbo。每个服务会以类全称独立创建一个节点，服务节点下会分别创建名为 providers 和 consumers 的子节点，用于存储服务提供者和服务消费者信息，每个服务提供者和服务消费者的副本都会在相应的节点位置创建一个临时节点，该临时节点以 URL 的形式存储当前服务提供者或服务消费者的信息，包括 IP 地址、端口、调用方法等元数据，以及传输协议、最大连接承载数、路由策略等配置信息。另外还有 configurators 和 routers 节点用于存储全局配置和全局路由信息。

服务提供者启动时会在相应服务节点的 providers 节点下写入包含自身信息的 URL 作为临时节点；服务消费者启动时会在相应服务节点的 consumers 节点下写入包含自身信息的 URL 作为临时节点，并且监听 providers 节点的变化。当新的服务提供者加入，或当前服务提供者下线时，所有的服务消费者将通过 ZooKeeper 的监听机制自动感知变化。声明一个最简化的注册中心很容易，以 Dubbo 最常用的 Spring 命名空间的配置方式为例，代码如下。

```
<dubbo:registry address="zookeeper://zk_host:2181" />
```

Dubbo 支持多注册中心同时提供服务，以分组的方式隔离不同的注册中心。只有设置为同一组别的服务才会注册到同一个注册中心下。提供多注册中心需要以 ID 进行区分，声明多注册中心的示例代码如下。

```
<dubbo:registry id="global" address="zookeeper://zk_host:2181" group="global" />
<dubbo:registry id="custom" address="zookeeper://zk_host:3181" group="custom" />
```

前面介绍 ZooKeeper 时提到过，除了原生客户端，还有两个较为常用的第三方客户端，它们是 ZkClient 和 Curator。Dubbo 支持这两种客户端对 ZooKeeper 进行操作，只需在配置注册中心时指明 ZooKeeper 的实现客户端即可，代码如下。

```
<dubbo:registry address="zookeeper://zk_host:2181" client="curator" />
```

6.1.4 负载均衡

Dubbo 采用客户端负载均衡方式，即由服务消费者一方决定将当前通信发送至哪个服务提供者的副本。服务消费者实例启动时会从注册中心同步一份当前有效的服务提供者实例列表，并在服务提供者列表发生变化时更新本地数据副本。每次远程调用发生时，服务消费者都会读取内存中的服务提供者实例列表，并根据合适的负载均衡策略选择一个最合适的服务提供者实例进行访问。

Dubbo 的服务发现和负载均衡机制，使得基于它开发的分布式系统具有弹性好、高可用、性能优的特征。

- 弹性好：基于的服务发现机制可以快速发现服务的扩容与缩容，与相对静态的服务列表配置机制比，它是更加动态、灵活和实时的，这使得基于 Dubbo 开发的服务可以随时被关闭、启动和迁移，也使得应用能够以原生方式利用云环境中资源的弹性伸缩。
- 高可用：Dubbo 是完全去中心化的服务治理方案，在分布式系统运行时，任何节点宕机都不会对服务产生实质性的影响。服务提供者宕机是较为常见的问题，可以与缩容一并处理，不会影响集群的整体服务。注册中心容易被误认为 Dubbo 系统的中心，其实不然，即使注册中心集群整体宕机，也不会影响 Dubbo 应用的运行。因为服务提供者列表是缓存在每一个服务消费者本地的，因此即使不经过注册中心，服务间的远程调用仍然不会中断。不过在注册中心失效期间，服务消费者无法感知新上线的服务提供者,因此无法对系统进行扩容。

- 性能优:采用 Dubbo 协议的服务消费者和服务提供者之间是点对点直连的,连接建立后无须断开,每次远程调用无须重新经过三次握手,也无须经过负载均衡服务器的二次转发,非常适用于互联网后端之间频次高、性能敏感度高的服务交互。

Dubbo 支持随机、轮询、最少活跃调用数和一致性哈希这四种负载均衡策略,也提供扩展点用于定制策略。

随机策略是 Dubbo 默认采用的负载均衡策略。调用量越大分布越均匀,在无状态应用场景下较为适用。

轮询策略能够让流量以绝对均匀的方式分配。但是,如果服务节点处理能力不均衡的话,便会导致大量请求最终阻塞在最短板的服务节点上,从而影响集群的整体运行效果。

最少活跃数调用策略可以使请求响应迅速的服务节点获得更多的请求,使请求响应缓慢的服务节点获得较少的请求。

一致性哈希策略使用一致性哈希算法,使相同的参数总是可以被发送给同样的服务提供者,在服务节点变化时平摊请求,避免请求路由结果发生剧烈变动。一致性哈希算法在分布式缓存等方案中较为常见,无状态服务没有必要使用,但如果服务是有状态的,便可以考虑使用该策略,以降低数据在服务节点间的复制频率。

Dubbo 还为负载均衡策略提供了权重,可以通过配置或 Dubbo 的控制台动态调节权重,控制各个服务节点分配到的请求的数量。

配置负载均衡策略很简单,以下是将接口的负载均衡策略调整为轮询策略的配置代码。

```
<dubbo:reference interface="..." loadbalance="roundrobin" />
```

以下是将某一种方法的负载均衡策略调整为轮询策略的配置代码。

```
<dubbo:reference interface="...">
    <dubbo:method name="..." loadbalance="roundrobin"/>
</dubbo:reference>
```

在服务调用失败时,Dubbo 还提供了失效转移等容错的能力。

6.1.5 远程通信

使用 Dubbo 进行远程调用非常简单,它将多种通信方式及不同的序列化协议进行了统一封装。服务提供者和服务消费者只需在配置中指定使用的协议，便无须关心其他的实现细节了。

在正式介绍通信协议之前，我们需要先明确一下"Dubbo"这个词在不同语境中所表示的不同概念。首先，Dubbo 是这个框架的名字；其次，在 Dubbo 框架中，服务提供者与服务消费者之间可以采用多种协议通信，Dubbo 通信协议便是其中的一种；最后，远程通信时需要对在网络间传输的消息进行序列化和反序列化，Dubbo 序列化协议是 Dubbo 框架所支持的众多序列化协议之一，是其自研的序列化算法。

Dubbo 框架内置了多种通信协议，默认使用 Dubbo 通信协议，其他的协议还有 RMI、Hessian、HTTP、WebService、Thrift、Memcached、Redis 等。每个协议的连接方式、支持的序列化协议、线程模型、消息派发方式等都有很大区别。

Dubbo 通信协议是 Dubbo 框架中最常用的通信协议。它采用 Java NIO 实现多路复用。对于每一个服务消费者来说，Dubbo 协议的服务提供者都会创建固定数量的长连接传输消息，用于有效减少建立连接的握手次数，Dubbo 通信协议使用线程池并发处理请求来增强并发效率。由于连接复用，传输大文件时的带宽占用率高可能会成为系统瓶颈，因此 Dubbo 通信协议适合处理高并发的小数据量互联网请求，不适合处理视频、高清照片这样的大文件或超长字符串。

Dubbo 通信协议并未直接使用 Java 原生的 NIO 包进行开发，它默认采用 Netty 框架进行远程通信，并且可以仅通过配置的变更将远程调用的具体实现方式切换为使用 Mina 或 Grizzly 等其他通信框架，远程调用的实现对使用方完全透明。

Dubbo 通信协议可以支持多种序列化协议，与变更通信框架一样，它也能够仅通过修改配置实现序列化协议的切换。Dubbo 通信协议使用 Hessian 作为默认的序列化协议，除此之外，还支持 Dubbo、JSON 以及 Java 原生的序列化协议。

6.1.6 限流

在实际使用场景中，服务提供者一般远少于服务消费者。如果为每个服务消费者创建单一的连接，在服务消费者数量可控的情况下，服务提供者不太容易被轻易压垮。但如果为每个服务消费者创建独立连接，或者当服务消费者的数量爆发性增长时，就需要在服务提供者端限制最大可接收连接数了，防止自身被压垮。

在 Dubbo 的服务提供者端配置限流参数的代码如下。

```
<dubbo:provider protocol="dubbo" accepts="10" threads="10" connections="10" />
```

其中的 accepts、threads 和 connections 分别表示该服务提供者应用实例的最大可接受连接数、最大线程数，以及每个服务提供者可建立的长连接数。

也可以在通信协议部分进行全局配置，配置代码如下。

```
<dubbo:protocol name="dubbo" port="20880" accepts="1024" />
```

6.1.7　治理中心

运行时环境的 Dubbo 只需具有服务提供者、服务消费者和注册中心就可以正常运转，所有的运行时信息都存储在基于 ZooKeeper 或 Redis 的注册中心中。可以直接通过命令行对注册中心进行查询以获取系统当前的运行状态，也可以通过直接对注册中心的数据进行修改（例如修改权重、禁用某一服务提供者实例、修改负载均衡策略等）以达到控制服务提供者和服务消费者行为的目的。

但是直接通过 ZooKeeper 或 Redis 的原生命令来查询和修改数据并不方便，也容易由于手动失误造成线上事故，因此 Dubbo 提供了治理中心，可以帮助运维工程师查询和调整系统的运行时状态。

Dubbo 治理中心的名字叫作 dubbo-admin，它可以被打包为一个独立的 war 文件，部署至 Tomcat 这类支持 Servlet 标准的 Web 容器中使用。无论是否使用 dubbo-admin，都不会对运行时的 Dubbo 应用产生任何影响，它的作用只是提供一个可视化工具，辅助工程师进行运维相关工作。基于 Dubbo 开发的应用与 Dubbo 治理中心并无直接关联，它们之间无须感知对方的存在，它们仅与注册中心建立关联。

Dubbo 治理中心为服务提供者和服务消费者提供了分组查询、配置更改、加权/降权、禁用/启用、权限控制、负责人管理等运维功能。

6.1.8　监控中心

在复杂的分布式系统中，Dubbo 的服务消费者与服务提供者之间的调用关系相当错综复杂，仅凭治理中心是无法掌握当前系统运行所需的全部数据的。Dubbo 提供了监控中心的接口以及一个名为 dubbo-monitor 的简单实现，dubbo-monitor 可以用于统计和分析调用信息。

Dubbo 的监控中心采用了与治理中心类似的设计思路，dubbo-monitor 宕机不会对线上正在运行的应用产生不良影响。只要监控中心正常运行，就能够以增量的方式统计和分析调用数据。Dubbo 应用间的远程调用信息将被发送至监控中心进行统计，采集的调用信息包括调用的发生时间、耗时、成功与否、来源方、目的地等。监控中心将采集到的数据定时汇总，并将统计结果落盘至其所在的服务器。通过监控中心可以清晰地看到服务的访问总数、成功失败次数，以及每个服务调用耗时的最大值、最小值和平均值的聚合图。

监控中心虽然是 Dubbo 官方提供的一个基于内存计算和本地存储的建议实现版本，但客观来讲，它只适用于演示程序，并不能完全满足线上环境监控和分析的需要。它缺乏完善的调用链路统计功能，因而无法绘制系统的整体调用关系图。对于单次调用而言，它也无法深入钻取 Dubbo 之外的调用信息，例如服务提供者调用数据库的耗时。仅使用 dubbo-monitor 难于完成对系统的综合监控以及对事故的复盘解读。

6.1.9 DubboX 的扩展

DubboX 由当当网开源，X 源于 extensions 一词，是对 Dubbo 的扩展和有益补充。

REST 协议

虽然 Dubbo 框架支持多种通信协议，但缺乏对当今较为流行的 RESTful 风格远程调用的支持，基于 Dubbo 进行二次开发的 DubboX 弥补了这一方面的缺憾。

DubboX 基于标准的 Java REST API——JAX-RS 2.0（Java API for RESTful Web Services），为 Dubbo 提供了透明化的 RESTful 风格支持。在 DubboX 中，仅对通过 Dubbo 开发的应用稍作修改即可支持 REST 协议。

首先对服务提供者实现类添加 JAX-RS 的 API，核心代码如下。

```
@Path("foo")
public class FooServiceImpl implements FooService {

   @GET
   @Path("bar")
   @Consumes({MediaType.APPLICATION_JSON})
   @Override
   public Date bar() {
      return new Date();
   }
}
```

再将 provider.xml 的服务暴露配置修改为 REST 协议，核心代码如下。

```
<dubbo:protocol name="rest" port="8080" />
```

启动程序后，即可通过访问浏览器或执行 curl 命令获取调用结果。通过 REST 协议能够实现异构语言间的调用。

高性能序列化

序列化会对远程调用的响应速度、吞吐量、网络带宽消耗产生较大影响，是提升分布式系统性能最关键的因素之一。

在 Dubbo 通信协议中，常见的序列化方式主要有以下几种。

- Dubbo 序列化：阿里巴巴公司尚未开发成熟的高效 Java 序列化实现，不建议在生产环境中使用。

- Hessian2 序列化：一种跨语言的高效二进制序列化方式。使用 Dubbo 框架修改过的 hessian lite 是 Dubbo 通信协议默认启用的序列化方式。

- JSON 序列化：采用 FastJson 解析 JSON，文本序列化性能不如上面两种二进制序列化性能。

- Java 原生序列化：采用 JDK 自带的 Java 序列化实现，性能不是很理想。

通常情况下，以上四种主要序列化方式的性能从上到下依次递减。对于 Dubbo 通信协议这种追求高性能的远程调用方式来说，只有前两种高效序列化方式与之比较"般配"，而 Dubbo 序列化方式还不成熟，因此实际只剩下 Hessian2 方式可用。Dubbo 通信协议默认采用它作为序列化选型。

但 Hessian2 是一个比较老的跨语言序列化实现方式，并不单独针对 Java 进行优化。而 Dubbo 通信协议是一种 Java 同构语言之间的远程调用，没有必要采用跨语言的序列化方式。

前面介绍的高性能序列化框架，如 Kryo 、Protobuf 等，Dubbo 都没有采用。除了这些，还有专门针对 Java 语言的 FST、跨语言的 Thrift、Avro、MsgPack 等，这些序列化方式的性能都显著优于 Hessian2。

鉴于此，DubboX 引入 Kryo 和 FST 这两种高效 Java 序列化方式来取代 Hessian2，它们与 Dubbo 这样的高性能通信协议更加"般配"。

使用方法非常简单，仅需在 Dubbo 通信协议的配置中声明序列化协议名称即可，核心代码如下。

```
<dubbo:protocol name="dubbo" serialization="kryo"/>
```

或者也可以采用如下方式。

```
<dubbo:protocol name="dubbo" serialization="fst"/>
```

DubboX 是当当网基于 Dubbo 进行增量开发而实现的项目。出于对 Dubbo 的敬意，保留了代码中阿里巴巴的包名，因此无法将代码发布到阿里巴巴的 Maven 中央仓库中。使用者需要自行下载源码编译打包。

Dubbo 凭借远程调用和服务治理功能成为分布式系统的关键组件，并且借助自身优异的性能、较高的质量以及便捷的使用方式在服务化领域占据了一席之地。但服务治理领域所涵盖的内容非常广泛，即使像 Dubbo 这样优秀的项目，也并未完全实现服务治理领域的全部功能。目前，Dubbo 缺乏有效的熔断机制，在调用链路跟踪方面也还有提升的空间。

Dubbo 近年来疏于维护，因此后来居上的 Spring Cloud 渐渐占据了更大的市场份额。不过 Dubbo 团队已经在 2017 年宣布重新开始维护 Dubbo，希望能带来更好的服务化解决方案。

6.2 Spring Cloud

Spring Cloud 提供了一套云原生开发组件，它使用统一的编程模型，为配置管理、服务发现、负载均衡、网关、断路器、控制总线、链路跟踪等微服务治理的非功能性需求提供了完整且便捷的实现方案。

6.2.1 概述

Spring Cloud 是基于 Spring Boot 的嵌入式服务治理框架，它由非常多的子项目组合而成，应用开发者可以根据自己的需求灵活地将各种组件搭配使用。Spring Cloud 遵循以下设计理念。

- 约定优于配置。此理念源于 Spring Boot，建立在工程师熟悉约定的前提下，能够简单、快速、标准化地构建应用。配置文件的格式、存放位置以及配置项的命名规则等都是约定的组成部分。

- 提供声明式的元注解配置方式，隐藏组件具体实现的复杂度。

- 提供丰富的组件。Spring Cloud 提供了大量的与服务治理相关的组件，每种类型的组件，不一定仅提供唯一的实现方案。Spring Cloud 以中立的方式，将各种第三方成熟组件整合进它的套件。

- 灵活的解耦。Spring Cloud 的各种服务治理组件是完全解耦的，可以根据各自业务需要灵活地组合使用。

Spring Cloud 是由各种子项目组成的一整套服务治理解决方案，它的子项目也各自维护着自己的版本号，同时还有很多对不同版本的子项目进行排列组合后的解决方案，因此 Spring Cloud 的版本过多，不太容易维护。

Spring Cloud 的各个组件更新迭代也很快，导致 Spring Cloud 不能仅维护一个主版本，而是要同时更新多个主版本。因此 Spring Cloud 并未采用数字标记主版本号，而是采用 Angel、Brixton、Camden、Dalston、Edgware、Finchley 等名称作为主版本号，版本随着首字母顺序递增。这些主版本号都是伦敦地铁站的名字，图 6-5 展示了伦敦地铁线路图，上面标注了用于 Spring Cloud 版本命名的车站。随着 Spring Cloud 版本越来越多，相信会有更多的伦敦地铁站名"上榜"。感兴趣的读者可以对照伦敦地铁线路图查找一下 Spring Cloud 主版本所对应的地铁站。

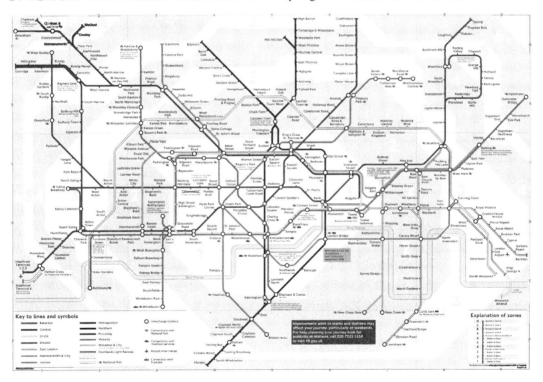

图 6-5　伦敦地铁线路图

随着 Spring Cloud 的迅速发展，Angel 版本与 Brixton 版本已经在 2017 年 7 月停止更新，因此不再建议使用。截至本章完成时，仍然在快速发展的四个版本所对应的组件见表 6-1。

Finchley 是 Spring Cloud 的最新版本，目前大部分组件都处在里程碑阶段，还未发布正式版。

表 6-1 Spring Cloud 四个版本的组件对照表

	Camden.SR7	Dalston.SR4	Edgware.RELEASE	Finchley.M4
spring-cloud-aws	1.1.4.RELEASE	1.2.1.RELEASE	1.2.2.RELEASE	2.0.0.M2
spring-cloud-bus	1.2.2.RELEASE	1.3.1.RELEASE	1.3.2.RELEASE	2.0.0.M3
spring-cloud-cli	1.2.4.RELEASE	1.3.4.RELEASE	1.4.0.RELEASE	2.0.0.M1
spring-cloud-commons	1.1.9.RELEASE	1.2.4.RELEASE	1.3.0.RELEASE	2.0.0.M4
spring-cloud-contract	1.0.5.RELEASE	1.1.4.RELEASE	1.2.0.RELEASE	2.0.0.M4
spring-cloud-config	1.2.3.RELEASE	1.3.3.RELEASE	1.4.0.RELEASE	2.0.0.M4
spring-cloud-netflix	1.2.7.RELEASE	1.3.5.RELEASE	1.4.0.RELEASE	2.0.0.M4
spring-cloud-security	1.1.4.RELEASE	1.2.1.RELEASE	1.2.1.RELEASE	2.0.0.M1
spring-cloud-cloudfoundry	1.0.1.RELEASE	1.1.0.RELEASE	1.1.0.RELEASE	2.0.0.M1
spring-cloud-consul	1.1.4.RELEASE	1.2.1.RELEASE	1.3.0.RELEASE	2.0.0.M3
spring-cloud-sleuth	1.1.3.RELEASE	1.2.5.RELEASE	1.3.0.RELEASE	2.0.0.M4
spring-cloud-stream	Brooklyn.SR3	Chelsea.SR2	Ditmars.RELEASE	Elmhurst.M3
spring-cloud-zookeeper	1.0.4.RELEASE	1.1.2.RELEASE	1.2.0.RELEASE	2.0.0.M3
spring-boot	1.4.5.RELEASE	1.5.4.RELEASE	1.5.8.RELEASE	2.0.0.M6
spring-cloud-task	1.0.3.RELEASE	1.1.2.RELEASE	1.2.2.RELEASE	2.0.0.M2
spring-cloud-vault		1.0.2.RELEASE	1.1.0.RELEASE	2.0.0.M4
spring-cloud-gateway			1.0.0.RELEASE	2.0.0.M4

表格中的项目非常多，其中 spring-cloud-netflix 组件在 Srping Cloud 中最为常用，它封装了 Netflix 开源的一系列与服务治理相关的组件。

图 6-6 展示了 Spring Cloud 的模块组成，Spring Cloud 相关组件被划分为两部分，可以看到，其中几个组件被圈起来，命名为 Netfilx OSS，表示由 Netflix 公司开源的一套微服务框架，其中包括用于服务发现的 Eureka、用于网关的 Zuul、用于限流的 Hystrix 等。这部分之外的则是 Spring Cloud 生态的其他组成部分，除了 Netfilx OSS，还有分布式配置中心任务管理（Task）、数据流（Data Flow）、流处理（Stream）、ZipKin 调用链及其基石 Spring Boot。

由于 Spring Cloud 组件众多，各种组合层出不穷，因此无法用一张图完全描述它的整体架构。图 6-7 是采用 Netflix OSS 作为核心组件的 Spring Cloud 应用架构图。

第 6 章 侵入式服务治理方案　171

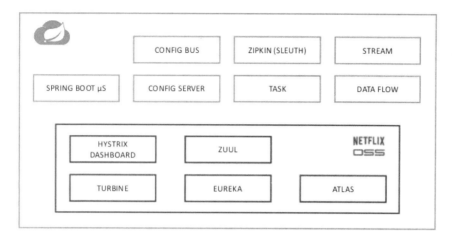

图 6-6　Spring Cloud 模块组成

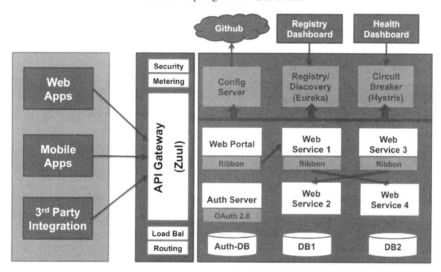

图 6-7　采用 Netflix OSS 作为核心组件的 Spring Cloud 应用架构图

外围服务访问 Spring Could 内部服务，需要统一经过由 Zuul 实现的 API 网关，在网关中可以实现安全控制、调用信息统计度量以及限流等工作。内部服务将配置中心和注册中心分离，通过配置中心进行全局配置的处理工作，通过 Git 仓库实现对配置的统一管理；通过注册中心管理服务运行时状态，完成服务发现工作，注册中心可以选用 Eureka。在每个服务中可以通过 Ribbon 进行负载均衡，与注册中心配合使用实现动态服务发现与负载均衡的功能。每个服务通过 Hystrix 熔断以实现对目标服务的保护。

6.2.2 开发脚手架 Spring Boot

Spring Cloud 是在 Spring Boot 框架的基础上进行增量式开发的。因此，在使用 Spring Cloud 之前，需要对 Spring Boot 进行了解。

▶ 自动装配

Spring Boot 对 Spring 进行封装，通过约定优于配置以及元注解驱动的设计理念可以简单地开发出风格一致的应用程序。Spring Cloud 也完美继承了这两个理念。

Spring Boot 提供内嵌的 Web 服务器并简化了 Spring MVC 配置，提供对数据库、NoSQL、缓存、消息中间件、REST 访问、邮件发送等第三方服务的高度整合，仅使用几行代码就用开发出一个简单的 Web 应用，而使用 Spring 原生开发和配置的方式远达不到相同效果。启动 Spring Boot 的入口应用仅需要一个注解和一行代码，下面是启动入口应用的示例代码。

```
@SpringBootApplication
public class Application {

    public static void main(String[] args) {
        SpringApplication.run(Application.class, args);
    }
}
```

@SpringBootApplication 是@Configuration、@EnableAutoConfiguration 和@ComponentScan 这三个注解的组合。@Configuration 用于标识目标类可以作为 Spring 容器 Bean 的定义来源，@EnableAutoConfiguration 可以自动配置 Spring 上下文，@ComponentScan 会自动扫描包含 Spring 元注解在内的各个 Bean 并自动装配。

通过以上步骤即可随意开发 Spring MVC 的标准实现，Spring Boot 会自动将其加入 Spring 容器，并发布至内嵌的 Web 容器。一个简单的 Spring MVC 的示例代码如下。

```
@RestController
public class Home {

    @RequestMapping("/")
    public String home() {
        return "Hello World";
    }
}
```

暴露端点

Spring Boot 提供的 Actuator 模块用于方便地暴露应用自身的信息，以便监控与管理。在加入 spring-boot-starter-actuator 的相关依赖后，即可通过 HTTP 的方式访问由 Actuator 提供的内部状态端点。Actuator 提供的原生端点分为应用配置信息、度量统计信息和操作控制功能这三种类型。

使用 Spring Boot 虽然带来了便利，但应用采用包扫描和自动装配的配置机制来代替声明式的 XML 配置方式，带来了配置不清晰的问题。Spring Boot 的应用配置信息能够通过端点暴露给最终用户，比较常用的端点有/beans（bean 的运行时报告）、/env（环境属性信息）、/autoconfig（自动化配置信息）、/configprops（属性配置信息）、/mappings（Spring MVC 映射配置信息）等。

度量统计信息提供了应用程序在运行过程中产生的快照度量指标信息和健康指标信息。其中/metrics 端点用于返回当前应用的各项度量指标，包括系统负载、内存使用情况、JVM 堆使用情况、线程运行状况、Web 容器使用情况等。/dump 端点用于暴露应用的线程快照。/trace 端点用于暴露 HTTP 请求的跟踪信息。/health 端点用于暴露应用的各种健康指标，通过自定义 HealthIndicator 的实现类来确定需要暴露的监控指标。自定义健康检查规则的核心代码如下。

```java
@Component
public class MyHealthIndicator implements HealthIndicator {

    @Override
    public Health health() {
        int errorCode = healthCheck();
        if (0 == errorCode) {
            return Health.up().build();
        }
        return Health.down().withDetail("Error Code: ", errorCode).build();
    }

    private int healthCheck() {
        // TODO 监控检测业务逻辑
        return 0;
    }
}
```

操作控制端点可以用于控制程序的运行行为。目前原生端点仅提供/shutdown 端点用于优雅关闭运行中的应用。由于通过控制端点关闭应用是比较危险的事情，因此需要在 Spring Boot 中进行如下配置令控制端点生效。

```
endpoints.shutdown.enabled=true
```

即便如此，开放访问/shutdown 端点仍然风险较大，因此最好可以整合 Spring Security 等安全校验功能，将操作类端点保护起来。

6.2.3 服务发现

Spring Cloud 通过与注册中心协调来实现服务发现，它能够整合多种类型的注册中心。

⬇ 使用 Eureka

使用 Netflix OSS 的 Eureka 作为注册中心，能够更加便捷地启动服务端，只需要以下三步。

1. 将 Eureka 服务端模块（spring-cloud-starter-netflix-eureka-server）加入 pom 依赖。

2. 遵循约定优于配置的理念，将 Eureka 需要的配置信息放在 application.properties 或 application.yml 文件中。以下是官方提供的单节点配置示例。要想了解高可用集群配置方法可查询相关文档。

```yaml
server:
  port: 8761

eureka:
  instance:
    hostname: localhost
  client:
    registerWithEureka: false
    fetchRegistry: false
    serviceUrl:
      defaultZone: http://${eureka.instance.hostname}:${server.port}/eureka/
```

3. 在应用入口程序中增加@EnableEurekaServer 的元注解。由于 Eureka 是一个 war 包，因此需要保证由 Spring Boot 启动的应用要包含内嵌 Web 容器，示例代码如下。

```java
@SpringBootApplication
@EnableEurekaServer
public class Application {

    public static void main(String[] args) {
        new SpringApplicationBuilder(Application.class).web(true).run(args);
    }

}
```

Eureka 客户端能够随着 Spring Cloud 的应用程序一同启动，同样只需要三步。

1．将 Eureka 客户端模块（spring-cloud-starter-netflix-eureka-client）加入 pom 依赖。

2．遵循约定优于配置的理念，将 Eureka 客户端需要连接服务器的配置信息放在 application.properties 或 application.yml 文件中，配置代码如下。

```
eureka:
  client:
    serviceUrl:
      defaultZone: http://localhost:8761/eureka/
```

3．直接启动一个标准的 Spring Boot 应用程序并增加元注解@EnableDiscoveryClient，Eureka 客户端会自动将元信息注册至 Eureka 服务端，示例代码如下。

```
@SpringBootApplication
@EnableDiscoveryClient
@RestController
public class Application {

    @RequestMapping("/")
    public String home() {
        return "Hello world";
    }

    public static void main(String[] args) {
        SpringApplication.run(Application.class, args);
    }
}
```

使用 ZooKeeper

使用 ZooKeeper 作为注册中心，需要应用开发者自行将 ZooKeeper 服务端启动。与 Eureka 不同，ZooKeeper 服务端无法与 Spring Cloud 应用一同启动，它不包含在 Spring Cloud 的管理范畴。

启动 ZooKeeper 后，基于 Spring Cloud 开发的应用若想以 ZooKeeper 作为注册中心进行服务发现就变得非常简单了，与启动 Eureka 客户端的步骤类似，同样也只需要三步。

1．将 ZooKeeper 客户端模块（spring-cloud-starter-zookeeper-discovery）加入 pom 依赖。

2．遵循约定优于配置的理念，将 ZooKeeper 客户端需要连接服务器的配置信息放在 application.properties 或 application.yml 文件中，配置代码如下。

```
spring:
  cloud:
```

```
zookeeper:
  connect-string: localhost:2181
```

3.直接启动一个标准的 Spring Boot 应用程序并增加@EnableDiscoveryClient 的元注解，ZooKeeper 客户端会自动将元信息注册至 ZooKeeper 服务端。示例代码与 Eureka 客户端一致，此处不再赘述。

▶ 使用 Consul

使用 Consul 作为注册中心与使用 ZooKeeper 作为注册中心的步骤完全一致。需要应用开发者自行启动 Consul 服务端。启动 Consul 后，也需要类似的三步。

1.将 Consul 客户端模块（spring-cloud-starter-consul-discovery）加入 pom 依赖。

2.遵循约定优于配置的理念，将 Consul 客户端需要连接服务器的配置信息放在 application.properties 或 application.yml 文件中，配置代码如下。

```
spring:
  cloud:
    consul:
      host: localhost
      port: 8500
```

3.直接启动一个标准的 Spring Boot 应用程序，同样增加@EnableDiscoveryClient 的元注解。

Spring Cloud 通过统一封装极大减小了各种注册中心的使用差异。未来即使如 etcd 等其他第三方组件也可以作为注册中心，也遵循同样的模式进行依赖导入、按照约定方式配置、绑定启动应用程序及注册中心客户端。

由于 Eureka 采用 Java 原生的开发方式，又不似 ZooKeeper 那样需静态指定集群 IP 地址，因此服务端可以方便地与 Spring Cloud 进行整合。并且 Eureka 本就是更加适合用于服务发现的注册中心，因此推荐使用。ZooKeeper 由于被遗留的系统较多采用，因此可以考虑在使用 ZooKeeper 的遗留系统中配合使用 Eureka。

6.2.4 负载均衡

Spring Cloud 封装了 Netflix OSS 的 Ribbon 组件，更加方便地提供了客户端负载均衡的解决方案。它可以自动从 Eureka 中获取服务提供者列表，将负载均衡与服务发现结合起来应用。

使用 Spring Cloud 开发需要进行负载均衡的应用时，只需引用 Ribbon 模块

（spring-cloud-starter-netflix-ribbon）的依赖，并且在使用 RestTemplate 时增加@LoadBalanced 的元注解即可，核心代码如下。

```java
@SpringBootApplication
@RestController
public class Application {

    @LoadBalanced
    @Bean
    RestTemplate restTemplate(){
        return new RestTemplate();
    }

    @Autowired
    RestTemplate restTemplate;

    @RequestMapping("/foo")
    public String foo(@RequestParam(value="name") String name) {
        return restTemplate.getForObject("http://foo/{name}", String.class, name);
    }

    public static void main(String[] args) {
        SpringApplication.run(Application.class, args);
    }
}
```

Spring Cloud 为 Ribbon 的几个用于实现负载均衡策略的接口分别配置了默认实现类，例如，IRule 接口的默认实现类是 ZoneAvoidanceRule，IPing 接口的默认实现类是 DummyPing。当需要定制 Ribbon 的负载均衡策略时，可采用定制 Spring 配置对象的方式。以下是将 IRule 接口的实现类改为 BestAvailableRule，以及将 IPing 接口的实现类改为 PingUrl 的核心代码。

```java
@Configuration
public class MyRibbonConfiguration {

    @Bean
    public IRule ribbonRule() {
        return new BestAvailableRule();
    }

    @Bean
    public IPing ribbonPing() {
        return new PingUrl();
    }
}
```

然后在应用启动时，通过@RibbonClients 指定需要使用的 Ribbon 相关配置即可。

也可以通过 Spring Cloud 一贯的约定优于配置的方式，在 application.yaml 文件中进行配置。Spring Cloud 封装了 Ribbon 的属性配置方式，可以复用 Ribbon 属性名称，并将相关配置注入 Spring 容器。

以下是使用 YAML 方式进行配置的示例代码，foo 是 Ribbon 客户端的名称，它的效果等同于代码配置。

```
foo:
 ribbon:
    NFLoadBalancerRuleClassName: com.netflix.loadbalancer.BestAvailableRule
    NFLoadBalancerPingClassName: com.netflix.loadbalancer.PingUrl
```

当 Spring Cloud 应用同时引入 Ribbon 和 Eureka 依赖时，Ribbon 的服务列表将由 Eureka 负责自动填充和维护。通过对 Spring Cloud 进行简化，即可通过注解加配置的方式实现服务发现与负载均衡的配合使用。

6.2.5　熔断

Spring Cloud 采用 Netflix OSS 的 Hystrix 作为微服务的熔断器，并通过它实现熔断后的业务降级。

使用 Spring Cloud 开发需要熔断的应用时，只需引用 Hystrix 模块（spring-cloud-starter-netflix-hystrix）的依赖，并且声明 @EnableCircuitBreaker 元注解开启熔断，再通过 @HystrixCommand 的元注解声明熔断时的降级调用方法即可，核心代码如下。

```
@Service
public class MyHystrixClient {

    @HystrixCommand(fallbackMethod = "fooFallback")
    public String foo(String message) {
        // 业务处理
        return "";
    }

    public String fooFallback(String message, Throwable throwable) {
        // 错误处理
        return "";
    }
}
```

6.2.6 远程通信

Spring Cloud 采用当前较为流行的 RESTful API 进行服务之间的交互。RESTful API 能够通过 HTTP 协议以及 JSON/XML 数据格式方便地进行服务间交互。

Spring Cloud 整合了 Netfilx OSS 提供的 Feign。Feign 是一个声明式的 Web 服务客户端，可以通过接口和元注解让开发 Web 服务的客户端更加简单。Feign 可以支持 JAX-RS 以及 Spring MVC 这两种元注解，使接口声明更加易懂。它采用 Spring Web 的 HttpMessageConverters 将网络间传输的消息自动编码和解码成对象或 JSON 字符串。同时，Feign 还整合了同为 Netflix OSS 的 Ribbon 和 Hystrix，让使用 Feign 的应用具备负载均衡和熔断的能力，Ribbon 也可以通过自动整合 Eureka 让应用同时具备服务发现能力。这样一来，通过 Feign 便可以非常方便地将服务发现、负载均衡、熔断以及远程调用一站式整合。

在 Spring Cloud 中使用 Feign，需要引用 Feign 模块（spring-cloud-starter-openfeign）的依赖，然后在访问 Web 服务的客户端定义接口并使用元注解，核心代码如下。

```
@FeignClient("foo")
public interface FooClient {

    @RequestMapping(method = RequestMethod.GET, value = "/value/{id}")
    String getValue(@PathVariable("id") Long id);

}
```

通过示例可以看到，通过@FeignClient 声明的接口在访问目标服务时无须编写实现代码，Web 服务客户端也将自动整合 Ribbon，使应用无须额外编码即可获取客户端负载均衡的能力，因此使用了@FeignClient 则无须再使用@LoadBalanced 元注解声明负载均衡。

最后，在 Spring Cloud 的应用入口中声明@FeignClients 元注解即可，核心代码如下。

```
@SpringBootApplication
@EnableFeignClients
public class Application {

    public static void main(String[] args) {
        SpringApplication.run(Application.class, args);
    }

}
```

修改 Feign 的默认配置时，可以在@FeignClient 中指定 name 和 configuration 属性，在 configuration 所指定的类中创建相关的配置 Bean 来覆盖默认属性，核心代码如下。

```
@FeignClient(name = "foo", configuration = FooConfiguration.class)
public interface FooClient {
```

```
        // ...
}
```

可以通过 Bean 来配置的 Feign 配置项有 Decoder、Encoder、Logger、Contract 、Feign.Builder、Client、Logger.Level、Retryer、ErrorDecoder、Request.Options、Collection<RequestInterceptor>、SetterFactory 等。

除了使用配置对象进行配置，还可以通过 application.yml 进行配置，以下是配置名为 foo 的 Feign 客户端的 YAML 配置示例。

```
feign:
  client:
    config:
      foo:
        connectTimeout: 3000
        readTimeout: 3000
        loggerLevel: full
        requestInterceptors:
          - com.example.FooRequestInterceptor
          - com.example.BarRequestInterceptor
```

Feign 与 Hystrix 的整合也十分简单，通过在@FeignClient 元注解中进行 fallback 属性配置，并指向 Hystrix 中用于处理熔断场景的类即可。实现 Feign 和 Hystrix 整合的核心代码如下。

```
@FeignClient(name = "foo", fallback = HystrixFooClientFallback.class)
public interface HystrixFooClient {

    @RequestMapping(method = RequestMethod.GET, value = "/value/{id}")
    String getValue(@PathVariable("id") Long id);
}
```

Hystrix 的熔断降级需要实现 Feign 声明的接口，核心代码如下。

```
public class HystrixFooClientFallback implements HystrixFooClient {

    @Override
    public String getValue(Long id) {
        return "";
    }
}
```

落地侵入式服务框架的难点主要在于其对业务系统具有侵入性，而并非技术上的问题。侵入式服务框架会或多或少地改变业务应用的开发方式，例如，在开发阶段需要引入注册中心、负载均衡策略等概念，这样做会增加应用开发的复杂度。开发框架的成本非常高，因此在对新方案进行推广和升级的时候，往往会受到来自业务开发部门的阻力。

第 7 章
云原生生态的基石 Kubernetes

谈到 Kubernetes 就不得不谈到容器。几年前容器技术大热，现在基本归于平淡，之前大家提到的容器通常是指 Docker 容器，甚至很多人认为容器就等同于 Docker，还有很多人像操作虚拟机一样使用容器。

Kubernetes 是 Google 基于其内部使用的 Borg 改造而成的一个通用容器编排调度器，于 2014 年被发布到开源社区，并于 2015 年被捐赠给 Linux 基金会下属的云原生计算基金会（CNCF），Kubernetes 也是 GIFEE（Google Infrastructure For Everyone Else）中的一员，GIFEE 中的其他成员还有 HDFS、HBase、ZooKeeper 等。

CNCF 中托管的项目一般会遵循一套完善的成长流程，毕竟经过沙盒、孵化和毕业这三个阶段。Kubernetes 是 CNCF 托管的所有项目中第一个成功毕业的项目，整个 CNCF 技术栈都是围绕它而建立的。Kubernetes 是云原生项目中最重要的组件，其目标不仅仅是成为一个编排系统，更是为用户提供一个规范，让用户可以描述集群的架构，定义服务的最终状态，并让系统自动维持在这个状态。

现如今，云服务已经可以为我们提供非常稳定的基础设施了，但是业务上云却成了一个难题。Kubernetes 的出现与其说是为了提供最初的容器编排解决方案，倒不如说是为了解决应用上云（即实现云原生应用）这个难题。CNCF 中托管的一系列项目致力于对云原生应用的整个生命周期进行管理，通过开源软件为用户提供部署平台、日志收集、Service Mesh（服务网格）、服务发现、分布式追踪、监控、安全等各个领域的解决方案。

7.1 Kubernetes 架构

谈到云计算就必然谈到分布式，Kubernetes 作为云原生计算的基础组件，本身也采用了分布式架构。图 7-1 展示了 Kubernetes 的架构。

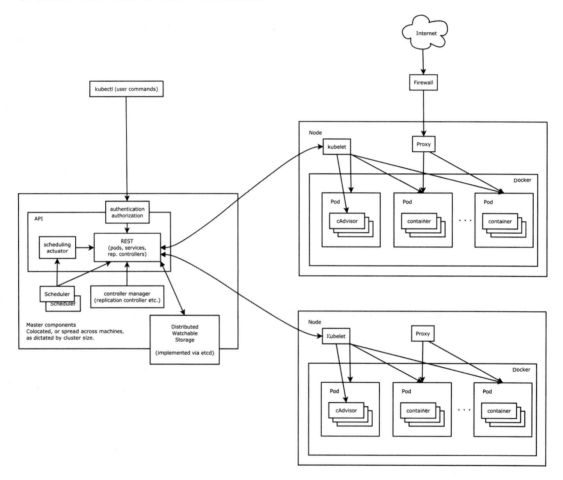

图 7-1　Kubernetes 的架构

Kubernetes 主要由以下几个核心组件构成。

- etcd：协同存储，负责保存整个集群的状态，通常会部署奇数个节点以保证高可用性。
- API：提供了资源操作的唯一入口，并提供认证、授权、访问控制、API 注册和发现等机制。

- controller manager：负责维护集群的状态，执行故障检测、自动扩展、滚动更新等操作。
- Scheduler：负责资源的调度，按照预定的调度策略将 Pod 调度到相应的机器上。
- Kubelet：作为工作节点负责维护容器的生命周期，同时也负责对容器存储接口（CSI）和容器网络接口（CNI）进行管理。
- 容器运行时（对应图 7-1 中的 Docker）：负责镜像管理，实现 Pod 和容器的真正运行。
- Proxy：负责提供集群内部的服务发现和负载均衡。

除了核心组件，Kubernetes 中还有一些推荐使用的插件，其中有的已经成为 CNCF 中的托管项目，具体如下。

- CoreDNS：负责为整个集群提供 DNS 服务。
- Ingress Controller：负责为服务提供外网入口。
- Prometheus：负责资源监控。
- Dashboard：负责提供 GUI。
- Federation：负责提供跨可用区的集群。

7.2 分层设计理念及架构模型

Kubernetes 的架构设计理念与 Linux 的分层架构设计理念类似，图 7-2 展示了 Kubernetes 分层架构模型。

如图 7-2 所示，Kubernetes 分层架构中包含以下几部分。

- 核心层：Kubernetes 的核心，负责对外提供 API 构建高层应用，对内提供插件式应用执行环境。
- 应用层：负责部署和路由，可部署的应用包括无状态应用、有状态应用、批处理任务、集群应用等，路由的类型主要有服务发现、DNS 解析等。
- 管理层：负责自动化（如自动扩展、动态部署等），以及策略（RBAC、ResourceQuota、NetworkPolicy 等）管理。

图 7-2　Kubernetes 分层架构模型

- 接口层：主要包括 kubectl 命令行工具、客户端 SDK 等用于客户端操作的库，以及集群联邦等实用工具。

- 云原生生态系统：接口层之上的负责容器集群管理调度的生态系统，该系统可以划分为两个范畴。

- Kubernetes 内部：包括 CRI（容器运行时接口）、CNI（容器网络接口）、CSI（容器存储接口）、镜像仓库、云供应商、身份供应商等。

整个云原生的生态都是以 Kubernetes 为基石构建的，Kubernetes 自诞生以来便迅速发展，正在向原有的非云原生领域扩张。

7.3　设计哲学

Kubernetes 之所以能够如此快速地发展，不仅是因为其背后有 Google 公司的大力支持和繁荣社区的全力协助，更是因为它本身蕴含着优秀的设计哲学。Kubernetes 并未采用常见的命令式设计模式，而是采用了声明式设计模式。

由于云原生应用程序是面向在云环境中运行的应用程序而设计的，因此，云原生应用及其基础设施，与传统应用的交互方式并不相同。在云原生应用程序中，与任何事物进行通信都是通过网络实现的，用户编写 YAML 格式的应用程序编排文件，然后 Kubernetes 将其转换为 JSON

格式，并通过 RESTful HTTP 的方式与 API Server 进行通信。Kubernetes 组件本身则通过 gRPC 进行通信。

传统的应用程序通常通过消息队列、共享存储或触发 shell 命令的本地脚本来自动执行任务，通过对发生的事件做出响应（例如，用户点击【提交】按钮或是运行部署脚本）来完成交互。

Kubernetes 的控制器一直监听 API Server。一旦发现有应用状态变更，就会声明一个新的状态，并相信 API Server 和 kubelet 会进行必要的操作来调整应用状态，直至与声明的状态一致为止。

声明式通信规范了通信模型，一系列 API 声明规范了应用程序的部署原语，并且将功能实现从应用程序中转移到了远程 API 或服务端点上，从而让应用程序达到预期状态。这样有助于简化应用程序，并使它们的行为更具可预测性。

运行云原生应用程序的基础设施与传统应用程序的基础设施不同。基础设施不仅仅提供了应用运行所需的资源，还承担了许多对应用程序进行生命周期管理时的责任。

Kubernetes 优秀的分布式架构设计，给用户提供了众多可扩展的接口，可以让用户很方便地扩展自己的运行时、网络和存储插件，同时还可以让用户通过 CRD 管理自己的分布式应用。采用 CRD 声明式配置方式时，用户可以利用 Kubernetes 的原语快速编排出一个云原生应用。

云原生应用程序通过将应用分解为更小的服务来降低代码复杂性，并且可以借助统一的日志、监控、审计平台加强应用程序的可观察性，Kubernetes 仅实现了应用程序的部署和资源调度，因此还需要一些新的工具来自动管理激增的服务和应用生命周期中的其他阶段，例如，使用 Ballerina、Pulumi 这样的云原生编程语言便可以简化基于 Kubernetes 平台的微服务应用的集成。

7.4 Kubernetes 中的原语

7.4.1 Kubernetes 中的对象

在 Kubernetes 系统中，对象是持久化的条目。Kubernetes 使用这些条目来表示整个集群的状态。Kubernetes 中的对象描述了如下信息。

- 哪些容器化应用在运行，运行在哪个 Node 上。

- 与应用表现相关的策略，比如重启策略、升级策略、容错策略。

Kubernetes 中的对象是"目标状态的声明"，这是指，一旦对象被创建，Kubernetes 将持续工作以确保对象存在。通过创建对象，可以明确告知 Kubernetes 所需要的集群工作负载应该是什么样子的，即明确 Kubernetes 集群的期望状态。

与 Kubernetes 对象交互（创建、修改或删除）时，需要使用 Kubernetes API。其他的客户端最终都将转化为 Kubernetes API 进行调用，例如 Kubernetes 提供的 kubectl 命令行接口以及 Go 语言客户端库。其他语言库（如 Python 语言库）的客户端目前也在开发中。

表 7-1 列举了 Kubernetes 中的常见对象，它们都能够作为一种 API 类型在 YAML 文件中进行配置。

表 7-1　Kubernetes 中的常见对象

类　　别	名　　称
资源对象	Pod、ReplicaSet、ReplicationController、Deployment、StatefulSet、DaemonSet、Job、CronJob、HorizontalPodAutoscaling、Node、Namespace、Service、Ingress、Label、CustomResourceDefinition
存储对象	Volume、PersistentVolume、PersistentVolumeClaim、Secret、ConfigMap
策略对象	SecurityContext、ResourceQuota、LimitRange
身份对象	ServiceAccount、Role、ClusterRole

7.4.2　对象的期望状态与实际状态

每个 Kubernetes 对象中包含两个嵌套字段：spec 和 status。spec 描述了对象的期望状态，即用户希望对象所具有的特征，由用户通过配置提供。status 描述了对象的实际状态，由 Kubernetes 负责提供和更新。

在任何时刻，Kubernetes 控制平面均处于活跃状态，管理对象的实际状态使其与用户所期望的状态匹配。例如，Kubernetes Deployment 对象能够表示运行在集群中的应用，当创建 Deployment 对象时，需要设置 spec，指定该应用需要运行的副本数量。Kubernetes 通过读取 Deployment 对象的 spec，启动用户配置的应用实例，并更新其 status 使之与 spec 相匹配。如果运行实例中有状态变更，Kubernetes 便会调整 spec 和 status 之间的不一致，例如启动一个新的实例来替换已失效的当前实例。

7.4.3 描述 Kubernetes 对象

Pod 是 Kubernetes 中的基本调度单位，就像每个应用容器一样，Pod 也是非持久的实体。创建 Pod 后，会给它分配一个唯一的 UID，将其调度到运行节点上，并让它一直维持期望的状态，直至被终止（根据重启策略）或被删除。

如果运行节点宕机，则分配到该节点上的 Pod 在经过一个超时周期后将被重新调度至其他运行节点上。一个给定的 Pod（如通过 UID 定义的）不会被"重新调度"到新的节点上，而是会被一个同样的 Pod 取代，这两个 Pod 甚至可以有相同的名字，但是 UID 不同。Kubernetes 中的所有其他高级资源对象，如 Deployment、StatefulSet 等，都是将某些使用场景抽象成 Pod 具体行为的一种描述。

当创建 Kubernetes 对象时，必须提供该对象所需的 spec 用于描述该对象的期望状态，以及关于该对象的一些基本信息（如名称）。当使用 Kubernetes API 创建对象时，无论是直接创建，还是基于 kubectl 来创建，API 请求必须在请求体中包含 JSON 信息。更常见的是在 YAML 文件中为 kubectl 提供这些信息，kubectl 在执行 API 请求时会将这些信息转换成 JSON 格式。

下面是一个 YAML 示例文件，展示了 Kubernetes Deployment 的必需字段和对象 spec。

```yaml
apiVersion: apps/v1beta1
kind: Deployment
metadata:
  name: nginx-deployment
spec:
  replicas: 3
  template:
    metadata:
      labels:
        app: nginx
    spec:
      containers:
      - name: nginx
        image: nginx:1.7.9
        ports:
        - containerPort: 80
```

通过使用 kubectl 命令行接口（CLI）中的 kubectl create 命令传递 yaml 参数，即可向 Kubernetes 发送命令，示例代码如下。

```
$ kubectl create -f docs/user-guide/nginx-deployment.yaml --record
```

执行以上命令，输出的结果如下。

```
deployment "nginx-deployment" created
```

在期望创建的 Kubernetes 对象所对应的 YAML 文件中，我们还需要配置以下字段。

- apiVersion：创建该对象所使用的 Kubernetes API 版本。

- kind：期望创建的对象类型。

- metadata：帮助识别对象唯一性的数据，包括一个 name 字符串、UID 和可选的 Namespace。

spec 的精确格式对每个 Kubernetes 对象来说是不同的，它们包含了该对象专属的嵌套字段。Kubernetes API 能够帮助用户找到任何期望创建的对象的 spec 格式。

7.4.4 服务发现与负载均衡

Kubernetes 在设计之初就充分考虑了针对容器的服务发现与负载均衡机制，提供了 Service 资源，并通过 kube-proxy 配合云供应商来适应不同的应用场景。随着 Kubernetes 用户的激增以及用户场景的不断丰富，又产生了一些新的负载均衡机制。目前，Kubernetes 中的服务发现和负载均衡机制大致可以分为以下几种，每种机制都有其特定的应用场景。

- Service：直接使用 Service 提供集群内部的负载均衡，并借助云供应商提供的负载均衡器将集群服务暴露出来供外部客户端访问。

- Ingress：依然使用 Service 提供集群内部的负载均衡，但是要自定义负载均衡器让外部客户端访问集群的服务，常见的有 Traefik Ingress Controller、Nginx Ingress Controller 等。

- Custom Load Balancer：采用自定义负载均衡替代 kube-proxy，一般在对 Kubernetes 进行物理部署时使用，方便接入公司已有的外部服务，也可以使用 Service Mesh 来替代。

以上是最基本的服务发现和负载均衡机制，另外还有很多其他服务注册和发现的工具，如 Consul，也可以方便地与 Kubernetes 进行集成。

7.4.5 安全性与权限管理

Kubernetes 是一个多租户的云平台，因此必须对用户权限加以限制，对用户空间进行隔离。Kubernetes 中的隔离主要包括以下几种类型。

- 网络隔离：需要使用基于 CNI 协议的网络插件，如 Flannel、Calico。

- 资源隔离：Kubernetes 原生支持资源隔离，Pod 就是资源隔离和调度的最小单位，同时，Kubernetes 还能够使用 Namespace 限制用户空间和资源限额。

- 身份隔离：使用 RBAC（Role-Based Access Control，基于角色的权限访问控制）对多租户的身份和权限进行控制。

Kubernetes 的资源隔离也能保证集群资源的利用率最优。图 7-3 展示了 Kubernetes 的资源隔离层次。

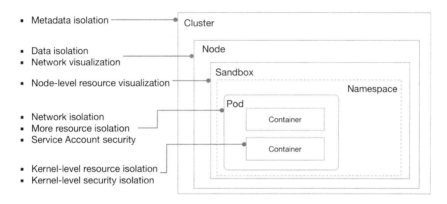

图 7-3　Kubernetes 的资源隔离层次

下面我们来具体解释一下图 7-3 中的各层。

- Container：容器内核级别的资源隔离和安全性隔离。

- Pod：Namespace 以及共享网络的隔离。使用如 Flannel、Calico 等网络插件可以为每个 Pod 分配一个集群内唯一的 IP 地址，实现跨节点的互联访问。使用 Service Account 可以为 Pod 分配账户，使用 RBAC 可以为 Pod 分配角色和绑定权限。

- Sandbox：运行节点级别的资源隔离，是对最小资源调度单位的抽象。

- Node：网络隔离。每个节点间的网络是隔离的，可以使用节点的 IP 地址互联。

- Cluster：元数据隔离。使用 Federation 可以将不同的集群联合在一起。

7.4.6　Sidecar 设计模式

容器因其环境隔离特性以及轻量级特性而获得了开发人员的"芳心"，又因为它能将应用封装成独立的镜像交付，因此在 DevOps 中也流行开来，大大加快了软件的开发、迭代、交付速度。而 Kubernetes 中独有的 Pod 模式，又为基于容器的设计模式带来了诸多便利。Kubernetes 中所推崇的微服务，是指在每个容器中运行一个微服务，每个微服务只有一个进程。

但是在有些情况下，我们可以启动一个旁侧容器来辅助非功能需求，例如，拦截所有应用程序的流量出入来进行审计、权限认证和流量管理等。将应用程序的功能划分为单独的进程，这种方式被称为 Sidecar 模式。

Sidecar 进程与主应用程序是松散耦合的，它的主要理念是将代理进程作为 Sidecar，并且与应用程序运行在同一个 Pod 中。因此，Sidecar 设计模式允许用户为应用程序添加功能，而无须引入额外的第三方组件的配置和代码。目前，Sidecar 设计模式在 Service Mesh 中被进一步发扬光大了。

Sidecar 模式的优势主要有以下几点。

- 透明化：Pod 中的容器对基础设施可见，以便基础设施能够为这些容器提供服务，例如进程管理和资源监控。

- 解耦软件依赖：每个容器都能够进行版本管理，并且可以独立地编译和发布。未来 Kubernetes 甚至可能支持单个容器的在线升级。

- 使用便捷：用户不必运行自己的进程管理器，也无须担心信号传播错误等问题。

- 效率提升：由基础设施承担更多工作，容器会变得更加轻量级。

在关于 Service Mesh 章节中，读者将会深入理解 Sidecar 的强大作用。

7.5　应用 Kubernetes

Kubernetes 作为云上的操作系统，能够保证用户的应用在不同的云环境中使用相同的描述语言。从理论上来讲，所有可以容器化、支持弹性伸缩的分布式应用都可以部署到 Kubernetes 集群中。关于 Kubernetes 的详细配置，各位读者可以参考网络上的资源。

如果用户希望将大量的遗留应用迁移至 Kubernetes 集群中,应该如何操作呢?下面是简要的步骤,其中有些步骤可以通过 CI/CD 工具进行简化。

1．将原有的应用拆解为服务。

2．定义服务接口/API 的通信方式。

3．编写启动脚本作为容器进程的入口。

4．准备应用的配置文件。

5．将应用容器化并制作容器镜像。

6．准备 Kubernetes 所使用的 YAML 文件。

7．如果有外置的配置文件,需要创建 ConfigMap 或 Secret 存储。

合理使用 Kubernetes 能够真正践行 DevOps 的理念。Kubernetes 能够让开发工程师掌握自己的开发环境和测试环境,并且使所有的环境保持一致,进而提升开发效率,让监控更加精准。

以下是 Kubernetes 的简要应用指南。

- 根据环境(如开发环境、测试环境、生产环境)划分 Namespace,也可以根据项目来划分。

- 为每个用户划分独立的 Namespace,并且创建独立的 Service Account 和 kubeconfig 文件。隔离不同 Namespace 之间的资源,但不进行网络隔离,使不同 Namespace 间的服务可以互相访问。

- 创建 YAML 模板,降低编写 Kubernetes YAML 文件的难度。

- 在 kubectl 命令上再封装一层,增加用户身份设置和环境初始化操作,简化 kubectl 命令和常用功能。

- 管理员通过 Dashboard 查看不同 Namespace 的状态,也可以通过它简化相关的运维操作。

- 将所有的应用日志统一收集到 Elasticsearch 中,统一日志访问入口。

- 可以通过 Grafana 查看所有 Namespace 中的应用的状态和 Kubernetes 集群本身的状态。

- 需要持久化的数据要保存在分布式存储中，例如保存在 GlusterFS 和 Ceph 中。

7.6 Kubernetes 与云原生生态

Kubernetes 乘着 Docker 和微服务的东风，一经推出便迅速受到关注，因为它的很多设计思想都契合了微服务和云原生应用的设计法则。Kubernetes 最大的作用是形成了事实上的"云操作系统"标准，以及定义了云应用的规范模型，所有的云原生应用必须遵循它的定义才能够部署和实施。

虽然 Kubernetes 已经足够强大，但仍然缺失一个重要能力——微服务治理能力。相比于单体式应用，微服务在带来更加轻量级且纯粹的应用系统的同时，也增加了部署和运维的成本，并且对微服务的可观察性也有更高的要求。其中，如 Istio 这样的 Service Mesh 技术便成了解决云原生中的连接、保护、控制和观察服务的重要基础设施。

另外，Kubernetes 本身并未提供 CI/CD 流程，而 CI/CD 的相关产品是操作系统上层不可或缺的实用工具和管理工具。因此，一大批新兴的云原生工具慢慢出现，并且正在逐渐完善用户体验。

7.6.1 下一代云计算标准

Google 通过将云应用进行抽象和简化而形成了 Kubernetes，其中的各种概念对象（如 Pod、Deployment、Job、StatefulSet 等）已然成了云原生应用中的通用型可移植模型。

Kubernetes 作为云应用的部署标准，直接面向业务应用，可极大提高云应用的可移植性，进而解决云供应商的问题。它让云应用具有跨云无缝迁移的能力，甚至可以用来管理混合云。目前来看，Kubernetes 有很大希望成为下一代云计算的新标准。

7.6.2 当前存在的问题

如果 Kubernetes 被企业大量采用，将会重塑企业的 IT 价值，使 IT 成为影响业务速度和健壮性的中流砥柱。但是，对于 Kubernetes 来说，若想使它真正落地，目前还存在诸多问题，具体如下：

- 部署和运维复杂，运维人员往往需要经过专业培训才能够掌握 Kubernetes 的使用之道。
- 企业的组织架构需要向 DevOps 转型，很多问题并非技术复杂导致的，而是由管理手段不得当所致。

- 对于服务级别（尤其是微服务）的治理不足，暂时还没有一套切实可行且可落地的完整微服务治理方案。

- 对上层应用的支持不够完善，我们需要编写大量的 YAML 文件，这样一来管理成本较高。

- 当前很多传统应用可能不适合迁移至 Kubernetes，或者迁移成本太高，这样一来，能够落地的项目不多，会影响 Kubernetes 的大规模推广。

以上是企业真正落地 Kubernetes 时将会遇到的棘手问题。针对这些问题，Kubernetes 社区也在积极解决，社区已经成立了多个 SIG（Special Interest Group，特殊兴趣小组），专门负责解决不同领域的问题。很多初创公司和云供应商们正虎视眈眈地觊觎着这巨大的市场份额。

7.6.3 未来趋势

在云原生生态圈的发展历程中，有以下几个关键点，我们一起来看一下。

- 引入服务网格（Service Mesh）：在 Kubernetes 上实现微服务架构以及进行服务治理时，Service Mesh 是必需的组件。

- 落地无服务器架构（Serverless）：以 FaaS 为代表的无服务器架构将会逐渐流行。

- 加强数据服务承载能力：我们可以通过在 Kubernetes 上运行大数据应用来实现这一点。

- 简化应用部署与运维：包括简化云应用的监控、日志收集分析等。

上面提到的服务网格、无服务器架构、数据服务承载能力、部署与运维，这些概念目前在 Kubernetes 生态中已经存在，但是仍然有待加强。若能实现以上几点，我们就能够解决上文中提到的当前云生态中存在的问题。

目前，大部分容器云提供的服务大同小异，主要针对云平台管理、容器应用生命周期管理、DevOps、微服务架构等方面。这些大多是对原有应用的部署和资源申请流程的优化，并未成为"杀手级"的服务，它们依然是原有容器时代的产物。而容器云进化到云原生这一高级阶段之后，容器技术将成为云平台的基础。虽然各大厂商都声称已经具有全面的功能，但是在推行容器技术时，依然需要结合企业的具体应用场景进行优化。

现今的 IaaS（Infrastructure as a Service，基础设施即服务）运营商主要提供基础架构服务，如虚拟机、存储设备、数据库等，这些基础架构服务仍然会使用现有的工具（如 Chef、Terraform、Ansible 等）来进行管理。Kubernetes 则能够直接在裸机上运行，并结合 CI/CD 成为 DevOps 的得力工具，进而成为工程师部署应用的首选。Kubernetes 也将成为 PaaS（Platform as a Service，平台即服务）的重要组成部分，为开发者提供简单的应用程序部署方法。但是，开发者可能不会直接与 Kubernetes 或 PaaS 交互，实际的应用部署流程将在自动化持续集成工具（如 Jenkins）中完成。

第 8 章
跨语言服务治理方案 Service Mesh

8.1 Service Mesh 概述

Service Mesh 是新兴的微服务架构,被誉为下一代微服务,同时也是云原生技术栈的代表技术之一。

8.1.1 Service Mesh 的由来

2016 年 1 月,离开 Twitter 公司的基础设施工程师 William Morgan 和 Oliver Gould 在 GitHub 上发布了 Linkerd 0.0.7 版本,他们同时组建了一个小型创业公司 Buoyant,业界第一个 Service Mesh 项目就此诞生。

2016 年年初,Service Mesh 还只是 Buoyant 公司的内部项目,而在那之后,随着 Linkerd 的开发和推广,Service Mesh 开始逐步走向社区并被广泛接受、喜爱、推崇。

- 2016 年 9 月 29 日,在 SF Microservices 大会上,"Service Mesh" 这个词第一次在公开场合被使用,这标志着 Service Mesh 这个术语正式从 Buoyant 公司走向社区。

- 2016 年 10 月,Alex Leong 开始在 Buoyant 公司的官方博客中连载 *A Service Mesh for Kubernetes* 系列博文。随着"The services must mesh"口号被喊出,Buoyant 开始了 Service Mesh 的布道。

图 8-1　SF Microservices 大会

- 2017 年 1 月 23 日，Linkerd 加入 CNCF，项目类型被定义为"Service Mesh"。这是 Service Mesh 发展历程中的重要事件，代表着 CNCF 社区对 Service Mesh 理念的认同。

- 2018 年 7 月，CNCF 社区正式发布了云原生定义 1.0 版本，非常明确地指出，云原生代表技术包括容器、服务网格（Service Mesh）、微服务、不可变基础设施和声明式 API，至此 Service Mesh 技术被放到了一个前所未有的高度上。

从 2016 年到 2018 年，两年左右的时间里，Service Mesh 经历了从无到有，再到被社区广泛接受，乃至被人追捧的过程。

8.1.2　Service Mesh 的定义

Service Mesh 的定义最早是由出品 Linkerd 的 Buoyant 公司的 CEO William 在他的经典博客文章 *What's a service mesh? And why do I need one?* 中给出的。Linkerd 是业界第一个 Service Mesh 项目，而 Buoyant 则创造了 Service Mesh 这个词汇。作为 Service Mesh 全球第一位布道师，William 给出的这个定义是非常官方和权威的，具体如下。

> A service mesh is a dedicated infrastructure layer for handling service-to-service communication. It's responsible for the reliable delivery of requests through the complex topology

of services that comprise a modern, cloud native application. In practice, the service mesh is typically implemented as an array of lightweight network proxies that are deployed alongside application code, without the application needing to be aware.

服务网格是一个基础设施层，用于处理服务间通信。现代云原生应用有着复杂的服务拓扑结构，服务网格负责在这些拓扑结构中实现请求的可靠传递。在实践中，服务网格通常被实现为一组轻量级网络代理，它们与应用程序部署在一起，对应用程序是透明的。

8.1.3　Service Mesh 详解

下面我们将深入了解 Service Mesh 的具体部署模型和工作方式，以便更好地理解 Service Mesh 的含义。

▶ 单个服务调用

图 8-2 是单个服务调用下的 Service Mesh 部署模型，当发起一个请求时，作为请求发起者的客户端应用实例会首先通过简单方式将请求发送到本地的 Service Mesh 代理实例。注意此时应用实例和代理实例是两个独立的进程，它们之间的通信方式是远程调用，而不是代码层面的方法调用。

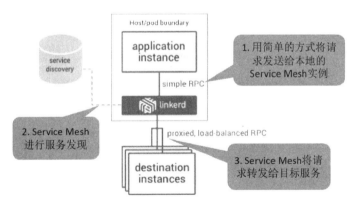

图 8-2　单个服务调用下的 Service Mesh 部署模型

然后，Service Mesh 的代理实例会完成完整的服务间通信的调用流程，如服务发现、负载均衡等基本功能，熔断、限流、重试等容错功能，以及各种高级路由功能，安全方面的认证、授权、鉴权、加密等，最后将请求发送给目标服务。最终表现为 Sidecar 模式，实现和传统类库类似甚至比传统类库更完备的功能。

Sidecar 这个词译为"边车"或者"车斗"。Sidecar 模式早在 Service Mesh 出现前就在软件开发领域中被使用了，它的灵感来源于实物，通过在原有的两轮摩托的一侧增加一个边车来实现对原有功能的扩展，见图 8-3。

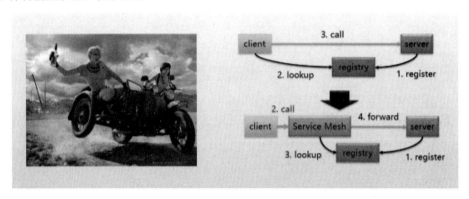

图 8-3　Sidecar 的灵感

Service Mesh 通过在请求调用的路径中增加 Sidecar，将原本由客户端完成的复杂功能下沉到 Sidecar 中，实现对客户端的简化和服务间通信控制权的转移。

多个服务调用

如图 8-4 所示，当多个服务依次调用时，Service Mesh 表现为一个单独的通信层。在服务实例之下，Service Mesh 接管整个网络，负责所有服务间的请求转发，从而让服务只需简单地发送请求和处理请求，不必再负责传递请求的具体逻辑。中间服务间通信的环节被剥离出来，变为一个抽象层，称为服务间通信专用基础设施层。

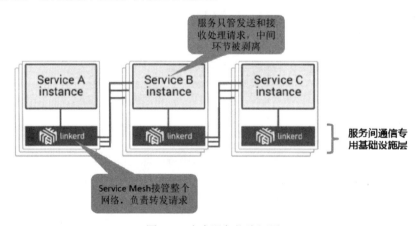

图 8-4　多个服务依次调用

大量服务调用

当系统中存在大量服务时,服务间的调用关系就会表现为网状。如图 8-5 所示,在每个"格子"中左边的是应用程序,右边的是 Service Mesh 的 Sidecar,Sidecar 之间的线条表示服务之间的调用。可以看到,Sidecar 之间的服务调用关系形成了一个网络,这也就是 Service Mesh(服务网格)名字的由来。

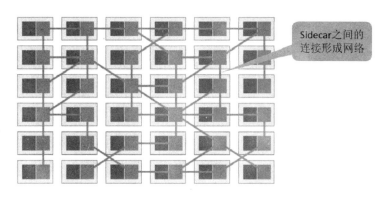

图 8-5 大量服务调用

此时 Service Mesh 依然表现为一个通信层,只是这个通信层的内部更加复杂,服务之间的关系不再是简单的顺序调用,而是彼此相互调用,最终形成网状。

Service Mesh 定义回顾

再来回顾一下 Service Mesh 的定义,详细理解什么是 Service Mesh。

- 抽象:Service Mesh 是一个抽象层,负责完成服务间通信。但是和传统类库方式不同的是,Service Mesh 将这些功能从应用中剥离出来,形成了一个单独的通信层,并将其下沉到基础设施层。

- 功能:Service Mesh 负责实现请求的可靠传递,从功能上来说和传统的类库方式并无不同,原有的功能都可以继续提供,甚至可以做得更好。

- 部署:Service Mesh 在部署上体现为轻量级网络代理,以 Sidecar 模式和应用程序一对一部署,两者之间的通信是远程调用的,但是要通过 Localhost。

- 透明:Service Mesh 对应用程序是透明的,其功能实现完全独立于应用程序。应用程序无须关注 Service Mesh 的具体实现细节,甚至对 Service Mesh 的存在也可以无感知。

这样带来的一个巨大优势是，Service Mesh 可以独立部署升级、扩展功能、修复缺陷，而不必改动应用程序。

图 8-6 对 Service Mesh 的定义给出了概括和总结，需要注意的是，如果把应用程序去掉，只呈现出 Sidecar 和 Sidecar 之间的调用关系，这个时候 Service Mesh 的概念就会特别清晰：Sidecar 和调用关系形成完整的网络，代表服务间复杂的调用关系，承载着系统内的所有应用。

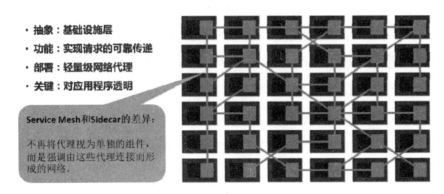

图 8-6　Service Mesh 定义的概括与总结

图 8-6 体现了 Service Mesh 定义中非常重要的一点，和传统的 Sidecar 模式不同的是，Service Mesh 不再将代理视为单独的组件，而是强调由这些代理连接而形成的网络。Service Mesh 非常强调服务间通信网络的整体，而不是简单地以个体的方式单独看待每个代理。

至此，我们描述了 Service Mesh 的定义并进行了详细的解释，希望可以帮助各位读者理解什么是 Service Mesh。

8.2　Service Mesh 演进历程

本节我们将详细追溯 Service Mesh 技术的起源、发展，以及一步一步的演进历程。

需要注意的是，虽然 Service Mesh 这个词汇直到 2016 年 9 月才出现，但是和 Service Mesh 一脉相承的技术很早就出现了，这些技术经过长期的发展和演变形成了今天的 Service Mesh，这个演进的过程目前也还在进行着。

8.2.1　远古时代的案例

早在微服务出现之前，即计算机的"远古时代"，在第一代网络计算机系统中，最初一代的开发人员便需要在应用代码里处理网络通信的细节问题，比如数据包顺序、流量控制等问题，这种编码方式导致网络通信逻辑和业务逻辑混杂在一起。为了解决这个问题，TCP/IP 技术出现了，流量控制问题得到了解决，网络通信功能变成了通用功能。

从图 8-7 中可以看到，TCP/IP 出现后，实际功能没发生变化：所有的功能都在，相应的代码也在。但是，最重要的流程控制已经从应用程序里面被剥离出来。剥离出来的这些功能被进一步标准化和通用化，最终统一成了操作系统网络层的一部分，这就是 TCP/IP 协议栈。

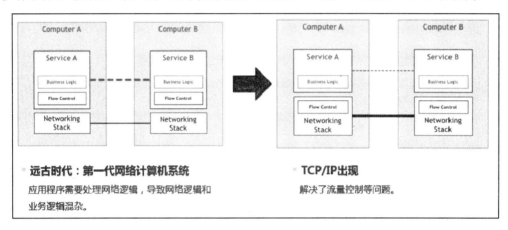

图 8-7 "远古时代"与 TCP/IP 出现后的对比

这个改动大幅降低了应用程序的复杂度，将业务逻辑和底层网络通信细节解耦，应用程序开发人员得以解脱并将精力集中在应用程序的业务逻辑实现上。

这个故事非常遥远，大概发生在 50 年前。

8.2.2 微服务时代的现状

进入微服务时代后，我们也面临着一些类似的问题，因此要实现一些特定功能来解决相应的问题：在实现微服务的时候要处理一系列的比较基础和通用的事项，如服务发现；在得到服务器实例列表之后再做负载均衡；为了保护服务器要进行熔断、重试等。

以上功能是所有微服务架构都需要具备的，那该怎么实现呢？如果将这些功能直接在应用程序里面实现，那么又会和 TCP/IP 技术出现前一样，应用程序里面又会出现大量与业务不相关的代码。很自然地，为了简化开发，避免代码重复，我们选择使用类库，如经典的 Netflix OSS 套件。这样一来，重复编码问题就解决了，只需要写少量代码，就可以借助类库实现各种功能。微服务时代的现状如图 8-8 所示。

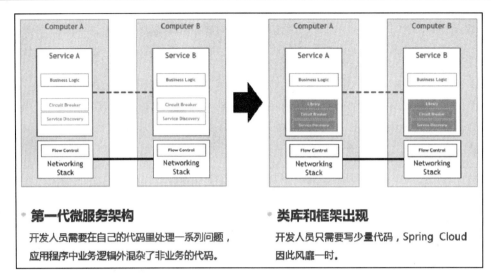

图 8-8　微服务时代的现状

8.2.3　侵入式框架的痛点

最近这些年，Spring Cloud 的普及程度非常高，几乎成为了微服务的代名词，但 Spring Cloud 真的是完美无缺的吗？

以 Spring Cloud 或 Dubbo 为代表的传统微服务框架，是以类库的形式存在的，通过重用类库来实现功能，避免代码重复。但以运行时操作系统进程的角度来看，这些类库还是渗透进了打包部署之后的业务应用程序，和业务应用程序运行在同一进程内。所谓的"侵入式框架"便是这样的。

建立在类库基础上的侵入式框架，会面临与生俱来的诸多痛点。

▶ 痛点 1：门槛高

由于追求丰富的特性，侵入式框架必然功能繁多，需要学习的内容也比较多，如图 8-9 所示，因此入门的门槛会比较高。

从实践中来看，简单了解和运行"hello world"是比较容易的，但是如果想要熟练掌握并且能够在真实落地时解决遇到的各种问题，则需要很长的学习时间。

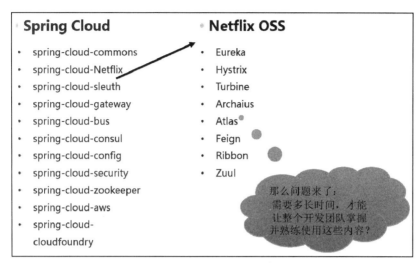

图 8-9　侵入式框架的学习内容

这些相关的知识需要团队中的每名开发人员掌握，对于业务开发团队来说，面临的挑战要更大一些。

- 业务开发团队的强项往往不是技术实现，而是对业务理解透彻，对整个业务体系十分熟悉。
- 业务应用的核心价值在于业务实现，微服务是手段而不是目标，若在学习和掌握框架上投入太多精力，在业务逻辑实现上的投入必然会受到影响。
- 业务团队往往承受着极大的业务压力，时间、人力永远不足。

痛点 2：功能不全

和 Service Mesh 相比，尤其是和 Istio 相比，传统侵入式框架（如 Spring Cloud、Dubbo）所能提供的功能是很有限的，不像 Isito 能形成一个非常完备的生态体系，如图 8-10 所示。

典型的如 Content Based Routing 和 Version Based Routing，Istio 借助这两个特性可以实现非常强大且有弹性的服务治理功能，其能力远远超过 Spring Cloud。

当然，也可以选择在 Spring Cloud 的基础上进行各种补充、扩展、加强，实践中大家也的确都在各自进行定制化，但是如此一来需要投入的时间和精力就会更多。

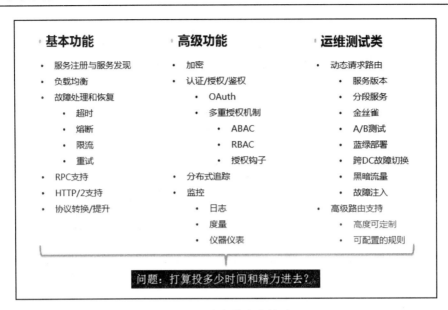

图 8-10　完备的生态体系

痛点 3：无法跨语言

微服务在面世时，承诺了一个很重要的特性：可以采用最适合的语言来编写。

理论上来说，不同的团队，可以根据实际情况选择自己最擅长，或者最适合当前应用的编程语言来编写微服务。但是，在实践中，这个承诺往往受到极大挑战，导致沦为空话。微服务在理论上的确可以使用不同的语言来编写，但是实际开发时，当需要选择通过框架或者类库来实现代码重用时，就会出现一个绕不开的问题——框架和类库与语言是强相关的！

如图 8-11 所示，侵入式框架无法跨语言，这个问题非常棘手，为了解决它，通常有两个思路。

- 统一编程语言，整个系统只使用一种编程语言，只为这一种语言提供框架和类库。
- 为要使用的每种编程语言提供一套解决方案，即为每种语言开发一份框架和类库代码。

前者相当于放弃了微服务的跨语言特性，并且面临强行用一种编程语言完成所有不同类型工作的境地，同样会有很多麻烦。后者理论上可行，但是实践中会面临非常大的开发工作量，后期维护代价高昂，还要考虑不同编程语言不同版本之间的兼容性问题，代价极高，往往无法长期坚持。

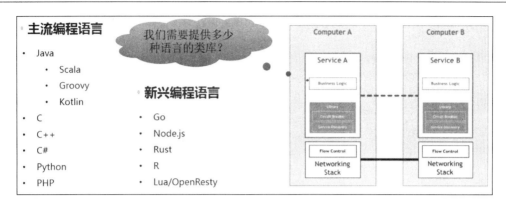

图 8-11　侵入式框架无法跨语言

痛点 4：升级困难

无论是统一为一种编程语言，还是开发多种编程语言代码，都会遇到一个问题：版本升级。

任何框架不可能一开始就完美无缺、所有功能都齐全、没有任何 Bug、分发出去再也不需要改动和升级，这种理想状态是不存在的。一般情况下框架都会经历 1.0、1.2、2.0 等版本升级，功能逐渐增加，Bug 逐渐被修复。在这期间，一个接一个新版本陆续发布并分发给使用者。但是，当框架分发给使用者之后，使用者会不会总是将其升级到最新发布的版本呢？

实际上是不会的。对于任何一家正规的公司来说，业务应用上线必然需要一个完备的流程，当应用程序发生变更需要重新上线时，必然要经历测试和上线的标准流程。即使是在完全兼容不需要修改任何业务代码的前提下，也是要进行业务应用重新打包发布才能实现类库升级的，因为"侵入式框架"是需要将框架打包到业务应用中的！

出于这个原因，框架的使用者在没有特别的需求或遭遇严重 Bug 时，是缺乏升级框架版本的动机和热情的，这会导致实际运行时系统中运行的框架版本（包括服务器端版本和客户端版本）不是最新的，而且随着时间的推移会越来越呈现出版本碎片化的趋势。此时，不同版本之间的兼容性问题就会变得非常复杂，框架的开发人员需要非常小心地维护兼容性，一旦兼容性出现问题，就会严重影响使用者进行版本升级的热情，造成更严重的碎片化，然后恶性循环。

而维护版本兼容性的复杂程度会让任何对框架进行改进的努力都变得举步维艰。如图 8-12 所示，当服务器端数以百计，客户端数以千计起时，如果每个应用的版本都不同，不同的编程语言又会产生多个实现，那么这种情况下的兼容性测试的代价将是无法承受的！开发人员可能会倾向于放弃对兼容性问题进行改进，从而使已存在的问题长期积累，积重难返。

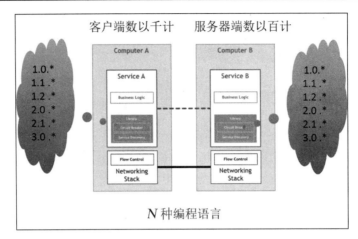

图 8-12　升级困难

8.2.4　解决问题的思路

问题是客观存在的，总是需要面对的。在解决问题前要认真思考，先反省问题的来源，想想我们的出发点和目标，如图 8-13 所示。

图 8-13　解决问题前的思考

- 问题的根源在哪里？

    这些问题与挑战，和业务应用，或者说服务本身，有直接关系吗？答案是"没有"。这些问题都属于服务间通信的范畴，和应用本身的实现逻辑无关。

- 我们的目标是什么？

    所有的努力都是为了保证将客户端发出的业务请求发送到正确的目的地。而"正确"一词，在不同的情境下有不同的含义，一般会按照请求内容执行不同的路由策略，如服务发现、负载均衡、灰度发布、版本控制、蓝绿部署。服务间通信的目标是让请求在满足这些特性要求的前提下，去往请求应该去的目的地，而与请求的业务语义和请求的业务处理无关。

- 服务间通信的本质是什么？

  在整个服务间通信的处理流程中，无论功能多复杂，请求本身的业务语义和业务内容是不发生变化的（非业务内容可能会有变化）。服务间通信实现的是请求的可靠传递，内容是不变的。

- 有什么内容是普适的？

  前面遇到的这些问题具有高度的普适性，适用于所有的语言、框架、组织，这些问题对于任何一个微服务都是同样存在的。

回顾一下前面提到的发生在 50 年前的 TCP/IP 的案例，是否发现似曾相识？

- TCP/IP 解决了什么问题？答案是网络通信逻辑代码和业务逻辑代码混杂在一起的问题。

- TCP/IP 是如何解决这些问题的？方法是将网络通信逻辑代码从业务应用中剥离出来，进行标准化后下沉到底层。

因此，借鉴当年 TCP/IP 的思路，对于服务间通信，在传统的侵入式框架解决方案以外又出现了另外一种思路：既然我们可以把网络通信技术栈剥离并下沉为 TCP，我们是否也可以用类似的方式来处理微服务中服务间通信的技术栈呢？

8.2.5 Proxy 模式的探索

微服务出现之前，为了解决客户端和服务器端直接耦合的问题，有一部分先驱者尝试使用 Proxy 模式来隔离客户端和服务器端，典型的如 Nginx、HAProxy、Apache 等 HTTP 反向代理。

这些 Proxy 方案和微服务没有直接联系，但是提供了一个基本思路：在服务器端和客户端之间插入一个中间层来完成请求转发的功能，避免两者直接通信，所有流量都由 Proxy 转发，而 Proxy 需要为代理的流量实现基本功能，如负载均衡。

这些 Proxy 方案的功能非常简陋，比如服务发现甚至是通过配置文件来实现的。虽然功能不够，但是思路很有参考意义：客户端和服务器端应该隔离，将部分功能下沉到中间层进而实现请求转发，如图 8-14 所示。对 Proxy 模式的探索为日后 Service Mesh 的出现奠定了基础。

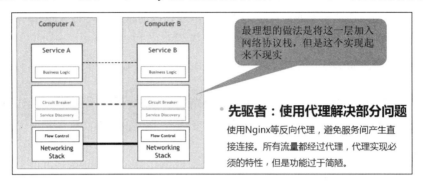

图 8-14　部分功能下沉

8.2.6　Sidecar 模式的出现

为了解决前面提到的侵入式框架的问题，有些公司开始尝试使用 Proxy 模式。受限于 Proxy 的功能不足，在参考 Proxy 模式的基础上，又陆陆续续出现了一些使用 Sidecar 模式的产品，如 Netflix 的 Prana。

Sidecar 模式借鉴了 Proxy 模式的思路，Sidecar 扮演的角色和 Proxy 类似，但是在功能实现上更加全面。

Sidecar 的基本思路是，看齐原来侵入式框架在客户端实现的各种功能，通过增加一个 Proxy 实现请求转发，然后直接重用原有的客户端类库。图 8-15 展示了 Sidecar 模式的发展过程。

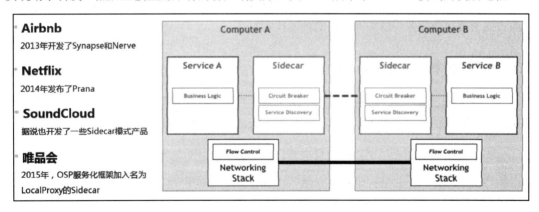

图 8-15　Sidecar 模式的发展过程

Sidecar 模式和 Proxy 模式的差异主要体现在功能是否齐全上，具体如下。

- Proxy 只具备基本的简单功能。
- Sidecar 具备侵入式框架的所有功能。

这种思路下发展出来的 Sidecar 通常都是有局限性的，其局限性在于，只为特定的基础设施而设计，通常和开发 Sidecar 的公司当时的基础设施和框架直接绑定，在原有体系上搭建，有特殊的背景和需求。带来的问题就是，这些 Sidecar 会受到原有体系的限制，无法通用，只能工作在原有体系中，无法对外推广。

8.2.7 第一代 Service Mesh

2016 年 1 月，William Morgan 和 Oliver Gould 在 GitHub 上发布了 Linkerd 0.0.7 版本，Linkerd 基于 Twitter 的 Finagle 开源项目，大量重用了 Finagle 的类库，并且实现了通用性，成了业界第一个 Service Mesh 项目。而 Envoy 是第二个 Service Mesh 项目，两者的开发时间差不多，且都在 2017 年相继成为 CNCF 项目，如图 8-16 所示。

图 8-16 Linkerd 和 Envoy

Service Mesh 和 Sidecar 的差异在于是否通用，具体如下。

- Sidecar 为特定的基础设施而设计，只能运行在原有环境中。
- Service Mesh 在 Sidecar 的基础上解决了通用性问题，可以不受限于原有环境。

另外还有一点，Sidecar 通常是可选的，允许直连。通常编写框架的编程语言客户端维持原有的客户端直连方式，其他编程语言不开发客户端而选择通过 Sidecar 转发的方式，当然也可以选择都通过 Sidecar 转发。但是，在 Service Mesh 中，由于要求完全掌控所有流量，所以所有请求都必须通过 Service Mesh 进行转发，而不能选择直连方式。

8.2.8 第二代 Service Mesh

2017 年之前，Service Mesh 的发展和演进可谓按部就班，不紧不慢。然而在 2017 年，它的发展突然加速。

- 2017 年 1 月，Linkerd 加入 CNCF。

- 2017 年 4 月，Linkerd 发布 1.0 版本。

- 2017 年 4 月，William Morgan 意气风发地发布博文 *What's a service mesh? And why do I need one?* 正式给 Service Mesh 下了一个权威定义。

- 2017 年 5 月，Google、IBM、Lyft 联合发布了 Istio 0.1 版本。

- 2017 年 9 月，Envoy 加入 CNCF。

在第一代 Service Mesh 产品（Linkerd、Envoy）刚刚发展成熟并正要开始逐渐被推向市场时，以 Istio 为代表的第二代 Service Mesh 产品就登场了，并且直接改变了市场格局。图 8-17 展示了 Istio 的发展历程。

图 8-17　Istio 的发展历程

第二代 Service Mesh 和第一代 Service Mesh 的差异在于是否有控制平面，具体如下。

- 第一代 Service Mesh 只有数据平面（Sidecar），所有的功能都在 Sidecar 中实现。

- 第二代 Service Mesh 增加了控制平面，带来了远超第一代的控制力，功能也更加丰富。图 8-18 展示了 Istio 的控制面板。

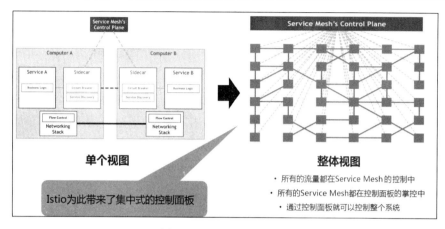

图 8-18　Istio 的控制面板

Istio 最大的创新在于，它为 Service Mesh 带来了前所未有的控制力。

- 以 Sidecar 方式部署的 Service Mesh 控制了服务间所有的流量。
- Istio 增加了控制面板来控制系统中所有的 Sidecar。
- Istio 能够控制所有的流量，即控制系统中所有请求的发送。

Istio 出现之后，Linkerd 陷入困境，Envoy 则作为 Istio 的数据平面和 Istio 一起发展。随后 Buoyant 公司推出了全新的 Conduit 来应对 Istio 的强力竞争，我们将在后面的内容中详细讲述 Service Mesh 的开源产品和市场竞争情况。

图 8-19 展示了 Service Mesh 的演进过程，具体来说，Service Mesh 经历的一步步发展具体如下。

- Proxy 模式探索，隔离客户端和服务器端，部分功能下沉到中间层，但是功能有限。
- Sidecar 模式弥补了 Proxy 模式功能不足的缺陷，功能看齐传统类库，但是有很大的局限性，无法通用。
- 第一代 Service Mesh 解决了 Sidecar 模式的通用性问题，可以不受限于原有环境，但是控制力不够强大。
- 第二代 Service Mesh（Istio）通过增加控制平面来加强控制，带来了更强大的功能，目前第二代的 Service Mesh 还在继续完善中。

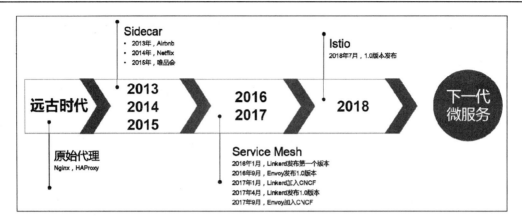

图 8-19 Service Mesh 的演进

8.3 Service Mesh 市场竞争

在过去的几年中，微服务技术迅速普及，和容器技术一起成为最吸引眼球的技术热点。其中，以 Spring Cloud 为代表的传统侵入式开发框架，占据着微服务市场的主流地位，甚至一度成为微服务的代名词。

直到 2017 年年底，当非侵入式的 Service Mesh 技术终于从萌芽走向成熟，当 Istio 终于横空出世后，人们才惊觉：原来微服务并非只有侵入式一种"玩法"！

8.3.1 Service Mesh 的萌芽期

虽说直到 2017 年年底，Service Mesh 才开始被世人了解，但实际上 Service Mesh 这股微服务的新势力早在 2016 年年初就开始萌芽了。前面介绍过，William Morgan 和 Oliver Gould 开发了业界第一个 Service Mesh 项目 Linkerd，而 Matt Klein 也在 Lyft 开始了 Envoy 的开发。

2016 年，第一代 Service Mesh 产品处于稳步推进过程中，而此时，在世界的另一个角落，Google 和 IBM 两位业界巨头握手开始合作，它们联合 Lyft，启动了 Istio 项目。这样一来，在第一代 Service Mesh 还未成为市场主流时，以 Istio 为代表的第二代 Service Mesh 就迫不及待地准备上路了。

8.3.2 急转直下的 Linkerd

2017 年，Linkerd 迎来了一个梦幻般的开局，喜讯连连。

- 2017 年 1 月，Linkerd 加入 CNCF。

- 2017 年 3 月，Linkerd 宣布完成千亿次产品请求。

- 2017 年 4 月，Linkerd 1.0 版本发布。

产品发布 1.0 正式版，实现了最重要的里程碑；被客户接受并在生产线上被大规模应用，这代表着产品得到了市场的认可；进入 CNCF 更是意义重大，表明 Linkerd 受到了极大认可。Linkerd 一时风光无限。

需要特别指出的是，Linkerd 加入 CNCF，对于 Service Mesh 技术而言是一个非常重要的历史事件，代表着社区对 Service Mesh 理念的认同和赞赏，Service Mesh 也因此受到了更大范围的关注。

然而现实总是那么残酷，这个美好的开局未能延续多久就被击碎，2017 年 5 月 24 日，Istio 0.1 版本发布，Google 和 IBM 高调宣讲，社区反响热烈，很多公司纷纷站队，表示支持 Istio。

Linkerd 的风光瞬间被盖过，从意气风发的少年一夜之间变成过气"网红"。当然，从产品成熟度上来说，Linkerd 作为业界仅有的两个生产级 Service Mesh 实现之一，暂时还是可以在 Istio 成熟前继续保持市场占有率的。但是，随着 Istio 的稳步推进和日益成熟，外加第二代 Service Mesh 的天然优势，Istio 取代 Linkerd，只是时间问题。

面对 Google 和 IBM 加持的 Istio，Linkerd 实在难有胜算。

- Istio 作为第二代 Service Mesh 实现，通过控制平面带来了前所未有的控制力，能力上远超 Linkerd。

- Istio 通过"收服"和 Linkerd 同为第一代 Service Mesh 的 Envoy，直接拥有了一个功能和稳定性与 Linkerd 同一水平的数据平面。

- 基于 C++ 的 Envoy 在性能和资源消耗上本来就强过基于 Scala/JVM 的 Linkerd。

- Google 和 IBM 在人力、资源和社区影响力方面远非 Buoyant 公司可以比拟的。

Linkerd 的发展态势顿时急转直下，未来陷入一片黑暗。出路在哪里？一个多月后，Linkerd 给出一个答案：和 Istio 集成，成为 Istio 的数据面板。

这个方案在意料之中，毕竟面对 Google 和 IBM 的联手"威胁"，选择低头和妥协是可以理解的，只是这个决定中存在两个疑问。

- 和 Envoy 相比，Linkerd 并没有特别的优势。考虑编程语言的天生劣势，Linkerd 想替代 Envoy，难度非常之大。

- 即使替代成功，在 Istio 的架构下，只是作为一个数据平面存在的 Linkerd，可以发挥的空间也是有限的。这种境地下的 Linkerd，是远远无法承载 Buoyant 的未来的。

Linkerd 的这些问题，直到 2017 年 12 月 Conduit 发布之后才被解开，后面我们将详细介绍。

8.3.3　波澜不惊的 Envoy

自从 Linkerd 决定"委身于"Istio 之后，Envoy 就开始进入波澜不惊的平稳发展时期，和 Linkerd 的跌宕起伏完全不同。

在功能方面，由于 Envoy 的定位是数据平面，因此无须考虑太多，很多工作在 Istio 的控制平面中完成即可，Envoy 从此只需专心将数据平面做好，完善各种细节。

在市场方面，Envoy 和 Linkerd 性质不同，不存在生存和发展的战略选择，也没有正面对抗生死大敌的巨大压力。Envoy 在 2017 年有条不紊地陆续发布了 1.2、1.3、1.4 和 1.5 版本，在 2018 年发布了 1.6、1.7、1.8 版本，表现非常平稳。

稳打稳扎的 Envoy 一方面继续收获着独立客户，一方面伴随着 Istio 一起成长。作为业界仅有的两个生产级 Service Mesh 实现之一，Envoy 在 2017 年收获了属于它的殊荣：2017 年 9 月 14 日，Envoy 加入了 CNCF，成为 CNCF 的第二个 Service Mesh 项目。这一荣誉可谓名至实归，作为一个无须承载公司未来的开源项目，Envoy 在 2017 年和 2018 年的表现，几乎无可挑剔。

8.3.4　背负使命的 Istio

从 Google 和 IBM 决定联手推出 Istio 开始，Istio 就注定将永远处于风口浪尖之上，无论成败，Istio 背负了太多的使命。

- 确立 Google 和 IBM 在微服务市场的统治地位。
- 为 Google 和 IBM 的公有云打造"杀手级"的特性。
- 在 Kubernetes 的基础上延续 Google 的战略布局。

Google 在企业市场的战略布局是从底层开始一步一步向上靠近应用。刚刚大获全胜的 Kubernetes 为 Istio 提供了一个非常好的基石，而 Istio 的历史使命就是继 Kubernetes "拿下"容器领域之后，更进一步地"拿下"微服务领域！

2017 年，Istio 稳步向前发展，先后发布了 0.1、0.2、0.3、0.4 版本，2018 年年初，Istio 的发布频率被修改为每月一次。

在社区方面，Istio 借助 Google 和 IBM 的力量，外加自身过硬的实力和先进的理念，很快获得了社区的积极响应和广泛支持。包括 Oracle 和 Red Hat 在内的业界大佬都明确表示支持 Istio，而 Isito 背后还有日渐强大的 Kubernetes 和 CNCF 社区。

在平台支持方面，Istio 的初期版本只支持 Kubernetes 平台，从 0.3 版本开始提供对非 Kubernetes 平台的支持。从策略上来说，Istio 借助了 Kubernetes 的力量，但是没有被强行绑定在 Kubernetes 上。

Istio 面世之后，收获赞誉不断，尤其令 Service Mesh 技术的爱好者振奋不已。以新一代 Service Mesh 之名横空出世的 Istio，对比 Linkerd 优势明显。同时产品路线图上有许多令人眼花缭乱的功能。假以时日，如果 Istio 能顺利地完成开发，性能保持稳定可靠，那么这定将是一件非常美好的事情，意义将非常重大，具体如下。

- 重新定义微服务的开发方式，让 Service Mesh 成为主流技术。
- 大幅降低微服务开发的入门门槛，让更多的企业和开发人员可以将微服务落地。
- 统一微服务的开发流程，使开发/运维方式标准化。

2018 年上半年的 Istio，在万众瞩目之时，突然陷入困境长达数月。开发进度放缓，代码质量下降，经常出现低级错误，表现令人惊讶和迷惑，好在这个状态在 2018 年年中开始好转，进入 2018 年下半年之后，Istio 开始稳打稳扎地继续发展。

- 2018 年 6 月，0.8.0 LTS 版本发布，这是 Istio 的第一个长期支持版本。
- 2018 年 7 月，令整个社区期待已久的 1.0.0 版本发布。

从目前的发展态势来看，Istio 正在慢慢完善产品，相对于 2017 年表现得更加成熟，虽然还存在诸多问题，虽然还缺乏大规模的落地实践，但相信随着时间的推移，Google、IBM 和 Istio 社区会继续将 Istio 向前推进。

8.3.5 背水一战的 Buoyant

2017 年年底的 KubeConf 大会上，Service Mesh 成为大会热点，Istio 备受瞩目，这时，Buoyant 公司出人意料地给了踌躇满志又稍显拖沓的 Istio 重重一击：Conduit 0.1.0 版本发布，Istio 的强力竞争对手亮相 KubeConf 会议。

Conduit 的整体架构和 Istio 一致，借鉴了 Istio "数据平面+控制平面"的设计理念，同时别出心裁地选择了 Rust 编程语言来实现数据平面，以达成 Conduit 宣称的"更轻、更快、超低资源占用"的目标。

继 Isito 之后，业界第二款第二代 Service Mesh 产品诞生，一场大战就此浮出水面。Buoyant 在 Linkerd 不敌 Istio 的恶劣情况下，绝地反击，推出全新设计的 Conduit 作为对抗 Istio 的武器。

需要额外指出的是，作为一家初创企业，在第一款主力产品 Linkerd 被 Istio "打败"之后，Buoyant 已经身陷绝境，到了生死存亡之秋，对于背负公司期望、担负和 Istio 正面抗衡职责的 Conduit 来说，可谓压力巨大。

从目前得到的信息分析，Conduit 明显是有备而来的，是针对 Istio 的当前状况与之针锋相对的产品。

在编程语言上，为了达成更轻、更快、更低资源消耗的目标，考虑到 Istio 的数据面板用的是基于 C++的 Envoy，Conduit 跳过了 Go，直接选择了 Rust，颇有些剑走偏锋的意味。不过，单纯以编程语言来说，在能够完全掌握的前提下，Rust 的确是实现 Proxy 的最佳选择。考虑到 Envoy 在性能方面的良好表现，Conduit 要想更进一步，选择 Rust 也是可以理解的。

在架构设计上，在借鉴 Istio 整体架构的同时，Conduit 进行了一些改进。首先，Conduit 控制平面的各个组件是以服务的方式提供功能的，极富弹性。另外，控制平面特意为定制化需求进行了可扩展设计，可以通过编写 gPRC 插件来扩展 Conduit 的功能，无须直接修改 Conduit，这对于有定制化需求的客户来说是非常便利的。

然而，要抗衡 Istio 和其身后的 Google 与 IBM，谈何容易。尤其控制平面选择用 Rust 编写，无疑是一把双刃剑，尽管 Rust 的上佳表现让 Conduit 在性能和资源消耗方面有不小的亮点，但是 Rust 毕竟是小众语言，普及程度远远不能和 Java、C++、Go 相比，因此 Conduit 很难从社区中借力，这一点在 Conduit 的 Contributor 数量上有所体现，长期一来，Conduit 的 Contributor 数量停滞在 20 上下，毫无起色。

2018 年 7 月，Conduit 0.5 版本发布，同时宣布这是 Conduit 的最后一个版本，Conduit 未来将作为 Linkerd2.0 的基础继续存在。随后 Conduit 的 GitHub 仓库从 runconduit/conduit 更名为 linkerd/linkerd2。

总结一下，自 2017 年 5 月 Istio 发布 0.1 版本后，在巨大的生存压力下，Buoyant 就一直在苦苦寻找出路，尝试过多种办法，比如以下几种。

- 用 Linkerd 做数据平面，和 Istio 集成，替代 Envoy。但 Linkerd 终究是用 Scala 编写的，做数据平面和 Envoy 比毫无优势，Istio 官方也没有任何正面回应，因此不了了之。
- 2017 年年底启动 Conduit 项目，剑走偏锋地选择 Rust 做数据平面，但控制平面和 Istio 相比相差甚远，最终在 2018 年 5 月停止发展，转为 Linkerd2.0。
- 2018 年 5 月尝试在 GraalVM 上运行 Linkerd，试图通过将 Linkerd 提前编译为本地可执行文件，以换取更快的启动时间和更少的内存占用，但后续未见进一步的消息。
- 2018 年 5 月启动 Linkerd2.0，在 Conduit 的基础上继续发展，定位为 Kubernetes 平台上的轻量级 Service Mesh 产品。

作为 Service Mesh 的先驱，Buoyant 这两年中的发展道路充满挑战，面对 Istio 和其背后的 Google、IBM，艰难险阻可想而知，只能期待 Buoyant 在后面能有更好的表现。

8.3.6 其他参与者

Service Mesh 的市场中除了业界先驱 Linkerd 和 Envoy，以及后起之秀 Istio 和 Conduit，还有一些其他的竞争者，下面我们具体来看一下。

Nginmesh

首先是 Nginmesh，来自大名鼎鼎的 Nginx，定位为 Istio compatible Service Mesh using Nginx（使用 Nginmesh 的 Istio 兼容 Service Mesh 产品）。

- 2017 年 9 月，在美国波特兰举行的 nginx.conf 大会上，Nginx 宣布将开发 Nginmesh，随后在 GitHub 上发布了 0.1.6 版本。
- 2017 年 12 月 6 日，Nginmesh 0.2.12 版本发布。
- 2017 年 12 月 25 日，Nginmesh 0.3.0 版本发布。

之后 Nginmesh 沉寂了一段时间，后来又突然开始持续更新，接连发布了几个版本。但是，在 2018 年 7 月发布 0.7.1 版本之后，就停止了代码提交。

Aspen Mesh

Aspen Mesh 来自大名鼎鼎的 F5 Networks 公司，基于 Istio 构建，定位为企业级服务网格项目，口号是 Service Mesh Made Easy（让 Service Mesh 更简单）。

据说 Aspen Mesh 项目启动非常早，在 2017 年 5 月 Istio 发布 0.1 版本不久之后就开始组建团队进行开发，但是一直以来都非常低调，外界了解到的信息不多。

2018 年 9 月，Aspen Mesh 1.0 版本发布，基于 Istio 1.0。注意，这不是一个开源项目，但是可以在 Aspen Mesh 的官方网站上申请免费试用。

Consul Connect

Consul 是 HashiCorp 公司的老牌产品，主要功能是服务注册和服务发现，基于 Go 语言和 Raft 协议。

2018 年 6 月 26 日，HashiCorp 发布了 Consul 1.2 版本，提供了新的 Connect 功能，能够将现有的 Consul 集群自动转变为 Service Mesh。Consul Connect 通过自动 TLS 加密和基于鉴权的授权机制支持服务和服务之间的安全通信。

Kong

Kong 是被广泛使用的开源 API Gateway，在 2018 年 9 月 18 日，Kong 官方宣布将发布 1.0 版本（实际为 9 月 26 日在 GitHub 上发布了 1.0.0rc1 版本），而在 1.0 版本发布之后，Kong 转型为服务控制平台，支持 Service Mesh。

比较有意思的是，Kong 的 CTO Marco Palladino 撰文提出 Service Mesh Pattern 的概念，即 Service Mesh 是一种新的模式，而不是一种新的技术。

Maistra

2018 年 9 月，Red Hat 的 OpenShift Service Mesh 技术预览版上线，基于 Istio。

Red Hat 是 Istio 项目的早期采用者和贡献者，希望将 Istio 正式作为 OpenShift 平台的一部分。Red Hat 为 OpenShift 上的 Istio 开启了一个技术预览计划，为现有的 OpenShift Container Platform 客户提供了在其 OpenShift 集群上部署和使用 Istio 平台的能力。

Red Hat 正在与上游 Istio 社区合作，以帮助推进 Istio 框架的发展，按照 Red Hat 的惯例，围绕 Istio 的工作也将是开源的，为此 Red Hat 创建了一个名为 Maistra 的社区项目。

8.3.7 Service Mesh 的国内发展情况

2017 年,随着 Service Mesh 的发展,国内技术社区也开始通过新闻报导或技术文章来接触 Service Mesh,但是传播范围和影响力都非常有限。2017 年年底,Service Mesh 技术剧烈升温,开始越来越多地被国内技术社区关注。

- 2017 年 10 月的 QCon 上海站上,来自敖小剑的题目为"Service Mesh:下一代微服务"的演讲,成为 Service Mesh 技术在国内大型技术峰会上的第一次亮相。
- 2017 年 12 月,在全球架构师峰会(ArchSummit)北京站上,来自华为的田晓亮分享了"Service Mesh 在华为云的实践"。
- 2017 年 12 月,来自新浪微博的周晶分享了 Service Mesh 在微博的落地情况。
- 2018 年 6 月,ServiceMesher 中文社区成立,网站 servicemesher.com 开通,陆续在杭州、北京、深圳组织了多场线下 Meetup,同时组织翻译 Envoy、Istio 官方文档和各种博客文章,大力推动了 Service Mesh 在国内的交流与发展。
- 2018 年 7 月,Istio 核心开发团队成员 Lin Sun 在全球架构师峰会深圳站做了题目为"Istio:构造、守护、监控微服务的守护神"的演讲,这是 Istio 官方团队成员在中国境内的第一次亮相。

之后,作为 Service Mesh 国内最早的开发者和实践者,以下公司相继发布和开源了自己的 Service Mesh 产品。

- 2017 年年底,新浪微博 Service Mesh 的核心实现、跨语言通信和服务治理已经在 Motan 系列项目中被提供。
- 2018 年 6 月,蚂蚁金服对外发布 Service Mesh 类产品 SOFAMesh,这是一个基于 Istio 的增强扩展版本,并使用基于 Go 语言开发的 SOFAMosn 作为数据平面,替代了 Envoy。
- 2018 年 8 月,华为开源了基于 Go 语言的 Service Mesh 产品——Mesher。

从 2017 年年底开始,国内技术社区就对 Service Mesh 保持着密切关注,尤其在 Servicemesher 社区成立后,社区内的分享和讨论非常密切,形成了良好的技术交流氛围。以蚂蚁金服、新浪微博、华为为代表的先锋力量相继开源产品,为国内 Service Mesh 社区注入了活力,以 InfoQ 为代表的技术媒体也一直保持着对 Service Mesh 这种前沿技术的关注。

Service Mesh 在过去的两年间迅速发展,涌现出多个产品,市场竞争激烈。而目前来看,Istio

借助 Kubernetes 和云原生的力量，依托 Google 在社区的巨大号召力，发展势头良好，有望成为大赢家。

8.4　Istio

在前面的章节中，我们详细介绍了 Service Mesh 是什么，能解决什么问题，以及它是如何一步一步演进而来的，同时也详细介绍了当前 Service Mesh 的主要产品和市场竞争情况。

本节我们将把关注点放在 Istio 这个开源项目上，详细给大家介绍一下 Istio 的架构和各个主要组件的功能，帮助大家进一步深入了解 Service Mesh 技术。

8.4.1　Istio 概述

Istio 是 Google、IBM、Lyft 联合开发的开源 Service Mesh 项目，官方文档对 Istio 的定义如下。

> Istio：一个连接，管理和保护微服务的开放平台。

在前面关于 Service Mesh 的介绍中，我们已经了解了关于 Istio 的很多信息，总结如下。

- Istio 是 Google 主导的第二代 Service Mesh 产品，和第一代的 Linkerd、Envoy 最大的不同在于，Istio 引入了控制平面，功能强大。
- Istio 在 2017 年 5 月发布了第一个版本 0.1.0，在 2018 年 7 月发布了 1.0.0 版本，产品已经趋于成熟。
- Istio 在 Service Mesh 市场竞争中占据优势，有望成为下一代微服务开发的主流技术。

Istio 有哪些功能

按照官方文档的描述，Istio 的主要功能是连接、保护、控制和观测。

- 连接：智能控制服务之间的流量和 API 调用，进行一系列测试，并通过红/黑部署逐步升级。
- 保护：通过托管身份验证、授权和服务之间通信加密，自动保护服务。
- 控制：应用策略并确保其执行，使得资源在消费者之间得到公平分配。
- 观测：通过自动跟踪、监控和记录所有服务，了解正在发生的情况。

第 8 章 跨语言服务治理方案 Service Mesh

➤ Istio 的设计目标

了解 Istio 的设计目标，对了解 Istio 的设计思路和使用方式会有很大帮助，以下内容摘自 Istio 官方文档。

Istio 的架构设计中有几个关键目标，实现这些目标可以使系统具有应对大规模流量和高性能服务处理的能力，具体如下。

- 最大化透明度：若想 Istio 被采纳，应该保证运维人员和开发人员只付出很少的代价就可以从中受益。为此，Istio 将自身自动注入服务间所有的网络路径。Istio 使用 Sidecar 代理来捕获流量，并且尽可能地自动编程网络层，以路由流量通过这些代理，无须对已部署的应用程序代码进行改动。在 Kubernetes 中，代理被注入 Pod，通过编写 iptables 规则来捕获流量。将 Sidecar 代理注入 Pod 并且修改路由规则后，Istio 就能调解所有流量，这个原则也适用于性能。当将 Istio 应用于部署时，运维人员会发现，为提供这些功能而增加的资源开销是很少的。所有组件和 API 在设计时都必须考虑性能和规模。

- 增量：随着运维人员和开发人员越来越依赖 Istio 提供的功能，系统必然要和需求一起成长。我们预计最大的需求是扩展策略系统，集成其他策略和控制来源，并将网格行为信号传播到其他系统进行分析。策略运行时支持标准扩展机制以便插入其他服务。此外，Istio 允许扩展词汇表，以便基于网格生成的新信号可以执行策略。

- 可移植性：Istio 必须能够以最小的代价运行在任何云或预置环境中。将基于 Istio 的服务移植到新环境中应该是轻而易举的，而使用 Istio 将一个服务同时部署到多个环境中也是可行的，例如在多个云上进行冗余部署。

- 策略一致性：在服务间的 API 调用中，应用策略可以对网格间行为进行全面的控制，但对于无须在 API 调用层面表达的资源来说，对它们应用策略也同样重要。例如，将配额应用到机器学习训练任务消耗的 CPU 数量上，比将配额应用到启动这个工作的调用上更为有用。因此，策略系统要作为独特的服务来维护，而不是将其放入代理 Sidecar。

为了帮助大家更好地理解官方文档中的内容，结合实际情况，笔者对这几个设计目标的理解如下。

- 最大化透明度：还记得 Service Mesh 定义中的"对应用程序透明"吗？为了不侵入应用程序，又能转发客户端发出的请求，需要完成的第一件事情就是捕获流量（说得更直白一些，即劫持流量），将客户端发出的请求劫持到 Sidecar 的端口上。为了保证性能，避免应用程序和代理之间出现远程网络通信开销，这些 Sidecar 是以一对一的形式和应用程序一起部署，然后通过 localhost 进行调用的，这体现了 Service Mesh 定义中的"轻量级网络代理"。Istio 在实践中是通过自动在应用所在的 Pod 中修改 iptables 规则来实现的。这个方式有一些缺点，因此后续可能会尝试改良，比如引入 Cilium 和 eBPF 技术。

- 增量：这是在讨论可扩展性，虽然 Istio 本身已经原生提供了非常丰富的功能，但是考虑到实际需求，尤其是各种集成类需求，提供额外的扩展机制是必须的。Istio 在扩展性上做得非常好，甚至有些好得"过头"，以至于影响了性能。后面在介绍 Mixer 模式时会介绍如何扩展策略系统。

- 可移植性：不得不说，虽然 Istio 在设计目标中明确提出要以最小的代价运行在任意云或预置环境中，但在实践中，在除 Kubernetes 以外的环境中运行 Istio 是一件非常不容易的事情，至少当前 1.0 版本的 Istio 基本上还处于"Kubernetes only"的状态。当然 Istio 在设计时还是充分考虑了移植到 Kubernetes 以外的场景，但在实施中，当前的 Istio 版本的实际表现相比这个设计目标还有很大的差距。

- 策略一致性：这一目标解释了对资源应用策略的重要性，但是结论是不应该将策略系统放到 Sidecar 中。不过这一点涉及对策略系统架构设计的深层思考，刚接触 Istio 的读者不必深究。

虽然这几个设计目标在实践中并没有得到完全的满足，不过从整体上来看，Istio 还是在设计和架构上对实现这几个目标进行了深入思考。

8.4.2 架构和核心组件

在前面关于 Service Mesh 的介绍中，我们谈到，Istio 作为第二代 Service Mesh 产品，带来的最大革新在于增加了控制平面，从而极大增强了控制力。下面我们来详细看一下 Istio 的整体架构，从逻辑上来讲，Istio 分为数据平面和控制平面两个部分。

- 数据平面是以 Sidecar 方式部署的智能代理，Istio 默认集成的是 Envoy。数据平面用来控制微服务之间的网络通信，以及和 Mixer 模块的通信。

- 控制平面负责管理和配置数据平面，控制数据平面的行为，如代理路由流量、实施策略、收集遥测数据、加密认证等。控制平面包含 Pilot、Mixer、Citadel 三个主要组件。

图 8-20 来自 Istio 官方文档，展示了 Istio 的整体架构，详细描述了数据平面和控制平面的组成、调用关系和主要职责。

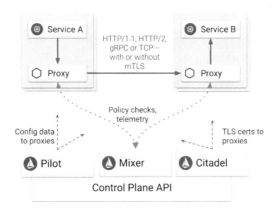

图 8-20　Istio 的整体架构

▶ Envoy

Envoy 是由 Lyft 开发并开源的基于 C++ 的高性能代理。Istio 中使用的是 Envoy 的扩展版本，称为 Istio Proxy，在 GitHub 仓库中为 istio/proxy，可以理解为在标准版本的 Envoy 基础上扩展了 Istio 独有的功能。

在 Istio 中，Envoy 用于调节服务网格中所有服务的所有入站和出站流量，Envoy 的大量功能在 Istio 中被使用。简单来说，Envoy 主要提供服务间通信的能力，包括对各种网络通信协议的支持，具体如下。

- HTTP/1.1
- HTTP/2
- gRPC
- TCP Proxy
- Thrift 协议以及稍后可能加入的 Dubbo 协议

另外，Envoy 还提供了和网络通信直接相关的各种功能，具体如下。

- 服务发现（从 Pilot 得到服务发现信息）

- 负载均衡

- 健康检查

- 熔断

- 高级路由（路由规则由 Polit 下发）

- 基于百分比的流量拆分

- 加密和认证

- 故障注入

此外，Envoy 还要完成对请求属性的提取，这些属性可以通过 Istio Proxy 的 Mixer Filter 发送给 Mixer，用于执行策略决策、配额检查等行为。类似地，Envoy 也将各种数据输入 Mixer，并通过 Mixer 发送给集成的各种后端基础设置，以提供整个服务网格的行为信息。

Envoy 中的 Mixer Filter 和 Mixer 的交互如图 8-21 所示。

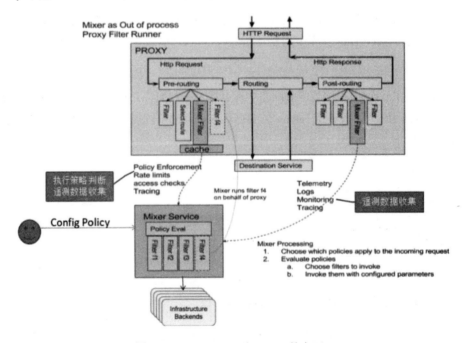

图 8-21　Mixer Filter 和 Mixer 的交互

Mixer

Mixer 是负责提供策略控制和遥测收集的组件,在 Istio 中的职责主要有以下三点。

- Check:也称为 precondition,前置条件检查,允许服务在响应来自服务消费者的请求之前验证一些前置条件。前置条件包括认证、黑白名单、ACL 检查等。
- Quota:使服务能够在多个维度上分配和释放配额,典型例子是限速。
- Report:遥测报告,使服务能够上报日志和监控,通常包括 Metrics、Logging、Distribution Trace。

Mixer 和 Envoy 的交互如图 8-22 所示。

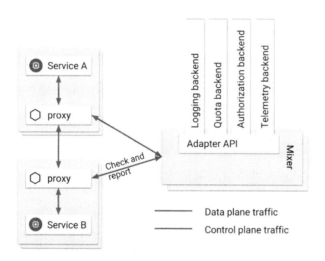

图 8-22　Mixer 和 Envoy 的交互

我们的系统通常会基于大量的基础设施来构建,这些基础设施的后端服务为业务服务提供了各种支持功能,在传统设计中,服务直接与访问控制系统、遥测捕获系统、配额执行系统、计费系统等后端系统集成时容易产生硬耦合。

为了避免应用程序的微服务和基础设施的后端服务之间直接耦合,Istio 提供了 Mixer 作为两者的通用中介层,图 8-23 展示了 Mixer 的设计理念。

Mixer 将策略决策从应用层移出并用配置替代,由运维人员控制。应用程序不再直接与特定后端集成在一起,而是与 Mixer 进行简单的集成,然后 Mixer 负责与后端系统连接。

特别提醒：Mixer 的目的不是在基础设施后端创建一个抽象层或者可移植层，也不是试图定义一个通用的日志 API、指标 API、计费 API 等，Mixer 的设计目标是减少业务系统的复杂性，将策略逻辑从业务的微服务代码转移到 Mixer 中，并且改为由运维人员控制。

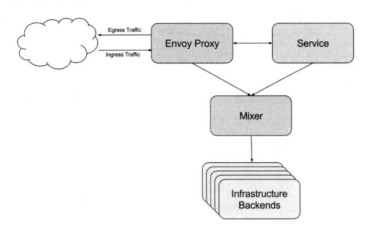

图 8-23　Mixer 的设计理念

概括来说，Mixer 提供了以下能力。

- 后端抽象：Mixer 隔离 Istio 的其余部分和各个基础设施后端的实现细节。

- 中介：Mixer 允许运维人员对服务网格和基础设施后端之间的所有交互进行细粒度的控制。

为了实现 Mixer 要求的抽象，Mixer 采用了适配器的设计方式，将后端基础设施抽象为通用插件模型，提取为适配器接口，然后为不同的后端基础设施开发适配器的实现，在运行时通过配置开启需要的适配器，然后连接到对应的基础设施后端。

适配器的设计和实现，使 Mixer 能够对外暴露一致的 API，而与具体使用的后端基础设施不直接耦合，方便扩展和运行时动态配置。

当前 Istio 已经实现的适配器如下。

- bypass

- circonus

- cloudwatch

- denier
- dogstatsd
- fluentd
- kubernetesenv
- list
- memquota
- noop
- opa
- prometheus
- rbac
- redisquota
- servicecontrol
- signalfx
- salarwinds
- stackdriver
- statsd
- stdio

Pilot

Pilot 在 Istio 中承担的主要职责是向 Envoy Sidecar 发送服务发现信息和各种流量管理及路由规则。另外，Pilot 对外向更高层的用户暴露高级的 Rules API，用于接收控制流量行为的高级路由规则，然后转换为特定的规则配置，并在运行时通过 Envoy API 将它们下发到 Envoy。

Pilot 与 Envoy 的交互如图 8-24 所示。

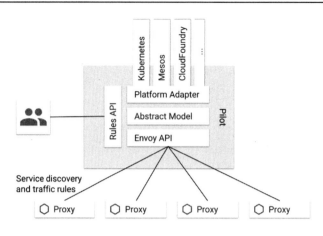

图 8-24　Pilot 与 Envoy 的交互

Pilot 中的各个组成部分及职责如下。

- Envoy API：负责和 Envoy 通信，将服务发现信息和流量控制规则发送给 Envoy。Envoy 原生提供服务发现、负载均衡池和路由表的动态更新的 API，在 Envoy 中称为 XDS API，这些 API 将 Istio 和 Envoy 的实现解耦，使得 Linkerd、Ngxinmesh、SOFAMosn 等其他数据平面可以平滑接替 Envoy。

- Abstract Model：Pilot 定义的服务抽象模型，可以从特定平台细节中解耦，为跨平台提供基础。

- Platform Adapter：上述抽象模型的实现版本，用于对接外部的不同平台，如 Kubernetes、Mesos 等。

- Rules API：提供接口给外部调用，以管理 Pilot，包括命令行工具 Istioctl 以及未来可能出现的第三方管理界面。

前面介绍过 Istio 的几个重要设计目标，其中的可移植性便是 Pilot 的设计重点。

这里涉及一个"服务规范"的概念，即如何定义一个服务。在不同的底层平台，以及不同的服务注册和服务发现机制中，对于服务的定义也是各不相同的。Istio 为了满足可移植性的设计要求，就必须提供一套服务发现机制的抽象，以便在不同的平台上部署时依然可以提供统一的服务发现机制和相关的规则配置信息，然后通过 Envoy API 进行下发。最终的目标是在 Pilot 层面屏蔽掉底层平台的差异性，让其他模块不受影响。

Pilot 的实现方式具体如下。

- 抽象：将服务网格中的服务（包括管理规则）进行抽象，提供一个规范的表示方式，独立于底层平台，即图 8-24 中的 Abstract Model。

- 实现：为不同的底层平台制定特定的实现方式，完成平台到 Abstract Model 的信息填充，即图 8-24 中的 Platform Adapter。最典型的实现就是 Kubernetes 适配器，通过访问和观察 Kubernetes API server 中 Pod 的注册信息来获取服务注册信息。

目前 Pilot 实现的 Platform Adapter 主要有 Kubernetes 和 Consul。注意，Istio 早期版本支持 Eureka，但自从 Eureka 宣布 2.0 版本闭源之后，Istio 就去除了对 Eureka 的支持。

Citadel

将服务拆分为微服务之后，虽然带来了各种好处，但在安全方面也带来了比单体时代更多的要求，毕竟不同功能模块之间的调用方式从单体架构中的方法调用变成了微服务之间的远程调用。

- 加密：为了不泄露信息，并且抵御中间人攻击，需要对服务间通信进行加密。

- 访问控制：不是每个服务都容许被任意访问，因此需要提供灵活的访问控制，如双向 TLS 和细粒度的访问策略。

- 审计：如果需要审核系统中哪些用户做了什么，则需要提供审计功能。

这些需求适用于所有的微服务体系，而在 Istio 这种 Service Mesh 体系下，满足这些需求的方式和侵入式框架有所不同。

如果要在侵入式框架中增加某个功能，比如加密，就需要在客户端和服务器端的类库中增加相应的功能，然后相互通信的服务之间升级类库版本再通过配置方式开启加密功能。这不仅仅要实现加解密和证书管理的基础代码，而且由于要分发新版本的类库和升级应用程序，成本也比较高。此外还要考虑客户端和服务器端如何协调升级，操作上比较麻烦。

Service Mesh 在满足加密认证等需求上具有得天独厚的优势，由于服务间通信都在 Sidecar 的控制当中，因此，要想实现加密，只需要在 Sidecar 之间实现即可。原有的应用程序，无论是客户端程序还是服务器端程序，都不用修改。

这也是 Service Mesh 技术所追求的对应用程序透明的典型表现方式，可以在应用程序无感知的情况下，为现有应用增加加密、认证等高级功能。Istio 的安全架构如图 8-25 所示。

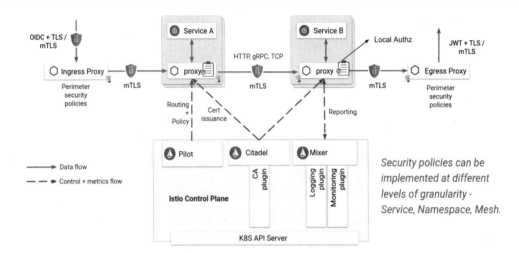

图 8-25　Istio 的安全架构

Citadel 是 Istio 中负责安全性的组件，但是 Citadel 需要和多个其他组件配合才能完成工作，各个组件的功能差异如下。

- Citadel：用于密钥管理和证书管理，下发到 Envoy 等负责通信转发的组件。
- Envoy：使用从 Citadel 下发而来的密钥和证书，保障服务间通信的安全，注意在应用和 Envoy 之间是通过 Localhost 回环地址通信的，通常不用加密。
- Pilot：将授权策略和安全命名信息分发给 Envoy。
- Mixer：负责管理授权、完成审计等。

Istio 支持的安全类功能有以下几种。

- 流量加密：加密服务间的通信流量。
- 身份认证：通过内置身份和凭证管理提供强大的服务间和最终用户身份认证能力，包括传输身份认证和来源身份认证，支持双向 TLS。
- 授权和鉴权：提供基于角色的访问控制（RBAC），提供命名空间级别、服务级别和方法级别的访问控制。

在介绍了 Service Mesh 技术的定义、演进历程和市场竞争之后，我们又粗略地介绍了当前 Service Mesh 领域最具吸引力的产品 Istio，相信大家对 Service Mesh 和 Istio 应该已经有了基本的认知和了解。

由于篇幅有限,Service Mesh 庞大的体系和 Istio 丰富的功能都远未能充分展现,有兴趣的读者可以自行学习,这里为大家推荐两个学习途径。

- Istio 官方文档中文版:Istio 文档中的内容非常丰富,是了解和学习 Istio 的良好途径,推荐阅读。目前 ServiceMesher 中文社区组织翻译了 Istio 的官方文档并在持续更新,可以通过 https://istio.io/zh/ 进行访问。

- ServiceMesher 中文社区:Service Mesh 中国技术社区,主要目的是推广 Service Mesh 技术,加强行业内部交流,传播开源文化,推动 Service Mesh 在企业中落地,网站地址为 servicemesher.com。

第 9 章 云原生数据架构

大量的数据积累是当今各行各业的财富，数据库是数据存储的重要途径。在大数据和微服务大行其道的今天，传统的关系型数据库也将迎来变革。云原生的数据库架构，将越来越受到关注。

9.1 关系型数据库尚能饭否

关系型数据库从出现至今，几十年时间里一直是数据库领域的佼佼者。图 9-1 展示了全球较为权威的 DB-Engines 公布的数据库统计排名，排名主要依据 Google 及 Bing 搜索引擎上的关键字搜索量、职位搜索量，以及 Stack Overflow 上的关注量等。

Rank Jun 2018	Rank May 2018	Rank Jun 2017	DBMS	Database Model	Score Jun 2018	Score May 2018	Score Jun 2017
1.	1.	1.	Oracle	Relational DBMS	1311.25	+20.84	-40.51
2.	2.	2.	MySQL	Relational DBMS	1233.69	+10.35	-111.62
3.	3.	3.	Microsoft SQL Server	Relational DBMS	1087.73	+1.89	-111.23
4.	4.	4.	PostgreSQL	Relational DBMS	410.67	+9.77	+42.13
5.	5.	5.	MongoDB	Document store	343.79	+1.67	+8.79
6.	6.	6.	DB2	Relational DBMS	185.64	+0.03	-1.86
7.	7.	↑9.	Redis	Key-value store	136.30	+0.95	+17.42
8.	↑9.	↑11.	Elasticsearch	Search engine	131.04	+0.60	+19.48
9.	↓8.	↓7.	Microsoft Access	Relational DBMS	130.99	-2.12	+4.44
10.	10.	↓8.	Cassandra	Wide column store	119.21	+1.38	-4.91
11.	11.	↓10.	SQLite	Relational DBMS	114.26	-1.19	-2.44

图 9-1 DB-Engines 公布的数据库统计排名

截至 2018 年 6 月，排名前 6 位的数据库，仅有排名第 5 的 MongoDB 是文档型数据库，其余全部是关系型数据库，且前 3 位所占有的比重远远领先于其他数据库。

9.1.1 优势

关系型数据库在经过大数据、NoSQL 及 NewSQL 等新兴技术的轮番轰炸后依然坚挺，这与其固有的优势密不可分。它的优势主要体现在对开发、运维、系统这三个方面的重大影响上。

▶ 开发优势

对于开发人员来说，关系型数据库的首要优势是面向 SQL。SQL 是关系型数据库的结构化查询语言，虽然不同的关系型数据库有不同的 SQL 方言，但基于 ANSI 标准的 SQL 是大部分关系型数据库都支持的。SQL 是面向数据库的访问语言，可以非常方便地对数据库进行增、删、改、查以及授权和管理。SQL 的查询灵活度非常高，可以十分便捷地在联机事务处理（OLTP）与联机分析处理（OLAP）之间转换。

SQL 是应用开发工程师必须掌握的一门编程语言，流行度非常高，对于任何公司而言，招聘到一个完全不会写 SQL 的应用开发工程师的概率非常小。因此，SQL 极大地降低了招聘开发人员的成本。

除了 SQL 语言本身，各种开发语言对关系型数据库的支持也十分完善。以 Java 为例，JDBC 是 Java 语言访问数据库的标准接口，各个关系型数据库厂商均提供了实现 JDBC 接口的驱动程序。使用 Java 语言进行开发的工程师无须感知不同关系型数据库间的差异，只要根据 JDBC 接口编程即可。

由于面向关系的数据库存储与面向对象的 Java 程序不易一一对应，因此产生了很多对象关系映射（ORM）框架用于解决关系对象模型阻抗不匹配的问题，常见框架如 JPA 及其官方实现 Hibernate、MyBatis、Jooq 等，进一步简化了应用工程师的日常开发工作。ORM 框架大多采用 JDBC 封装，对各个关系型数据库的兼容性非常高。

▶ 运维优势

关系型数据库由于存在时间长久，因此针对每一种常见的关系型数据库，都能比较容易地招聘到相应的数据库管理员（DBA），以保证数据库的稳定性、安全性、完整性，并通过监控和分析关系型数据库的系统瓶颈提升设计的合理性。

成熟的关系型数据库都有完善的生态圈，可以保证用于实现数据备份、性能监测分析等功能的配套工具能够正常使用。规模较大的企业以及重要业务系统一般都需要专门的 DBA 进行运维工作。

> **系统优势**

只有时间才是检验技术是否成熟与稳定的标准。关系型数据库经历了几十年的考验，能够应对超大规模的使用需求，其存储引擎也已经十分成熟。基于 MVCC 的数据库引擎在性能和正确性上能做到很好的平衡，并且能通过 B+Tree 索引大幅提升查询的效率。面对数据库这样的关键组件，谨慎选用是架构师们需要十分注意的。

基于 ACID 的事务是关系型数据库带给应用系统的又一强力保障。ACID 是数据库事务能够正确执行的四个基本要素的首字母，分别指代原子性（Atomicity）、一致性（Consistency）、隔离性（Isolation）和持久性（Durability）。只有支持事务的数据库才能最大限度地保证数据的正确性和完整性。

- 原子性：位于同一事务中的所有操作要么全部完成（提交），要么全部不完成（回滚），不能停滞在某个中间环节。如果事务在执行过程中发生错误，数据将会恢复到事务开始前的状态。

- 一致性：事务应该将数据库从一个一致状态转变为另一个一致状态之间的中间状态封装起来。一致状态是指数据库中的数据应满足完整性约束，并且数据库的中间状态不应在事务之外被感知。

- 隔离性：多事务并发执行时，彼此不应相互影响，就像只有一个事务在被数据库执行一样。

- 持久性：事务完成后，该事务对数据库的所有更改将被持久保存在数据库中。

在编程中使用事务并非难事，Spring 等各类开发框架已经在面向切面（AOP）层面做得非常好了。

9.1.2 不足

关系型数据库的性能和访问承载能力在面向单一数据节点的企业级应用时代是无可挑剔的。在访问量和数据量急剧增长的今天，关系型数据库已经很难再像以前那样作为大规模系统的底层支撑了，甚至成为了应用系统的瓶颈。

关系型数据库主要有以下几点不足。

- 单节点并发访问量受限。由于数据库中存储的数据是有状态的，因此很难像服务一样任意拆分和扩容。单一的数据库节点承载大量服务节点的查询和更新请求，这并非一个对等的架构部署模式。

- 单节点数据承载量受限。单一数据库节点对数据的承载能力是有限的。数据量越大，用于查询数据所创建的索引的深度就越深。索引深度决定 I/O 访问的次数，索引越深，I/O 的访问次数就越多。

- 分布式事务性能衰退严重。将数据库拆分之后，需要使用分布式事务代替本地事务。基于 XA 的分布式事务采用两阶段提交方式，在准备阶段即锁定资源，直至整个事务结束。在系统并发度增加时，性能会急剧下降。

综上所述，关系型数据库的不足，归根结底是设计初衷有一定问题。它并非分布式的产物，对分布式系统天生不友好，因此它很难适应互联网的架构模型。面对可以随时弹性扩容的无状态服务，使用关系型数据库已经略显笨重。

9.2 未达预期的 NoSQL

随着关系型数据库的不足之处越来越明显地被暴露出来，NoSQL 出现了。NoSQL 的目的并不是取代关系型数据库，而是实现"Not Only SQL"，提供 SQL 之外的另一种选择。

NoSQL 有很多种分类，大致包括键值数据库、文档数据库、列族数据库以及图数据库等，可以应对各式各样的场景。

9.2.1 键值数据库

键值数据库的代表是 Redis。Redis 在很多场景下都作为缓存使用，但它也同样提供了落盘功能。面对通过主键进行查询的场景，Redis 的效率非常高，但对于内容查询则无能为力。

Redis 提供了集群处理的能力，可以将数据分散至不同的节点，有效解决了单一节点的访问量瓶颈。如果因为无法在内存中加载 Redis 的全部数据而导致落盘，Redis 的性能将有所下降，因此在数据量较大的情况下，将 Redis 的数据根据主键进行分片是不错的方案。

Redis 通过 MULTI、EXEC、DISCARD 以及 WATCH 命令提供事务处理功能。Redis 事务提供了一次性的、按顺序的、不可中断的命令执行机制。即使事务中的部分命令执行失败也无法回滚，因此 Redis 的事务与数据库领域中的事务并不是一一对应的。

9.2.2 文档数据库

文档数据库的代表是 MongoDB。文档模型与面向对象的数据表达方式更加接近，它拥有自由度极高的 Schema 模型，可以方便地与 JSON 数据进行映射。

文档数据库的设计理念与关系型数据库的设计理念完全不同，它没有静态定义的表结构，使用文档数据库时，可以灵活地在文档中随意增减属性，嵌入子文档和数组。因此面向文档数据库设计应用程序是以对象本身为主的，而不是优先考虑数据库表结构该如何定义。这种设计使得开发工程师能够十分方便地修改程序逻辑，无须考虑由于数据库表结构变更导致的锁表问题。MongoDB 的查询十分灵活，可以根据需要查找的内容建立索引以提升效率。

MongoDB 在分布式的表现上也远强于关系型数据库，它可以将数据自动分片，并且能够透明化分片之间的负载均衡和失效转移。MongoDB 还内置了 GridFS，支持大数据集的存储。

直到最新的 4.0 版本，MongoDB 才开始支持 ACID 事务，之前的版本仅支持使用最终一致性事务。相比于关系型数据库，MongoDB 的 ACID 事务的稳定性还有待验证，因此不建议将 MongoDB 用于非常关键的业务系统（如订单系统、交易系统、账务系统等），而建议将其用于论坛等对数据事务要求级别低一些的业务系统。

9.2.3 列族数据库

列族数据库的代表是 Hadoop 大数据体系中的 HBase，它是专门用于处理海量数据的分布式数据库。

HBase 通过行键和列族来确定一条记录，每个列族中的属性是不固定的，这一点与文档数据库类似。HBase 同样能够自动切分数据，使得数据存储自动具有水平扩展的能力。HBase 的数据存储在 HDFS 这样的分布式文件系统中，对海量数据的支持是最好的。

HBase 采用 LSM Tree（Log-Structured Merge-Tree），将对数据的更改放在内存中，达到指定的阈值后再将更改归并，然后批量写入磁盘，将单个写操作转换为批量写操作，大幅提升写入速度。但在读取数据时，HBase 则需要分别查找内存和磁盘中的数据，会对性能产生一定影响。因此 HBase 更加适合写多读少的应用。另外，HBase 不支持 ACID 事务，只能通过行键来查询数据。

图数据库是用于处理图关系的数据库，一般用于特殊场景，这里不再介绍。

NoSQL 数据库的种类繁多，分别适用于不同的场景。下面我们通过表 9-1 简单对比一下前文介绍的三种 NoSQL 数据库。

表 9-1　NoSQL 数据库对比

	键值数据库	文档数据库	列族数据库
代表	Redis	MongoDB	Hbase
查询灵活度	主键	任意	行键
最佳数据量	内存	适中	海量
性能	非常好	好	好
数据分片	原生支持	原生支持	原生支持
数据迁移	第三方支持	原生支持	原生支持
事务	无法回滚	最终一致性	最终一致性

虽然各种 NoSQL 的使用场景有很大差别，但它们大多对分布式数据库所需的分片和数据迁移功能支持得非常好，在海量数据和高并发支持方面，性能强于传统的关系型数据库。

NoSQL 数据库虽然可以提供良好的扩展性和灵活性，但它们的不足却是十分明显的。

不同的 NoSQL 数据库都有自己的查询语言，相比于 SQL，制定应用程序标准接口难上加难。并且 NoSQL 也无法提供 ACID 事务操作，因此很多企业无法放心将 NoSQL 应用于核心业务系统中。

正如 NoSQL 的定义所说，它们仅仅是基于 SQL 的关系型数据库的有益补充，而非关系型数据库的替代品。

9.3　冉冉升起的 NewSQL

由于 SQL 和 ACID 事务实在太深入人心，而对分布式数据库的需求又前所未有的旺盛，因此另一种数据库——NewSQL 就应运而生了。NewSQL 是各种具有分布式可扩展功能的数据库的简称，NewSQL 继承了 NoSQL 对海量数据的处理能力，同时还保持了传统关系型数据库对 SQL 和 ACID 事务的支持。NewSQL 的关注重点在于混合式（Hybrid）数据库，更倾向于找寻不再区分 OLTP 与 OLAP 查询的多模式数据库构建方案。

2016 年，Andrew Pavlo 与 Matthew Aslett 发表了论文 *What's Really New with NewSQL？*，其中将 NewSQL 划分为三个大类，分别是新架构（New Architecture）、透明化分片中间件（Transparent Sharding Middleware）和云数据库（Database-as-a-Service）。

9.3.1 新架构

新架构 NewSQL 是全新的面向分布式架构而设计的数据库系统。

该系统一般使用 share-nothing 架构，具有多节点并发控制、高度容错的自动化数据副本复制、流量控制及分布式查询处理等特征。由于它们是天生面向分布式多节点而设计的系统，因此处理查询优化和节点间通信协议的能力更加出色。举例来说，NewSQL 数据库的多数据节点间可以直接通信，无须依赖中心节点。除了 Google 的 Spanner，其他类似的数据库都需要自行管理数据在磁盘和内存中的存储与分布，这意味着该类型的数据库系统负责将查询发送到数据节点，而不是将数据复制到请求节点，这样做可以减少网络传输成本。

由于采用了全新的架构设计方式和存储引擎，并未经过时间验证，因此企业的技术选型者们格外谨慎。同时，具有运维新一代 NewSQL 经验的工程师也凤毛麟角，相比于关系型数据库，NewSQL 当前的使用者数量非常少。很多企业都会尝试跟进新架构 NewSQL，但尚未迁移至核心系统。

最典型的新架构 NewSQL 产品是 Google 的 Spanner，以及优秀的国产数据库 TiDB。

9.3.2 透明化分片中间件

透明化分片中间件允许应用将数据分片写入多数据节点，但数据节点仍然采用面向单数据节点的关系型数据库。透明化分片中间件使用中心组件来路由数据操作请求、协调事务、管理数据分布以及复制数据副本。整个集群对外是一个逻辑实例，应用往往无须改动即可平滑使用。

透明化分片中间件的核心优势是兼容性强，它可以低成本地在系统现有的单机关系型数据库与分片中间件之间切换，无须开发者进行任何代码上的改动。透明化分片中间件 NewSQL 的目的是，充分合理地在分布式场景下利用传统关系型数据库的计算和存储能力，而非实现一个全新的关系型数据库。这样既可以利用传统关系型数据库的稳定性和兼容性，又可以在其基础之上增加分布式场景的处理方法。"在原有基础上增加，而非颠覆"是这类 NewSQL 产品的核心理念。

由于基于单数据节点的传统关系型数据库是面向磁盘设计的，对于基于内存的存储管理以及并发控制不如重新设计的面向分布式的新架构 NewSQL 高效。另外，SQL 解析、查询优化等工作在中间件和数据库中将会重复进行，也会使整体运行效率略逊于新架构 NewSQL。

在国内的大中型互联网企业中，这类 NewSQL 十分流行，每个公司基本都有自己的数据库中间件。但由于和公司内部的业务系统耦合较重，因此成熟的开源产品较少。目前进入 Apache 基金会孵化器的 Apache ShardingSphere 是这类产品的代表。

9.3.3 云数据库

最后一种类型的 NewSQL 是由云计算公司所提供的云数据库产品。云数据库的使用方无须自行维护数据库及其硬件，而可以将全部数据托管至云平台所提供的服务。使用方通过数据库的 URL 连接至云端数据库，并通过 API 或操作仪表盘去操作和监控系统。

云数据库使用成本最低，工程师无须考虑数据库的任何细节问题，对中小型企业来说是理想的解决方案，其中，亚马逊所提供的 Aurora 是这类 NewSQL 的典型代表。但对于拥有巨大数据体量的公司来说，采用前两种 NewSQL 的开源或自研方案更加合适。

NewSQL 虽然尚未成熟，但确实是面向未来的正确尝试。三种 NewSQL 的关注点各不相同，新架构数据库的关注点是彻底革新；透明化分片中间件数据库的关注点是增量；云数据库的关注点是屏蔽用户使用细节。虽然不同类型的数据库各有千秋，但它们的核心功能是类似的。

无论对于哪一种 NewSQL 而言，混合式（Hybrid）数据库都将是其未来的发展方向，当不再区分 OLTP 与 OLAP 时，开发成本将会极大地降低。下面我们会详细说明面向云原生的数据库的核心功能特征。

9.4 云原生数据库中间件的核心功能

阳光之下，并无新事。NewSQL 的出现将各种技术组合在一起，这些技术组合后所实现的核心功能推动着云原生数据库的发展。

在 NewSQL 的三种分类中，新架构和云数据库涉及了太多与数据库相关的底层实现，为了保证本书内容不至于太过发散，我们将重点介绍透明化分片中间件数据库的核心功能与实现原理，另外两种类型的 NewSQL 在核心功能上类似，实现原理有所差别。

9.4.1 数据分片

传统的将数据集中存储至单一数据节点的解决方案，在性能、可用性和运维成本这三方面已经难以满足互联网的海量数据场景。

从性能方面来说，关系型数据库大多采用 B+ Tree 类型的索引，在数据量超过阈值的情况下，索引深度的增加也将使磁盘访问的 I/O 次数增加，进而导致查询性能下降。同时，高并发访问请求也使得集中式数据库成为系统的最大瓶颈。

从可用性方面来讲，服务化的无状态型应用能够做到较低成本下的随意扩容，这必然导致系统的最终压力都落在数据库之上。而单一的数据节点，或者简单的主从架构，已经越来越难以承担，数据库的可用性已成为整个系统的关键。

从运维成本方面考虑，当一个数据库实例中的数据量达到阈值时，对于 DBA 的运维压力就会增大。数据备份和恢复的时间成本都将随着数据量的增大而愈发不可控。一般来讲，单一数据库实例的数据阈值在 1TB 之内是比较合理的。

在传统的关系型数据库无法满足互联网场景需求的情况下，越来越多人尝试将数据存储至原生支持分布式的 NoSQL 中。但 NoSQL 对 SQL 的不兼容性以及生态圈的不完善，使得 NoSQL 在与关系型数据库的博弈中始终无法完成致命一击，关系型数据库的地位依然不可撼动。

数据分片是指按照某个维度将存放在单一数据库中的数据分散地存放至多个数据库或表中，这样可以达到提升性能瓶颈及可用性的效果。数据分片的有效手段是对关系型数据库进行分库和分表。分库和分表均可以有效地避免由数据量超过可承受阈值而产生的查询瓶颈。除此之外，分库还能够有效地分散对数据库单点的访问量，分表虽然无法缓解数据库的压力，但却有可能将分布式事务转化为本地事务，一旦涉及跨库更新，分布式事务的引入将会使问题变得复杂。使用多主多从的分片方式可以有效地避免数据单点问题，从而提升数据架构的可用性。

数据分片的方式

通过分库和分表进行数据拆分使各个表的数据量保持在阈值以下，以及对流量进行疏导来应对高访问量，是应对高并发和海量数据系统的有效手段。数据分片又分为垂直分片和水平分片两种。为了缓解读写压力，也可以采用读写分离的方式拆分数据库。

1. 垂直分片

按照业务进行拆分的数据分片方式称为垂直分片，又称为纵向拆分，它的核心理念是专库专用。在拆分之前，一个数据库由多个数据表构成，每个表对应着不同的业务。而拆分之后，需要按照业务将表进行归类，分布到不同的数据库中，从而将压力分担至不同的数据库。图 9-2

展示了根据业务需要将用户表和订单表垂直分片到不同数据库的方案。

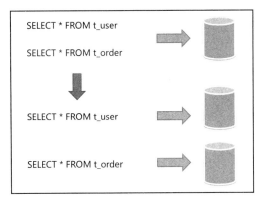

图 9-2　垂直分片方案

垂直分片时往往需要对架构设计方案进行调整。通常来讲，是来不及应对互联网业务需求的快速变化的。而且，垂直分片也并不能真正解决单点瓶颈。垂直分片可以缓解数据量和访问量增长带来的问题，但无法从根本上解决问题。如果垂直拆分之后，表中的数据量依然超过单节点所能承载的阈值，则需要通过水平分片来进一步处理。

2．水平分片

水平分片又称为横向拆分。相对于垂直分片，它不再根据业务逻辑对数据进行分类，而是根据某种规则，通过某个字段（或某几个字段）将数据分散至多个库或表中，每个分片仅包含数据的一部分。例如，根据主键分片，偶数主键的记录放入一个库（表），奇数主键的记录放入另一个库（表），如图 9-3 所示。

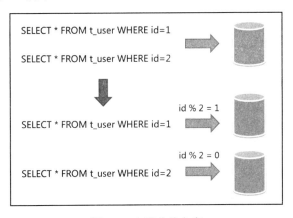

图 9-3　水平分片方案

水平分片从理论上突破了单机数据量处理的瓶颈，并且扩展起来相对自由，是分库和分表的标准解决方案。

3. 读写分离

面对日益增长的系统访问量，数据库的吞吐量也面临着巨大挑战。对于同一时刻有大量并发读操作和较少写操作的应用系统来说，应将数据库拆分为主库和从库，主库负责处理事务性的增删改操作，从库负责处理查询操作，这样能够有效避免由数据更新导致的行锁问题，使整个系统的查询性能得到极大的改善。

通过一主多从的配置方式，可以将查询请求均匀地分散到多个数据副本，进一步提升系统的处理能力。

使用多主多从的方式，不但能够提升系统的吞吐量，还能提升系统的可用性，可以达到在任何一个数据库宕机甚至磁盘物理损坏的情况下仍然不影响系统正常运行的效果。

与根据分片键将数据分散至各个数据节点的水平分片方式不同，读写分离是根据 SQL 语义的分析结果将读操作和写操作分别路由至主库与从库的。图 9-4 展现了通过读写分离方式将查询操作与更新操作分流到不同数据库的方案。

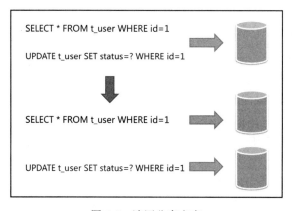

图 9-4　读写分离方案

读写分离的数据节点中的数据内容是一致的，而水平分片的每个数据节点中的数据内容并不相同。将水平分片和读写分离联合使用，能够更加有效地提升系统性能。

❧ 数据分片面临的挑战

虽然数据分片解决了性能、可用性以及单点备份恢复等问题，但分布式架构在获得收益的同时，也引入了新的问题。

面对如此散乱的经过分库、分表的数据，应用开发工程师和数据库管理员的工作变得异常繁重。如何减轻工程师和管理员的工作量，这便是数据分片面临的重要挑战之一，首先知道数据是从哪个具体的数据库分表中获取的。

另一个挑战是，在单节点数据库中能够正确运行的 SQL，并不一定能够在分片之后的数据库中正确运行，例如，分表会导致表名称被修改，或者使分页、排序、聚合分组等操作不正确，这种情况该怎么办呢？

跨库事务也是分布式数据库集群要面对的棘手问题。合理采用分表，可以在降低单表数据量的情况下尽量使用本地事务，善于使用同库不同表可有效避免分布式事务带来的麻烦。在不能避免跨库事务的场景下，有些业务仍然需要保持一致性。而基于 XA 的分布式事务由于在高并发场景中无法满足性能需求，因此并未被互联网巨头们大规模使用，互联网企业大多采用最终一致性的柔性事务代替强一致性事务。

读写分离虽然可以提升系统的吞吐量和可用性，但同时也带来了数据不一致的问题，包括多个主库之间的数据不一致问题，以及主库与从库之间的数据不一致问题。同时，读写分离也带来了与数据分片同样的问题，它同样会使应用开发人员和运维人员的工作变得复杂。图 9-5 展现了分库分表与读写分离一同使用时，应用程序与数据库集群之间的复杂拓扑关系。

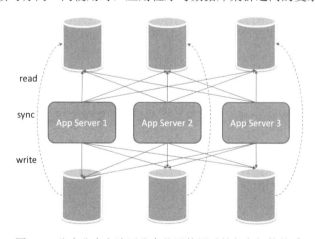

图 9-5　分库分表和读写分离共同使用时的复杂拓扑关系

数据分片解决方案

全新架构的 NewSQL 与透明化数据分片中间件对数据分片的处理方式是不同的。

全新架构的 NewSQL 采用重新设计的数据库存储引擎,将同一个逻辑表中的数据存储在分布式文件系统中,并能够利用内存尽量优化存取的效率。

数据分片中间件则是尽量透明化分库和分表所带来的影响,让使用方尽量像使用一个数据库一样使用水平分片和读写分离之后的数据库集群。

▶ 数据分片核心流程

数据分片的核心流程由协议适配、SQL 解析、请求路由、SQL 改写、SQL 执行、结果归并这几步组成。

1. 协议适配

为了方便将原有的应用程序接入中间件,需要兼容对数据库的访问,因此需要进行数据库协议的适配。

兼容数据库的协议可以降低使用方的接入成本。所有的开源关系型数据库均能通过实现其自身的协议标准,将自己的产品"装扮"成原生的关系型数据库。

由于 MySQL 和 PostgreSQL 的流行度较高,因此很多 NewSQL 会实现它们的传输协议,让使用 MySQL 和 PostgreSQL 的用户无须修改业务代码就能自动接入 NewSQL 产品。

MySQL 是当前最为流行的开源数据库。要了解它的协议,可以从 MySQL 的基本数据类型、协议包结构、连接阶段、命令阶段这四个方面入手。

MySQL 协议包中所有的内容均由 MySQL 所定义的基本数据类型组成,具体数据类型及其描述参见表 9-2。

表 9-2 MySQL 的基本数据类型及描述

数据类型	描述
int<1>	占位为 1 个字节的数字
int<2>	占位为 2 个字节的数字
int<3>	占位为 3 个字节的数字
int<4>	占位为 4 个字节的数字
int<6>	占位为 6 个字节的数字
int<8>	占位为 8 个字节的数字

数据类型	描述
int<lenenc>	占位的字节数由数字本身计算而成
	当数字的第一个字节小于 0xfb 时,返回当前 1 个字节的数字
	当数字的第一个字节等于 0xfb 时,返回 0
	当数字的第一个字节等于 0xfc 时,返回之后 2 个字节的数字
	当数字的第一个字节等于 0xfd 时,返回之后 3 个字节的数字
	当数字的第一个字节大于 0xfd 时,返回之后 8 个字节的数字
string<fix>	读取占位为固定字节的字符串
string<EOF>	读取至以结束符为界的字符串
string<NUL>	读取至以 NUL(0)为界的字符串
string<lenenc>	先读取 int<lenenc>的数值,再通过该数值读取相应占位字节上的字符串
string<var>	较少使用

在需要将二进制数据转换为 MySQL 可理解的数据时,MySQL 协议包将根据数据类型预先定义的位数进行读取,并将读取结果转换为相应的数字或字符串。反之,MySQL 会将每个字段按照规范中规定的长度写入协议包。

MySQL 协议由一个或多个 MySQL 协议包(MySQL Packet)组成。无论类型如何,它均由消息长度(Payload Length)、序列主键(Sequence ID)和消息体(Payload)这三部分组成。

消息长度为 int<3>类型,指明了随后的消息体所占用的字节总数。需要注意的是,消息长度并不包含序列主键的占位。

序列主键为 int<1>类型,表示一次请求后返回的多个 MySQL 协议包中的每个协议包的序号。占位为 1 字节的序列主键最大值为 0xFF,即十进制的 255,但这并不表示每次请求最多只能包含 255 个 MySQL 协议包,超过 255 的序列主键将再次从 0 开始计数。例如一次查询可能返回几十万条记录,那么 MySQL 协议包只需要保证其序列主键连续,将大于 255 的序列主键重置为 0 并重新开始计数即可。

消息体的长度为消息的字节数。它是 MySQL 协议包中真正的业务数据,根据不同的协议包类型,消息体的内容也不同。

连接阶段用于创建 MySQL 的客户端与服务端的通信管道。该阶段主要执行交换并匹配 MySQL 客户端与服务端的版本功能描述(Capability Negotiation)、创建 SSL 通信管道、验证授权这三个任务。图 9-6 以 MySQL 服务端为例,展示了连接创建流程。

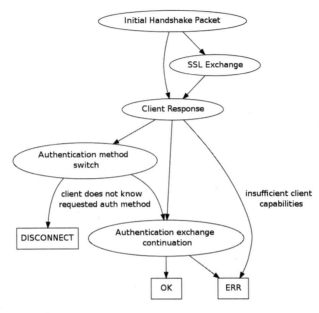

图 9-6　连接创建流程

图 9-6 中并未包含 MySQL 服务端与客户端的交互过程。实际上，MySQL 的连接创建是由客户端发起的。MySQL 服务端在接收到客户端的连接请求之后，先进行服务端和客户端版本间功能信息的交换与匹配，然后根据两端的协商结果生成不同格式的初始化握手协议包，并向客户端写入该协议包。协议包中包括由 MySQL 服务端分配的连接主键、当前服务端版本功能描述，以及为验证授权生成的密文。

MySQL 客户端在接收到服务端发送的握手协议包后，将发送握手协议响应包。该协议包中主要包含的信息是用于数据库访问的用户名和加密后的密码密文。

MySQL 服务端接收到握手协议响应包之后，即进行授权校验，并将校验结果返回至客户端。

连接阶段成功之后，则进入命令执行的交互阶段。MySQL 一共有 32 个命令协议包，具体名称见表 9-3。

表 9-3　MySQL 命令协议包

协议包标识符	协议包名称
00	COM_SLEEP
01	COM_QUIT
02	COM_INIT_DB

续表

协议包标识符	协议包名称
03	COM_QUERY
04	COM_FIELD_LIST
05	COM_CREATE_DB
06	COM_DROP_DB
07	COM_REFRESH
08	COM_SHUTDOWN
09	COM_STATISTICS
0a	COM_PROCESS_INFO
0b	COM_CONNECT
0c	COM_PROCESS_KILL
0d	COM_DEBUG
0e	COM_PING
0f	COM_TIME
10	COM_DELAYED_INSERT
11	COM_CHANGE_USER
12	COM_BINLOG_DUMP
13	COM_TABLE_DUMP
14	COM_CONNECT_OUT
15	COM_REGISTER_SLAVE
16	COM_STMT_PREPARE
17	COM_STMT_EXECUTE
18	COM_STMT_SEND_LONG_DATA
19	COM_STMT_CLOSE
1a	COM_STMT_RESET
1b	COM_SET_OPTION
1c	COM_STMT_FETCH
1d	COM_DAEMON
1e	COM_BINLOG_DUMP_GTID
1f	COM_RESET_CONNECTION

MySQL 的命令协议包分为四个大类，分别是文本协议、二进制协议、存储过程协议以及数

据复制协议。

协议包消息体中的首位用于标识命令类型。协议包的用途根据名称即可知晓,无须一一解释,下面会重点介绍几个常见的 MySQL 命令协议包。

COM_QUERY 是 MySQL 中用于以明文格式进行查询的重要命令,它对应 JDBC 中的 java.sql.Statement。COM_QUERY 命令本身比较简单,由标识符和 SQL 组成,示例如下。

```
1            [03] COM_QUERY
string[EOF]   the query the server shall execute
```

COM_QUERY 的响应协议包则较为复杂,图 9-7 展示了 COM_QUERY 查询命令的执行流程。

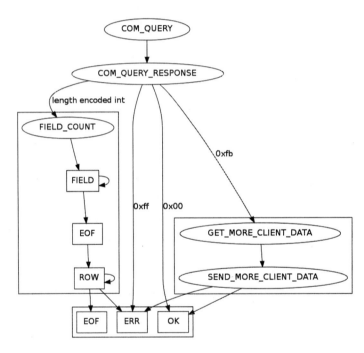

图 9-7 COM_QUERY 查询命令的执行流程

COM_QUERY 根据应用场景的不同,可能会返回四种类型,分别是查询结果、更新结果、文件执行结果以及错误结果。

当执行过程中出现如网络断开、SQL 语法不正确等错误时,MySQL 协议要求将协议包首位设置为 0xFF,并将错误信息封装至 ErrPacket 协议包返回。

通过文件执行 COM_QUERY 的情况并不常见，因此此处不做详细介绍。

对于更新请求，MySQL 协议要求将协议包首位设置为 0x00，并返回 OkPacket 协议包。OkPacket 协议包中需要包含本次更新操作所影响的行记录数以及最后插入的主键值信息。

查询请求最为复杂，它需要将读取 int<lenenc>所获得的结果集字段数目，创建为独立的 FIELD_COUNT 协议包并返回，然后再依次将返回字段的每一列详细信息分别生成独立的 COLUMN_DEFINITION 协议包，查询字段的元数据信息最终以 EofPacket 结束。之后便可以开始逐行生成数据协议包 Text Protocol Resultset Row 了，它本身并不关注数据的具体类型，会统一将数据转换为 string<lenenc>格式。数据协议包最终依然以 EofPacket 结束。

与 JDBC 中的 java.sql.PreparedStatement 对应的是 MySQL 协议包中的二进制协议包，分别是 COM_STMT_PREPARE、COM_STMT_EXECUTE、COM_STMT_CLOSE、COM_STMT_RESET 和 COM_STMT_SEND_LONG_DATA。其中最为重要的是 COM_STMT_PREPARE 和 COM_STMT_EXECUTE，前者对应 JDBC 中的 connection.prepareStatement()，后者对应 JDBC 中的 connection.execute()、connection.executeQuery()、connection.executeUpdate()方法。

COM_STMT_PREPARE 协议包与 COM_QUERY 协议包类似，同样是由命令标识符和 SQL 组成的，示例如下。

```
1              [16] COM_STMT_PREPARE
string[EOF]    the query to prepare
```

COM_STMT_PREPARE 协议包的返回值并非查询结果，而是由 statement_id、列数目、参数数目等信息所组成的响应协议包。

statement_id 是 MySQL 分配给完成预编译之后的 SQL 的唯一标识，通过 statement_id 即可从 MySQL 中获取相应的 SQL。通过 COM_STMT_PREPARE 命令注册过的 SQL，只需将 statement_id 传给 COM_STMT_EXECUTE 命令即可，无须将 SQL 本身再次传入 MySQL，节省了无谓的网络带宽消耗。

MySQL 可以根据 COM_STMT_PREPARE 传入的 SQL 预编译为抽象语法树以供复用，进而提升 SQL 的执行效率。采用 COM_QUERY 方式执行 SQL，则需要将每条 SQL 重新编译。这也是 PreparedStatement 比 Statement 效率更高的原因。

COM_STMT_EXECUTE 协议包主要由 statement-id 和与 SQL 配对的参数组成，使用了一个名为 NULL-bitmap 的数据结构，用于标识参数中的空值。

COM_STMT_EXECUTE 命令的响应协议包与 COM_QUERY 命令的响应协议包类似，都返回字段元数据和查询结果集，中间依然使用 EofPacket 隔开。有所不同的是，COM_STMT_EXECUTE 命令的响应协议包使用 Binary Protocol Resultset Row 来代替 Text Protocol Resultset Row，不会不管不顾地将所有数据类型统一转换为字符串，而是会根据返回数据的类型写入相应的 MySQL 基本数据类型，进一步节省网络传输带宽。

除了 MySQL 协议，PostgreSQL 协议和 SQLServer 协议也是完全开源的，可以通过同样的方式实现。而另一个常用的数据库 Oracle 协议并不开源，无法通过这种方式实现。

2. SQL 解析

相对于其他编程语言，SQL 是比较简单的。不过，它依然是一门完善的编程语言，因此对 SQL 的语法进行解析与解析其他编程语言（如 Java 语言、C 语言、Go 语言等）并无本质区别。

谈到 SQL 解析，就不得不谈一下文本识别。文本识别是指根据给定的规则把输入文本的各个部分识别出来，再按照特定的数据格式输出，最常见的是树形结构输出，也就是通常所说的抽象语法树（AST）输出。

作为开发人员，我们每天都和文本识别打交道。编写完代码之后，编译器在编译时首先需要根据程序的语法对代码进行解析，即进行文本识别，并生成中间代码。

SQL 解析和程序代码解析类似，按照 SQL 语法对 SQL 文本进行解析，识别出文本中的各个部分，然后以抽象语法树的形式输出。SQL 也是一门编程语言，它并不比其他编程语言的语法简单。一个复杂的建表语句占用 20KB 以上的空间也是正常的。

无论是对 SQL 进行解析，还是对其他编程语言的语法进行解析，都需要专门的解析器。从零开发需要较长的时间，而且各种数据库的 SQL 方言不尽相同，因此在各种第三方类库十分完善的今天，找寻一个利器，远比从零开发更好。开源的 SQL 解析器有 JSqlParser、Fdb、Druid 等，用于语法解析的工具主要有 ANTLR、JavaCC 等。

JsqlParser 是一个通用的 SQL 解析器，它提供一站式的 SQL 解析能力，将 SQL 转化为语法树，并提供树访问接口供程序遍历语法树。虽然使用便利，但它也有一些缺点，具体如下。

- 无法根据所需的语法生成解析器。对于数据分片所需的语法来说，它不像 ANTLR 一样能够根据自己的需求书写语法规则。

- 只支持部分常用的标准 SQL 语法，对 ALTER TABLE、ALTER INDEX、DCL 以及各

类数据库方言的支持力度不足。

- 采用 Visitor 模式将抽象语法树完全封装，外围程序无法直接访问抽象语法树，在无须完全遍历树时，代码比较烦琐。

Fdb、Driuid 与 JSqlParser 同类型，它们无须自定义 SQL 语法，可以拿来即用，但缺乏自定义语法的灵活性。

相对来说，ANTLR 则好一些。它并非专门为 SQL 解析定制的解析器，而是通用的编程语言解析器。它只需编写名为 G4 的语法文件，即可自动生成解析后的代码，并且以统一的格式输出，处理起来非常简单。由于 G4 文件是开发者自行定制的，因此由 ANTLR 所生成的代码也更加简捷和个性化。在编写仅适用于数据分片的语法规则时，可以简化大量无须关注的 SQL 语法。对于 SQL 审计等需求，完全可以用 ANTRL 编写另外一套语法规则，达到"因地制宜"的效果。JavaCC 与 ANTLR 类似，都属于自定义语法类型的解析器。

无论采用哪种解析器，解析过程都是一致的，包括词法解析（Lexer）和语法解析（Parser）两部分。

先通过词法解析器将 SQL 拆分为一个个不可再分的词法单元（Token）。在 SQL 语法中，通常将词法单元分为关键字、标识符、字面量、运算符和分界符。

- 关键字：数据库引擎所用到的特殊词是保留字符，不能用作标识符。
- 标识符：在 SQL 语法中体现为表名称、列名称等，在编程语言中则体现为包名、类名、方法名、变量名、属性名等。
- 字面量：字符串和数值。
- 运算符：数学运算符、位运算符、逻辑运算符等。
- 分界符：逗号、分号、括号等。

词法解析器每次读取一个字符，若发现当前字符与之前读取的字符所属分类不一致，即表明已完成了一个词法单元的识别。例如，读取 SELECT 时，第一个字符是"S"，满足关键字和标识符的规则，第二个字符"E"也同样满足，以此类推，直到第 7 个字符空格时，发现不满足该规则，那么就完成了一个词法单元的识别。

SELECT 既是 SQL 规范定义的关键字，同时又满足标识符规则，因此当一个词法单元是标识符时，解析器需要进行优先级判断，需要先确定它是否为关键字。其他的规则相对简单，例如，以数字开头的字符则根据数值规则的字面量读取；以双引号或单引号开头的字符则根据字符串规则的字面量读取；运算符或分界符就更易识别了。

```
SELECT id, name FROM product WHERE id > 10;
```

对于以上 SQL 语句，识别之后的词法单元如下。

- 关键字：SELECT、FROM、WHERE
- 标识符：id、name、product
- 字面量：10
- 运算符：>
- 分界符：,和;

语法解析器每次从词法解析器中获取一个词法单元。如果满足规则，则继续进行下一个词法单元的提取和匹配，直至字符串结束；若不满足规则，则提示错误并结束解析。

语法解析的难点在于规则的循环处理及分支选择，还有递归调用和复杂的计算表达式等。

在处理循环规则时，每匹配完一个规则，词法解析器就要再次循环匹配当前规则，只有匹配完当前的规则时，才可以继续进行后续规则的匹配。以 CREATE TABLE 语句为例。每张表可以包含多列，每个列都可能需要定义名称、类型、精度等参数。

当一个规则中存在多条分支路径时，需要进行超前搜索，语法解析器必须和每个可能的分支进行匹配来确定正确的路径。

以 ALTER TABLE 语句为例，修改表名的语法如下。

```
ALTER TABLE oldTableName RENAME TO newTableName;
```

删除列的语法如下。

```
ALTER TABLE tableName DROP COLUMN columnName;
```

两个语句均以 ALTER TABLE 开头，将它们合并在一起后的语法如下。

```
ALTER TABLE tableName (RENAME TO newTableName | DROP COLUMN columnName);
```

匹配 tableName 之后会产生两个分支选项，需要通过超前搜索来确定正确的分支。

在选择分支时，可能会出现一个分支是另一个分支的子集的情况。此时，当成功匹配短路径时，需要进一步匹配长路径，在无法匹配长路径时，再选取短路径，这种方式称为贪婪匹配。如果不使用贪婪匹配算法，则最长的分支规则便永远不能被匹配了。

当词法单元不满足一个可选规则时，需要与下一个规则进行匹配，直至匹配成功或与下一个非可选规则匹配失败。在 CREATE TABLE 语句中，定义列时存在很多可选项，比如是否为空、是否为主键、是否存在约束条件等。语法解析器最终会将 SQL 转换为抽象语法树。

```
SELECT id, name FROM t_user WHERE status = 'ACTIVE' AND age > 18
```

以上 SQL 语句经过解析之后，形成的抽象语法树如图 9-8 所示。

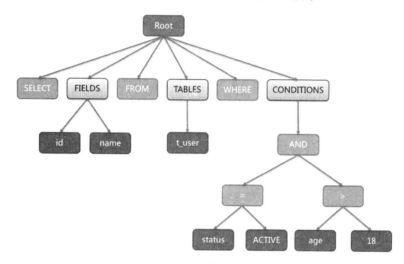

图 9-8　抽象语法树

为了便于理解，抽象语法树中的关键字、变量都用不同的颜色表示。

语法解析要比词法解析复杂一些，词法解析相对简单，定义好词法单元的规则即可，极少出现分支，而且只需超前搜索一个字符即可确定词法单元。词法解析是解析的基础，如果分词出现错误，语法解析便很难正确处理。

生成抽象语法树的第三方工具有很多，ANTLR 是不错的选择。ANTLR 将开发者定义的规则生成抽象语法树的 Java 代码并提供访问者接口。相比于代码生成，手写抽象语法树的执行效率更高，但是工作量也比较大。在对性能要求较高的场景中，可以考虑定制抽象语法树。

ANTLR 是 Another Tool for Language Recognition 的缩写，是一个用 Java 语言编写的识别器工具。它能够自动生成解析器，并将用户编写的 ANTLR 语法规则直接生成目标语言的解析器，它能够生成 Java、Go、C 等语言的解析器客户端。

ANTLR 所生成的解析器客户端可以将输入的文本生成抽象语法树，并提供遍历树的接口来访问文本的各个部分。ANTLR 的实现方式与前文所讲述的词法分析和语法分析是一致的。词法分析器根据语法规则进行词法单元的拆分，语法分析器对词法单元进行语义分析，并对规则进行优化，消除左递归。

ANTLR 的主要任务是定义词法解析规则和语法解析规则。ANTLR 约定词法解析规则以大写字母开头，语法解析规则以小写字母开头。下面简单介绍一下 ANTLR 的语法规则。

首先需要定义语法类型及名称，名称必须和文件名一样，有 lexer、parser、tree 和 combine 四种。

- Lexer 用于定义词法分析规则。
- parser 用于定义语法分析规则。
- tree 用于遍历语法分析树。
- combine 既可以定义语法分析规则，也可以定义词法分析规则，命名方式遵循上述规则。

import 用于导入语法规则。使用 import 进行语法规则分类，可以使语法规则更加清晰，并且可以采用面向对象的思想设计规则文件，使其具有多态及继承的思想。

规则名称和内容之间用冒号分隔，最终以分号结尾，示例如下。

```
NUM:[0-9]+;
```

以上规则名称是 NUM，以大写字母开头，因此是词法分析规则；规则的内容是[0-9]+,表示所有的整数。

ANTLR 规则基于 BNF 范式，用 "|" 表示分支选项，用 "*" 表示与前一个匹配项匹配 0 次或者多次，用 "+" 表示与前一个匹配项至少匹配一次。

对于语法的其他部分，感兴趣的读者可查阅官方文档。

ANTLR 生成 SQL 解析器时，首先要定义 SQL 的词法解析器和语法解析器，下面我们一一介绍。

与之前的 SQL 解析原理相同，ANTLR 进行词法解析时同样要将 SQL 拆分为词法单元。ANTLR 解析词法规则时，并不理解规则的具体含义，不清楚哪些规则是关键字定义，哪些规则是标识符定义,它会根据读取顺序为每个规则编号,编号靠前的规则将优先匹配,匹配成功则直接返回该词法单元。

在设计词法拆分规则时,需要将标识符规则放置于关键字规则之后,确保关键字匹配失败后才能匹配标识符。

ANTLR 采用状态转换表实现字符的匹配。它将词法拆分规则转换为表格,每次读取一个字符,根据当前字符类型及状态查询该表,并判断读入的字符是否与规则匹配。如果与规则匹配,则接受该字符,并继续读取下一个字符;如果与规则不匹配,则拒绝接受该字符。此时,若当前状态是成功匹配某一词法单元的可接受状态,则返回该词法单元;反之则提示错误。以此类推,如果接受该字符,则继续读取下一个字符,直至成功返回一个词法单元或提示匹配失败。

以下是一个简单的查询语句词法拆分规则的示例。

```
lexer grammar SelectLexer;

SELECT: [Ss] [Ee] [Ll] [Ee] [Cc] [Tt];
FROM: [Ff] [Rr] [Oo] [Mm];
WHERE: [Ww] [Hh] [Ee] [Rr] [Ee];
LEFT: [Ll][Ee][Ff][Tt];
RIGHT: [Rr][Ii][Gg][Hh][Tt];
INNER: [Ii][Nn][Nn][Ee][Rr];
JOIN: [Jj] [Oo] [Ii] [Nn];
ON : [Oo][Nn];
BETWEEN: [Bb] [Ee] [Ee] [Rr] [Ee];
AND: [Aa] [Nn] [Dd];
OR:[Oo][Rr];
GROUP: [Gg] [Rr] [Oo] [Uu] [Pp];
BY:[Bb] [Yy];
ORDER: [Oo] [Rr] [Dd] [Ee] [Rr];
ASC:[Aa][Ss][Cc];
DESC:[Dd][Ee][Ss][Cc];
IN: [Ii][Nn];

ID:   [a-zA-Z0-9]+;
WS:   [ \t\r\n] + ->skip;
```

该示例定义了大小写不敏感的从 SELECT 到 IN 的关键字规则以及标识符规则 ID。标识符规则放在最后,WS 规则表示遇到空格、制表符、换行符时要跳过。输入的任何字符,在词法分析器中都要找到对应的规则,否则会提示失败。如果去掉 WS 规则,查询包含空格的 SQL 时将会得到以下的错误提示。

```
line 1:6 token recognition error at:' '
line 1:10 token recognition error at:' \r'
```

```
line 1:11 token recognition error at:' \n'
```

错误原因是第 1 行的第 6、第 10 以及第 11 个字符是回车换行符,在词法规则中找不到对应的规则。

介绍完词法解析,我们再来看一下 ANTLR 的语法解析。

ANTLR 的语法解析用于定义组成语句的短语规则。语法规则由各个数据库厂商提供,因此,在 SQL 解析时,只需要将 SQL 语句转换为符合 ANTLR 语法规则的语句即可。需要注意的是,SQL 表达式的规则定义十分复杂,不仅包括常见的数学表达式和布尔类型表达式,还包括函数调用以及各数据库的私有日期表达式、window 函数、case 语句等。

ANTLR 同样采用状态转换表的方式检查词法单元是否满足语法规则。语法分析器调用词法分析器获取词法单元并检查其是否符合规则。当遇到多个分支选项时,则采用贪婪匹配原则优先走完最长的分支路径。如果分支中有多个规则满足条件,则按顺序匹配。

以下是一个简单的 ANTLR 语法规则示例。

```
grammar Test;

ID: [a-zA-Z0-9]+;
WS: [ \t\r\n] + ->skip;

testAll:test1 |test2|test3|test21;
test1:ID;
test2:ID ID;
test21:ID ID;
test3:ID ID ID;
test4:test1+;
```

该示例中使用 testAll 规则进行了如下测试。

- 当输入的参数为 "a1 a2 a3" 时,使用 test3 分支,而未使用 test1 a1、test1 a2、test1 a3 以及 test2 a1 a2、test1 a3 这种匹配模式。

- 当输入的参数为 "a1 a2" 时,虽然 test21 规则也能够匹配,但前面有 test2 规则匹配,因此使用 test2 规则。

- 当输入的参数为 "a1 a2 #" 时,由于无法匹配 "#",因此提示错误。

完成了 SQL 解析之后,最后一步便是对数据分片所需的上下文进行提取,即通过对 SQL 的理解以访问抽象语法树的方式提炼分片所需的上下文,并标记有可能需要进行改写的位置。供分片使用的解析上下文中包含查询选择项、表信息、分片条件、自增主键信息、排序信息、分组信息以及分页信息等。

3. 请求路由

请求路由是指根据解析上下文匹配数据库和表的分片策略并生成路由路径。对于携带分片键的 SQL，根据分片键的不同可以划分为单片路由（分片键的操作符是等号）、多片路由（分片键的操作符是 IN）和范围路由（分片键的操作符是 BETWEEN）。不携带分片键的 SQL 则采用广播路由。

分片策略通常是数据库内置的，也可以由用户方配置。数据库内置的方案较为简单，内置的分片策略大致可分为尾数取模、哈希、范围、标签、时间等。由用户方配置的分片策略则更加灵活，可以根据使用方需求定制复合分片策略。

如果配合后文中将要提到的数据自动迁移来使用，数据库可自动实现中间层分片和数据平衡，无须用户关注分片策略，进而使分布式数据库具有弹性伸缩的能力。

4. SQL 改写

采用全新架构重写的 NewSQL 是不需要 SQL 改写这一步的，这一步主要针对分片中间件。

工程师面向逻辑库与逻辑表书写的 SQL 并不能直接在真实的数据库中执行，SQL 改写用于将逻辑 SQL 变为在真实数据库中可以正确执行的 SQL，包括将逻辑表名称替换为真实表名称，改写分页信息的起始取值和结束取值，增加可供排序、分组和自增主键使用的补列，将 AVG 改写为 SUM / COUNT 等。

5. SQL 执行

SQL 执行是指负责将路由和改写完后的真实 SQL 安全且高效地发送到底层数据源执行。它不是简单地将 SQL 直接发送至数据源执行，也并非直接将执行请求放入线程池中并发执行。它更关注数据源连接创建的平衡、内存占用所产生的消耗，以及最大限度地合理利用并发等问题。执行引擎的目标是自动化平衡资源控制与执行效率。

6. 结果归并

结果归并是指，将多个执行结果集归并，统一对应用端输出，包括流式归并和内存归并两种。

流式归并可用于简单查询、排序查询、分组查询，以及排序项和分组项完全一致的排序和分组查询场景中。流式归并结果集的遍历方式是通过调用结果集的 next 方法取出结果集，无须占用额外的内存。

内存归并需要将结果集中的所有数据加载至内存中处理,如果结果集中的数据过多,则会占用大量内存。

9.4.2 分布式事务

前文提到过,数据库事务是需要满足 ACID(原子性、一致性、隔离性、持久性)四个特性的。

在单一数据节点中,事务仅限于对单一数据库资源进行访问控制,这种事务称为本地事务。几乎所有成熟的关系型数据库都提供了对本地事务的原生支持。但是在基于微服务的分布式应用环境下,越来越多的应用场景要求将多个服务的访问以及相对应的数据库资源纳入同一个事务,因此,分布式事务应运而生。

关系型数据库虽然对本地事务提供了完美的 ACID 原生支持。但在分布式的场景下,它却成为了系统性能的瓶颈。如何让数据库在分布式场景下满足 ACID 特性,或找寻相应的替代方案,是分布式事务的重点工作内容。

▶ XA 协议

最早的分布式事务模型是由 X/Open 国际联盟提出的 X/Open Distributed Transaction Processing(DTP)模型,也称为 XA 协议。

XA 协议通过一个全局事务管理器与多个资源管理器进行交互。全局事务管理器负责管理全局事务状态和参与事务的资源,资源管理器则负责具体的资源操作,XA 协议与应用程序的关系如图 9-9 所示。

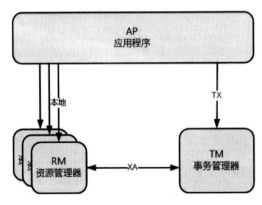

图 9-9 XA 协议与应用程序的关系

XA 协议使用两阶段提交来保证分布式事务的原子性以，它将提交过程分为准备阶段和提交/回滚阶段。两阶段提交也是 XA 协议的标准实现。

在准备阶段，全局事务管理器向每个资源管理器发送准备消息，用于确认本地事务操作成功与否。在提交阶段，若全局事务管理器收到了所有资源管理器回复的成功消息，则向每个资源管理器发送提交消息，否则发送回滚消息。资源管理器根据接收到的消息对本地事务进行提交或回滚。图 9-10 展示了 XA 协议的事务流程。

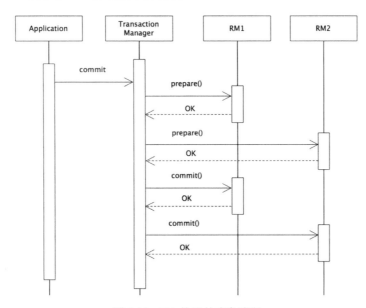

图 9-10　XA 协议的事务流程

开启 XA 全局事务后，所有子事务会按照本地默认的隔离级别锁定资源，并记录 undo 和 redo 日志，然后由 TM 发起 prepare 投票，询问所有子事务是否可以进行提交。当所有子事务反馈的结果为"yes"时，TM 再发起 commit；若其中任何一个子事务反馈的结果为"no"，TM 则发起 rollback；如果在 prepare 阶段的反馈结果为 yes，而 commit 的过程中出现宕机等异常，则在节点服务重启后，可根据 XA recover 再次进行 commit 补偿，以保证数据的一致性。

基于 XA 协议实现的分布式事务对业务的侵入性很弱。它最大的优势就是对使用方透明，用户可以像使用本地事务一样使用基于 XA 协议的分布式事务。XA 协议能够严格保障事务的 ACID 特性。

严格保障事务的 ACID 特性是一把双刃剑。事务执行过程中需要将所需资源全部锁定，更加适用于执行时间确定的短事务。对于长事务来说，在整个事务进行期间独占数据将导致依赖热点数据的业务系统的并发性能明显衰退。因此，在高并发性能至上的场景中，基于 XA 协议的分布式事务并不是最佳选择。

➥ 柔性事务

如果将实现了 ACID 特性的事务称为刚性事务的话，那么基于 BASE 事务要素的事务则称为柔性事务。BASE 是基本可用（Basically Available）、柔性状态（Soft state）和最终一致性（Eventually consistent）的缩写。

- 基本可用保证分布式事务参与方不一定同时在线。
- 柔性状态允许系统状态更新有一定的延时，客户不一定能够察觉。
- 最终一致性通常通过消息可达的方式来保证。

在 ACID 事务中，对隔离性的要求很高，在事务执行的过程中必须将所有的资源锁定。柔性事务的理念则是通过业务逻辑将互斥锁操作从资源层面移至业务层面，通过放宽对强一致性的要求来换取系统吞吐量的提升。

由于在分布式系统中可能会出现超时重试的情况，因此柔性事务中的操作必须是幂等的，需要通过幂等来避免多次请求所带来的问题。实现柔性事务的方案主要有最大努力送达、Saga、TCC 和消息驱动，下面我们具体来看。

1. 最大努力送达

最大努力送达是最简单的柔性事务方案，它适合用于"对数据库的操作最终一定能够成功"的场景，由 NewSQL 自动记录执行失败的 SQL，并反复尝试，直至执行成功。

使用最大努力送达方案的柔性事务是没有回滚功能的。这种类型的柔性事务实现起来最为简单，但是对场景的要求十分苛刻。这种策略的优点是无锁定资源时间，性能损耗小。缺点是尝试多次提交失败后无法回滚，它仅适用于事务最终一定能够成功的业务场景。因此它是通过对事务回滚功能的妥协来换取性能提升的。

2. Saga

Saga 源于 Hector Garcaa-Molrna 和 Kenneth Salem 发表的论文 *Sagas*。Saga 方案更适合用于长事务场景。Saga 模型将一个分布式事务拆分为多个本地事务，每个本地事务都有相应的执行模块（Transaction）和补偿模块（Compensation），任和一个本地事务出错时，都可以通过调用相关的补充方法实现事务的最终一致性。

当每个 Saga 子事务序列 $T_1,T_2,\cdots,T_n$ 都有对应的补偿定义 $C_1,C_2,\cdots,C_{n-1}$ 时，Saga 系统可以保证如下状态。

- 子事务序列可以完成。这是事务的最佳情况，即无须回滚。
- 或者序列 $T_1, T_2, \cdots, T_x$,和 $C_x, \cdots, C_2, C_1$（其中 x 小于 n）可以完成。这种状态能够保证，当回滚发生时补偿操作按照正向操作的相反顺序依次执行。

Saga 模型同时支持正向恢复和逆向恢复。正向恢复是指重试当前失败的事务，它的实现前提是每个子事务最终都能够执行成功；逆向恢复则是指在任意一个子事务失败时补偿所有已完成的事务。

显然，正向恢复没有必要提供补偿事务，如果在业务中的子事务最终总会成功，那么正向恢复能够降低 Saga 模型的使用复杂度。另外，即使补偿事务难以实现，正向恢复也是不错的选择。

虽然在理论上来讲，补偿事务永不失败。但是在分布式的世界中，服务器可能会宕机，网络可能会失败，数据中心也可能会停电。因此，需要提供故障恢复后的回退机制，比如人工干预机制等。

Saga 模型没有 XA 协议中的准备阶段，因此事务没有实现隔离性。如果两个 Saga 事务同时操作同一资源则会产生更新丢失、脏数据读取等问题，这时就需要使用 Saga 作为事务管理机制的应用程序，在应用层面加入资源锁定的逻辑了。

3. TCC

TCC（Try-Confirm-Cancel）分布式事务模型通过对业务逻辑进行分解来实现分布式事务。顾名思义，TCC 事务模型需要业务系统提供以下三种业务逻辑。

- Try：完成业务检查，预留业务所需的资源。Try 操作是整个 TCC 的精髓，可以灵活选择业务资源锁的粒度。
- Confirm：执行业务逻辑，直接使用 Try 阶段预留的业务资源，无须再次进行业务检查。
- Cancel：释放 Try 阶段预留的业务资源。

TCC 模型仅提供两阶段原子提交协议，保证分布式事务的原子性。事务的隔离交给业务逻辑来实现。TCC 模型的隔离性思想是，通过对业务的改造将对数据库资源层面加锁上移至对业务层面加锁，从而释放底层数据库锁资源，拓宽分布式事务锁协议，提高系统的并发性。

虽然在柔性事务中，TCC 事务模型的功能最强，但需要应用方负责提供实现 Try、Confirm 和 Cancel 操作的三个接口，供事务管理器调用，因此业务方改造的成本较高。

以 A 账户向 B 账户汇款 100 元为例，图 9-11 展示了 TCC 的流程。汇款服务和收款服务需要分别实现 Try、Confirm、Cancel 这三个接口，并在业务初始化阶段将这三个接口的实现注入 TCC 事务管理器。

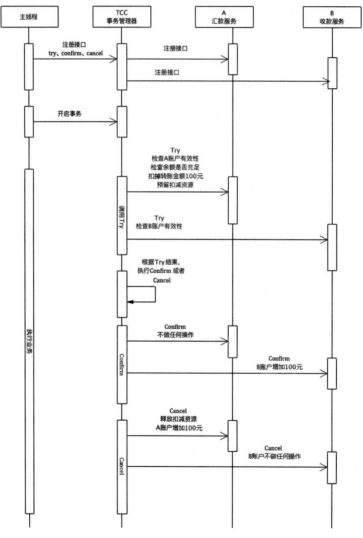

图 9-11　TCC 流程图

- 汇款服务
  - Try：检查 A 账户的有效性；检查 A 账户的余额是否充足；从 A 账户中扣减 100 元，并将状态置为"转账中"；预留扣减资源，将"从 A 账户向 B 账户转账 100 元"这个事件存入消息或日志。
  - Confirm：不做任何操作。
  - Cancel：A 账户增加 100 元；从日志或消息中释放扣减资源。
- 收款服务
  - Try：检查 B 账户的有效性。
  - Confirm：读取日志或者消息，B 账户增加 100 元；从日志或消息中释放扣减资源。
  - Cancel：不做任何操作。

由此可以看出，TCC 模型对业务的侵入性较强，改造的难度较大。

4．消息驱动

消息一致性方案是通过消息中间件保证上下游应用数据操作一致性的。基本思路是，将本地操作和发送消息放在同一个本地事务中，下游应用从消息系统订阅该消息，收到消息后执行相应的操作，本质上是依靠消息的重试机制达到最终一致性的。图 9-12 展示了消息驱动的事务模型。

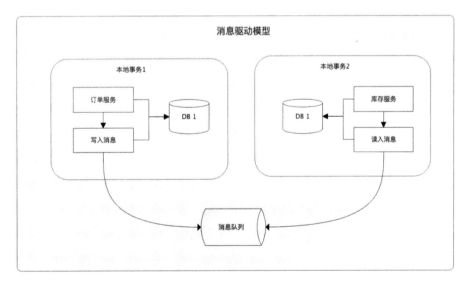

图 9-12　消息驱动的事务模型

消息驱动的缺点是，耦合度高，需要在业务系统中引入消息中间件，将导致系统复杂度增加。

基于 ACID 的强一致性事务和基于 BASE 的最终一致性事务都不是"银弹"，只有在最适合的场景中才能发挥它们的最大长处。

表 9-4 详细对比了分布式事务之间的区别，可以帮助开发者进行技术选型。由于消息驱动与业务系统的耦合度较高，因此不列入对比表格。

表 9-4　分布式事务对比

	XA 协议	最大努力送达	Saga	TCC
业务改造	无	无	实现补偿接口	实现 TCC 接口
回滚	支持	不支持	支持	支持
一致性	强一致	最终一致	最终一致	最终一致
隔离性	原生支持	不支持	不支持	Try 接口支持
并发性能	严重衰退	无影响	无影响	略微衰退
适合场景	短事务 并发较低	事务最终成功 高并发	长事务 应用方控制并发访问 高并发	长事务 高并发

由于应用场景不同，因此需要开发者合理地在性能与功能之间权衡各种分布式事务。

强一致性的事务与柔性事务的 API 和功能并不完全相同，因此不能在它们之间自由地透明切换。在开发决策阶段，必须要在强一致的事务和柔性事务之间抉择，因此设计和开发成本大幅增加。

基于 XA 协议的强一致事务使用起来相对简单，但是无法很好地应对互联网的短事务和高并发场景；柔性事务则需要开发者对应用进行改造，接入成本非常高，并且需要开发者自行实现资源锁定和反向补偿。

一味地追求强一致性未必是最合理的解决方案。对于分布式系统来说，建议使用"外柔内刚"的设计方案。外柔指的是在跨数据分片的情况下使用柔性事务，保证数据最终一致，并且换取最佳性能；内刚则是指在同一数据分片内使用本地事务，以满足 ACID 特性。

9.4.3 数据库治理

> **基础治理**

前文讲述的服务治理,在数据库的基础治理部分大多是通用的,主要包括配置中心、注册中心、限流、熔断、失效转移、调用链路追踪等。

- 配置中心:用于集中化配置,动态更新配置,以及下发配置更新通知。

- 注册中心:用于服务发现,这里的服务是指数据库中间层实例本身,通过它可以实现状态监测和自动通知,进而使数据库中间件具备高可用性和自我治愈能力。

- 限流:用于流量的过载保护,分为数据库中间件本身的流量过载保护和对数据库的流量过载保护。

- 熔断:也是流量过载保护的措施之一,不同之处在于,熔断整个客户端对数据库的访问可以保证数据库能够为其他流量正常的系统继续提供服务。可以通过前文讲的熔断器模式实现自动熔断机制。

- 失效转移:用于多数据副本场景中。在数据完全一致的多数据节点中,当某一节点不可用后,可以通过失效转移让数据库中间件访问其他有效的数据节点。

- 调用链路追踪:可以将对数据库访问的调用链路、性能、拓扑关系等指标以可视化的方式展现出来。

> **弹性伸缩**

数据库治理与服务治理不同的关键点在于,数据库是有状态的,每个数据节点都有自己持久化的数据,因此很难像服务治理一样做到弹性伸缩。

当系统的访问量和数据量超过之前评估的预期时,往往要对数据库进行重新分片。虽然使用日期分片等策略可以在不迁移遗留数据的情况下直接扩容,但在大部分场景中,数据库中的遗留数据往往无法直接映射到新的分片策略中,修改分片策略修改则需要进行数据迁移,因此要想实现弹性伸缩需要进行系统预分片。

在传统系统中,要停止服务进行数据迁移,迁移结束之后再重启服务,这是行之有效的解决方案。但这种方案使得业务方的数据迁移成本非常高,需要业务方工程师精准地评估数据量。

在互联网场景中，对系统可用性的要求极高，而且业务呈爆发式增长的可能性较传统行业也更大。在云原生服务架构模型中，弹性伸缩是常见的需求，并且可以比较轻松地实现，因此与服务对等的数据弹性伸缩功能是云原生数据库的重要能力。

除了系统预分片，弹性伸缩的另一个实现方案是在线数据迁移。在线数据迁移经常被比喻为"在飞行过程中给飞机换引擎"，它最大的挑战是保证迁移过程不影响服务。在线数据迁移可以在修改数据库分片策略（比如将分为 4 个库的分片方式改为分为 16 个库的分片方式）之后进行，通过一系列的系统化操作，保证数据被正确迁移到新的数据节点的同时，让依赖数据库的服务完全不感知这一变化。在线数据迁移可以分为以下四个步骤。

- 同步线上双写：同时将数据写入分片策略修改前的原数据节点，以及分片策略修改后的新数据节点。可以通过一致性算法来保证双写的一致性，如前文介绍过的 Paxos 或 Raft 算法。

- 历史数据迁移：以离线的方式将需要迁移到新数据节点的历史存量数据从原有数据节点迁移过去。可以通过 SQL 方式，也可以通过 binlog 等二进制方式实现。

- 数据源切换：将读写请求切换至新的数据源，并停止对原数据节点的双写。

- 清理冗余数据：在旧数据节点中清理已迁移至新数据节点的相关数据。

在线数据迁移不仅可以实现数据扩容，也可以通过同样的方式在线进行 DDL 操作。由于数据库原生的 DDL 操作是不支持事务的，而且在对包含大量数据的表进行 DDL 操作时会导致长时间锁表，因此，在线数据迁移是能够支持在线 DDL 操作的。在线 DDL 操作与在线数据迁移的步骤是一致的，只需在迁移之前新建一个 DDL 修改后的空表，然后根据上述四个步骤进行操作即可。

第 10 章

分布式数据库中间件生态圈 ShardingSphere

分布式数据库中间件生态圈 ShardingSphere 是由分布式数据库中间件解决方案 Sharding-JDBC、Sharding-Proxy 和 Sharding-Sidecar 组成的，它们均提供了标准化的数据分片、分布式事务和数据库治理功能，适用于 Java 同构、异构语言、容器、云原生等各式各样的应用场景。

ShardingSphere 的初衷是，充分合理地在分布式的场景下利用关系型数据库的计算能力和存储能力，而非实现一个全新的数据库。ShardingSphere 遵循的理念是，通过观察不常发生改变的事物来获取其本质。如今，关系型数据库依然占有巨大的市场份额，是各个公司的核心业务基石，未来也难于被撼动。ShardingSphere 在目前阶段的关注点是在原有基础上扩展功能，而非完全颠覆传统数据库的功能。

ShardingSphere 已于 2018 年 11 月 10 日正式进入 Apache 软件基金会孵化器，并正式被命名为 Apache ShardingSphere。

10.1 缘起

ShardingSphere 从开源至今，悄然地完成了从默默无闻到进入 Apache 软件基金会成为知名项目的进阶。目前，已经有 70 多家公司声明，在生产环境中使用了 Apache ShardingSphere。那么，它究竟起源于何处，又经历了怎样的发展历程呢？下面我们就一起回顾一下 ShardingSphere

这两年来所走过的路。

10.1.1 内部应用框架

ShardingSphere 的前身是 Sharding-JDBC，它最初是当当网架构部开发的内部应用框架 dd-frame 的其中一个模块，名为 dd-rdb。这个模块专门用于数据库访问以及简单的分库和分表。当当网的应用框架缘起于 2014 年，定位是针对整个电商平台提供的统一开发框架，它的主要目标如下。

- 分离技术与业务代码，封装技术细节，让应用开发人员将精力集中在业务开发上。
- 统一开发框架，使公司中所有项目的架构相似，降低跨组沟通及人员转组的成本。
- 提供工具箱，标准化技术组件。
- 组件可插拔，不强制业务开发人员使用框架的全部内容。
- 灵活地提供定制化功能，框架本身对引入其他第三方技术组件不做限制。
- 推动服务化。
- 提供统一的监控和日志标准。
- 模板代码自动化生成，降低书写难度。
- 为私有云和自动化运维做准备，将系统划分为业务、框架、云平台、治理几个层次。

dd-frame 的模块组成如图 10-1 所示。

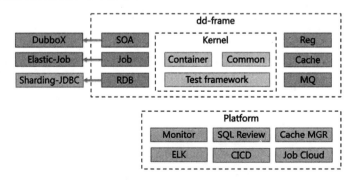

图 10-1　dd-frame 的模块组成

dd-frame 的核心模块 dd-container 的使用方式与 Spring Boot 类似，只是在 2014 年时，Spring Boot 还未十分流行，因此才出现了"重复造轮子"的情况。

最初，开发 dd-rdb 只是为了使当当网内部的 MyBatis 的使用、数据库访问代码的生成以及基于 Spring 的多数据源路由等功能更加标准化。然而，随着对数据分片需求的不断增加，单纯的动态多数据源路由已经无法满足应用开发方的需求了，因此当当网决定在 dd-frame 的 dd-rdb 模块中实现一套完善的数据分片框架。

由于数据分片功能相对独立，因此当当网于 2016 年年初将此模块从 dd-rdb 中剥离，向社区开源，并将其命名为 Sharding-JDBC，表明它是一个在 Java 的 JDBC 层实现分库和分表的数据库中间层框架。

开源之后，社区讨论最多的经典话题之一是，Sharding-JDBC 为何选择在 JDBC 层实现数据分片，而不开启一个独立的代理层进行数据分片。其实原因很简单，因为 Sharding-JDBC 是由基于 Java 开发的应用框架 dd-frame 演化而来的，它本身就是 Java 框架，而非独立部署的中间件。

值得一提的是，除了 Sharding-JDBC，dd-frame 中还开源了另外的两个项目——DubboX 与 Elastic-Job。

DubboX 是服务化模块 dd-soa 的核心组件，是在阿里巴巴开源的 Dubbo 的基础上进行的扩展及二次开源，目前 DubboX 已捐献回 Dubbo，Dubbo 已进入 Apache 孵化阶段。

Elastic-Job 是作业模块 dd-job 的核心组件，是一个分布式的作业调度框架，分为可以通过 jar 提供轻量级服务的 Elastic-Job-Lite，以及可以通过 Mesos 提供一站式资源调度与弹性作业的 Elastic-Job-Cloud。

10.1.2 开源历程

ShardingSphere 的前身 Sharding-JDBC，是 dd-frame 2.x 版本中的重点规划模块，于 2015 年 9 月进入开发阶段，历经 3 个月的紧张开发与测试，于 2015 年 12 月正式完成，其 1.0.0 版本在当当网内部正式发布。

由于采用 dd-frame 作为 Java 应用脚手架的项目非常多（当时当当网 70%以上的 Java 项目中都用到 dd-frame），因此凭借着对 dd-frame 1.x 的完全兼容，Sharding-JDBC 迅速在公司内部推广开来。由于之前开源的 DubboX 和 Elastic-Job 都收获了良好的口碑，因此 Sharding-JDBC 自然而然地走上了开源之路。

不少国内的优秀开源产品都是先在公司内部经受时间的充分验证，然后再剥离业务逻辑和内部环境依赖，最终开源贡献给社区的。这样做的好处是产品相对成熟，但也有一些缺憾，具体如下。

- 后续支持匮乏。产品已经足够应对公司的业务场景需求，缺乏后续提升的动力。文档和技术支持也相对较少，甚至会出现文档和代码不同步的状况。

- 与公司业务场景耦合较为严重。大部分产品都是为了解决特定领域的问题而产生的，比如有的公司可能并不需要分表，有的公司只需支持几种预定制的分片策略。

- 开源不完整。和公司业务耦合紧密的部分无法开源。

- 缺乏黏性。成型的项目功能繁多、代码结构复杂，社区志愿者难于扩展或修改其核心逻辑。如果测试覆盖率不够，便难以保证修改后的代码质量。以上一系列问题会导致项目与社区间的黏性不高，难于找寻可合作开发的志愿者。

- 分支众多，难于维护。由于开源之后公司缺乏持续提升的动力，和本公司关系不大的功能需求得不到重视，因此各公司都开发自己的分支。开源项目虽然在最初给社区注入了新鲜思想，但最终并没有吸取社区的精华。

为了弥补这些缺憾，当当网采用了全新的开源策略，在 Sharding-JDBC 完成初版的时候即向社区和公司内部同时推广，这样做的好处如下。

- 后续支持完善。Sharding-JDBC 与当当网内部落地绑定，可以同时获得来自公司内部和社区的支持。虽然无法承诺社区的优先级高于公司内部的优先级，但开发团队会综合考虑社区与公司内部的需求，以更广阔的视角尽量整合与优化升级路线。

- 完整开源。代码的 snapshot 版本将会首先出现在 GitHub 上。

- 共同发展。Sharding-JDBC 的初版代码相对简单，社区的开源爱好者可以非常轻松地理解其核心，为可持续发展奠定良好基础，并且 Sharding-JDBC 也会吸纳社区精华，让更多地爱好者参与代码贡献。

坚定了与社区共谋发展的开源路线之后，Sharding-JDBC 又经过了两个月的解耦和精炼，于 2016 年 2 月在 GitHub 上发布了首个版本。从首次开源至今，Sharding-JDBC 经历了许多"关键时刻"。

- 2016 年 2 月，1.0.0 版本发布，主要功能是分库和分表，实现了 JDBC 接口，并且完整实现了 SQL 解析、SQL 改写、请求路由、结果归并的标准处理流程。

- 2016 年 3 月，1.1.0 版本发布，大幅提升了 Sharding-JDBC 配置的友好度，增加了 YAML、Spring 命名空间和行表达式的配置方式。

- 2016 年 5 月，1.2.0 版本发布，实现了最大努力送达型柔性事务，完成了对分布式事务的初步支持。

- 2016 年 6 月，1.3.0 版本发布，支持读写分离。

- 2016 年 11 月，1.4.0 版本发布，支持无中心化分布式自增主键。至此，数据分片功能已基本实现。

- 2017 年 7 月，1.5.0 版本发布，使用全新的自研 SQL 解析引擎替代了原有的 Druid 解析引擎，SQL 兼容性大幅提升。

- 2017 年 12 月，2.0.0 版本发布，正式将 com.dangdang 的 Maven 坐标与包名改为 io.shardingjdbc，当当网将 Sharding-JDBC 正式交给社区运作和托管。2.x 版本主打数据库治理功能，同时与 Apache SkyWalking 达成合作，提供 SkyWalking 的自动探针，并加入 OpenTracing 组织。

- 2018 年 3 月，3.0.0.M1 版本发布。由于京东金融等公司加入开发，Sharding-JDBC 经过社区投票，正式更名为 ShardingSphere，将原 Sharding-JDBC 并入 ShardingSphere 生态圈，并且新开发了 Sharding-Proxy，以透明化数据库中间层的新形态提供多样化服务。同时，PMC（项目管理委员会）成立，向实现社区化迈出了重要的一步。

- 2018 年 6 月，ShardingSphere 与 Apache ServiceComb 达成合作共识，将采用 Apache ServiceComb-saga 作为 ShardingSphere 柔性事务的决策执行引擎。

- 2018 年 10 月末，ShardingSphere 的 3.0.0 稳定版本发布。

- 2018 年"双 11"的前一天，ShardingSphere 通过 Apache 软件基金会的投票，正式成为 Apache 孵化项目，软件更名为 Apache ShardingSphere。

10.2 核心功能

前文介绍了 ShardingSphere 从开源、更名到进入 Apache 软件基金会的发展历程。在经过了三个主版本的发布之后,它的稳定性已经过充分的验证,功能也愈加多样化。接下来我们将详细介绍 ShardingSphere 的三个主要核心功能模块——数据分片、分布式事务和数据库治理。

10.2.1 数据分片

数据分片是提升互联网应用性能的有效手段,但它也是一把双刃剑,在性能提升的同时,各种复杂度也随之而来。正因有数据分片,才会衍生出分布式事务和数据库治理等需求,它是所有数据类分布式场景的起源。ShardingSphere 的名字也起源于 Sharding(分片),这是 ShardingSphere 中最核心的部分。

ShardingSphere 同时提供分库与分表的能力,可以将分库与分表功能灵活混用,以解决各类场景下的不同问题。

ShardingSphere 对垂直分片、水平分片以及读写分离等几种场景的支持都很友好。合理混用分库、分表与读写分离可以最大限度地提升系统的性能。

无论数据分片的逻辑如何复杂,其真实的物理数据库散落在何方,ShardingSphere 始终秉承着向用户展现一个逻辑数据库与面向业务逻辑的若干逻辑数据表的理念。使用方工程师无须考虑数据分片的细节,只需面向自己的业务逻辑表编写 SQL 即可。

↘ 编写 SQL

经过数据分片之后的数据库在 ShardingSphere 中是完全透明化的,用户只需面向单数据库编写 SQL 即可。在 ShardingSphere 中使用 SQL 时需要了解以下几个概念。

- 逻辑表(Logic Table):水平拆分的数据库(表)中的相同逻辑和数据结构表的总称。例如,订单数据可根据主键尾数被拆分为 10 张表,分别是 t_order_0~t_order_9,它们的逻辑表名为 t_order。
- 真实表(Actual Table):在分片的数据库中真实存在的物理表,即上面介绍的逻辑表 t_order_0~t_order_9。
- 数据节点(Data Node):数据分片的最小单元,由数据源名称和数据库中的表名称组成,例如,ds_0.t_order_0。
- 绑定表(Binding Table):分片规则一致的主表和子表。例如,t_order 表和 t_order_item 表均按照 order_id 进行分片,则这两张表互为绑定表关系。绑定表之间的多表关联查询不会出现笛卡儿乘积关联的情况，关联查询效率将大大提升。

下面我们通过一个例子来看一下，假设 SQL 如下。

```sql
SELECT i.* FROM t_order o JOIN t_order_item i ON o.order_id=i.order_id
WHERE o.order_id in (10, 11);
```

在不配置绑定表关系时，假设分片键 order_id 将数值 10 路由至第 0 片，将数值 11 路由至第 1 片，那么路由后的 SQL 应该为 4 条，它们呈现为笛卡儿积的形式，具体如下。

```sql
SELECT i.* FROM t_order_0 o JOIN t_order_item_0 i ON o.order_id=i.order_id
WHERE o.order_id in (10, 11);
SELECT i.* FROM t_order_0 o JOIN t_order_item_1 i ON o.order_id=i.order_id
WHERE o.order_id in (10, 11);
SELECT i.* FROM t_order_1 o JOIN t_order_item_0 i ON o.order_id=i.order_id
WHERE o.order_id in (10, 11);
SELECT i.* FROM t_order_1 o JOIN t_order_item_1 i ON o.order_id=i.order_id
WHERE o.order_id in (10, 11);
```

在配置绑定表关系后，路由的 SQL 应该为两条，具体如下。

```sql
SELECT i.* FROM t_order_0 o JOIN t_order_item_0 i ON o.order_id=i.order_id
WHERE o.order_id in (10, 11);
SELECT i.* FROM t_order_1 o JOIN t_order_item_1 i ON o.order_id=i.order_id
WHERE o.order_id in (10, 11);
```

其中表 t_order 在 FROM 的最左侧，ShardingSphere 将会以它作为本次查询的主表。所有路由计算将只使用主表的分片策略，t_order_item 表的分片计算将会使用 t_order 的条件。

- 逻辑索引（Logic Index）：某些数据库（如 PostgreSQL）不允许一个库中存在相同名称的索引，某些数据库（如 MySQL）则要求只要同一个表中不存在名称相同的索引即可。逻辑索引用于不允许一个库中出现名称相同的索引的分表场景，需要将同库不同表的索引名称改写为"索引名+表名"的形式，改写之前的索引名为逻辑索引。

分片策略

分片策略是 ShardingSphere 中众多概念的核心。ShardingSphere 分片是由用户自定义的，并没有采用预设算法，因此灵活度非常高。

对于分片策略，需要了解以下概念。

- 分片键（Sharding Key）：用于分片的字段，是将数据库（表）进行拆分的关键字段。例如，根据 t_order 表的 order_id 的尾数取模来进行分片时，order_id 为分片字段。SQL 中如果不包含分片键，则将执行全路由，此时性能较差。分片键能够支持通过多个分片字段进行分片。

- 分片算法（Sharding Algorithm）：通过分片算法将数据库中的记录进行分片，支持 "="、"BETWEEN AND"、"IN" 这三种运算符。由于分片算法和业务实现紧密相关，因此 ShardingSphere 并未提供内置的具体分片算法，而是将各种场景提炼出来，提供了更高层级的抽象，并提供接口让应用开发者自行实现分片算法，以获得更高的灵活度。ShardingSphere 提供了四种分片算法，具体如下。

  - 精确分片算法：对应 PreciseShardingAlgorithm 接口，用于处理将单一键作为分片键的 "=" 分片和 "IN" 分片的场景。需要配合 StandardShardingStrategy 使用。
  - 范围分片算法：对应 RangeShardingAlgorithm 接口，用于处理将单一键作为分片键的 "BETWEEN AND" 分片的场景。需要配合 StandardShardingStrategy 使用。
  - 复合分片算法：对应 ComplexKeysShardingAlgorithm 接口，用于处理将多键作为分片键进行分片的场景，包含多个分片键的逻辑比较复杂，需要应用开发者自行处理其中的细节。需要配合 ComplexShardingStrategy 使用。
  - Hint 分片算法：对应 HintShardingAlgorithm 接口，用于处理通过 Hint 进行分片的场景。需要配合 HintShardingStrategy 使用。

- 分片策略（Sharding Strategy）：聚合分片键和分片算法对象的载体，真正用于分片操作的 "分片键+分片算法" 就是分片策略。目前常见的分片策略有五种，具体如下。

  - 标准分片：对应 StandardShardingStrategy，提供对 SQL 语句中的 "=" 分片、"IN" 分片和 "BETWEEN AND" 分片的支持。StandardShardingStrategy 只支持单分片键，提供了 PreciseShardingAlgorithm 和 RangeShardingAlgorithm 两个分片算法。PreciseShardingAlgorithm 是必选的，可用于处理 "=" 分片和 "IN" 分片。RangeShardingAlgorithm 是可选的，可用于处理 "BETWEEN AND" 分片，如果不配置 RangeShardingAlgorithm，SQL 中的 BETWEEN AND 将按照全路由方式处理。
  - 复合分片：对应 ComplexShardingStrategy，提供对 SQL 语句中的 "=" 分片、"IN" 分片和 "BETWEEN AND" 分片的支持。ComplexShardingStrategy 支持多分片键，由于多分片键之间的关系复杂，因此并未进行过多的封装，而采用直接将分片键值组合或将分片操作符透传至分片算法的方式，由应用开发者实现，提供了最大的灵活度。

- 行表达式分片：对应 InlineShardingStrategy，使用 Groovy 表达式，提供对 SQL 语句中的"="分片、"IN"分片的支持，只支持单分片键。对于简单的分片算法，可以通过简单配置来使用，从而避免烦琐的 Java 代码开发。例如，t_user_${u_id % 8}表示 t_user 表根据 u_id 对 8 取模而分成 8 张表，表名称分别为 t_user_0~t_user_7。
- Hint 分片：对应 HintShardingStrategy，通过 Hint 而非 SQL 解析的方式进行分片。
- 不分片：对应 NoneShardingStrategy，指不进行分片的策略。

○ Hint：对于分片字段并非由 SQL 本身所决定，而是由其他外置条件所决定的场景，可使用 SQL Hint 灵活地注入分片字段。SQL Hint 支持 Java API 和 SQL 注释（待实现）两种使用方式。

数据分片流程

在 ShardingSphere 目前提供的两个产品中，对于数据分片的处理流程是完全一致的。流程包括 SQL 解析、SQL 路由、SQL 改写、SQL 执行、结果归并，如图 10-2 所示。

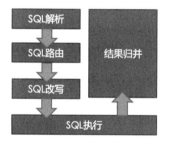

图 10-2　数据分片流程

1. SQL 解析

SQL 解析是数据分片类产品的核心，性能和兼容性是其最重要的指标。ShardingSphere 的 SQL 解析器经历了三次更新迭代，具体如下。

○ 第一代 SQL 解析器：为了追求高性能与快速实现，ShardingSphere 在 1.4.x 之前的版本中使用 Druid 作为 SQL 解析器。经实际测试，其性能远超其他解析器。

○ 第二代 SQL 解析器：从 1.5.x 版本开始，ShardingSphere 采用完全自研的 SQL 解析引擎。ShardingSphere 并不需要将 SQL 转化为一棵完全的抽象语法树，也无须通过访问器模式进行二次遍历，它采用对 SQL 半理解的方式，仅提炼数据分片需要关注的上下文，因此 SQL 解析的性能和兼容性得到了进一步提升。

- 第三代 SQL 解析器：从 3.0.x 版本开始，ShardingSphere 尝试使用 ANTLR 作为 SQL 解析引擎，并计划根据 DDL–> TCL–> DAL–> DCL–> DML–>DQL 这个顺序，依次替换原有的解析引擎，目前仍处于替换迭代中。

使用 ANTLR 是希望 ShardingSphere 的解析引擎能够更好地对 SQL 进行兼容。虽然 ShardingSphere 的分片核心并不关注复杂的表达式和递归、子查询等语句，但是这些表达式和语句会影响对 SQL 的理解。经过实际测试，ANTLR 解析 SQL 的效率比自研的 SQL 解析引擎的效率低很多。为了弥补这一差距，ShardingSphere 会将通过 PreparedStatement 的 SQL 解析生成的语法树放入缓存，因此建议采用 PreparedStatement 这种 SQL 预编译方式来提升性能。

第三代 SQL 解析的整体结构如图 10-3 所示。

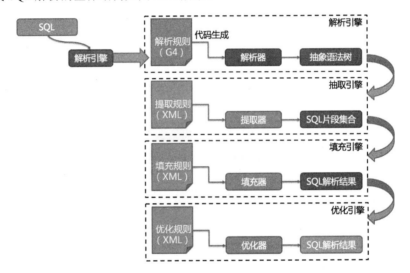

图 10-3　第三代 SQL 解析的整体结构

2．SQL 路由

SQL 路由是指根据分片规则配置以及解析上下文中的分片条件，将 SQL 定位至真正的物理数据库的过程，分为分片路由和广播路由两种类型。

分片路由用于根据分片键进行路由的场景，又可细分为三种类型，分别是直接路由、标准路由和笛卡儿路由。

（1）直接路由

满足直接路由的条件相对苛刻，需要通过 Hint（使用 Hint API 直接指定路由至库表）方式分片,并且只有在分库不分表的前提下才可以避免 SQL 解析和之后的结果归并。因此直接路由的兼容性最好,可以执行子查询、自定义函数等复杂情况下的任意 SQL。直接路由还可以用于分片键不在 SQL 中的场景。

(2) 标准路由

标准路由是 ShardingSphere 推荐使用的分片方式,它适用于不包含关联查询或仅包含绑定表之间的关联查询的 SQL。当分片运算符是"="时,路由结果将落入单库(表);当分片运算符是"BETWEEN"或"IN"时,路由结果不一定落入唯一的库(表),因此一条逻辑 SQL 最终可能会被拆分为多条用于执行的真实 SQL。

举例说明,如果按照 order_id 为奇数和偶数进行数据分片,则一个单表查询的 SQL 如下。

```
SELECT * FROM t_order WHERE order_id IN (1, 2);
```

那么路由的结果应该如下。绑定表的关联查询与单表查询的复杂度和性能相当。

```
SELECT * FROM t_order_0 WHERE order_id IN (1, 2);
SELECT * FROM t_order_1 WHERE order_id IN (1, 2);
```

再来看一个例子,假设一个包含绑定表的关联查询的 SQL 如下。

```
SELECT * FROM t_order o JOIN t_order_item i ON o.order_id=i.order_id
WHERE order_id IN (1, 2);
```

那么路由的结果应该如下。可以看到,SQL 拆分的数目与单表是一致的。

```
SELECT * FROM t_order_0 o JOIN t_order_item_0 i ON o.order_id=i.order_id
WHERE order_id IN (1, 2);

SELECT * FROM t_order_1 o JOIN t_order_item_1 i ON o.order_id=i.order_id
WHERE order_id IN (1, 2);
```

(3) 笛卡儿路由

这是最复杂的情况,它无法根据绑定表的关系确定分片规则,因此非绑定表之间的关联查询需要拆解为笛卡儿积组合的形式后再执行。如果上面示例中的 SQL 并未配置绑定表关系,那么路由的结果应该如下。笛卡儿路由查询性能较低,需谨慎使用。

```
SELECT * FROM t_order_0 o JOIN t_order_item_0 i ON o.order_id=i.order_id
WHERE order_id IN (1, 2);

SELECT * FROM t_order_0 o JOIN t_order_item_1 i ON o.order_id=i.order_id
WHERE order_id IN (1, 2);
```

```
SELECT * FROM t_order_1 o JOIN t_order_item_0 i ON o.order_id=i.order_id
WHERE order_id IN (1, 2);

SELECT * FROM t_order_1 o JOIN t_order_item_1 i ON o.order_id=i.order_id
WHERE order_id IN (1, 2);
```

对于不携带分片键的 SQL，要采取广播路由的方式。根据 SQL 类型又可以划分为全库路由、全库表路由、全实例路由、单播路由和阻断路由五种类型。

全库路由用于处理对数据库的操作，例如 SET 类型数据库的管理命令，以及 TCL 事务控制语句。

全库表路由用于处理对与数据库的逻辑表相关的所有真实表的操作，主要包括不带分片键的 DQL、DML、DDL 等。

全实例路由用于 DCL 操作，授权语句针对的是数据库的实例。无论一个实例中包含多少个 Schema，每个数据库的实例只能执行一次。

单播路由用于获取某个真实表的信息，它仅从任意库的任意真实表中获取数据，命令如下。

```
DESCRIBE t_order;
```

阻断路由用于屏蔽 SQL 对数据库的操作，命令如下。

```
USE order_db;
```

因为 ShardingSphere 采用的是逻辑 Schema 的方式，因此无须将切换数据库 Schema 的命令发送至数据库。SQL 路由的整体结构如图 10-4 所示。

3．SQL 改写

SQL 改写模块的用途是将用户书写的逻辑 SQL 改写成可以由分布式数据库执行的实际 SQL，包括正确性改写和优化改写两部分。

1）正确性改写

对于正确性改写，在包含分表的场景中，需要将分表配置中的逻辑表名称改写为路由之后获取的真实表名称，仅分库则不需要进行表名称改写。除此之外，还包括补列和分页修正等内容。

（1）标识符改写

需要改写的标识符包括表名称、索引名称以及 Schema。

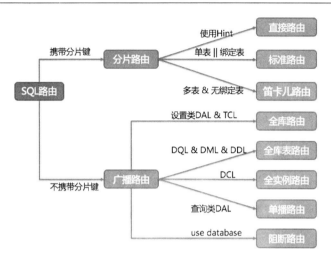

图 10-4　SQL 路由的整体结构

表名称改写是指，找到逻辑表在原始 SQL 中的位置并将其改写为真实表。表名称改写是一个典型的需要对 SQL 进行解析的场景。举一个最简单的例子，假设逻辑 SQL 如下。

```sql
SELECT order_id FROM t_order WHERE order_id=1;
```

假设该 SQL 配置分片键 order_id，并且在 order_id=1 的情况下将路由至分片表 1。那么改写之后的 SQL 应该如下。

```sql
SELECT order_id FROM t_order_1 WHERE order_id=1;
```

在这种最简单的场景中，是否将 SQL 解析为抽象语法树似乎无关紧要，只要通过字符串查找和替换就可以达到 SQL 改写的效果。但是对于下面的语句，就无法仅通过字符串查找和替换来正确改写 SQL 了。

```sql
SELECT order_id FROM t_order WHERE order_id=1 AND remarks=' t_order xxx';
```

正确改写的 SQL 应该如下。

```sql
SELECT order_id FROM t_order_1 WHERE order_id=1 AND remarks=' t_order xxx';
```

以下 SQL 不正确，由于表名之外可能含有与表名称类似的字符，因此不能通过简单的字符串替换的方式去改写 SQL。

```sql
SELECT order_id FROM t_order_1 WHERE order_id=1 AND remarks=' t_order_1 xxx';
```

再来看一个更加复杂的例子，假设 SQL 如下。

```sql
SELECT t_order.order_id FROM t_order
WHERE t_order.order_id=1 AND remarks=' t_order xxx';
```

上面的 SQL 将表名作为字段的标识符，因此在 SQL 改写时需要一并修改，具体如下。

```
SELECT t_order_1.order_id FROM t_order_1
WHERE t_order_1.order_id=1 AND remarks=' t_order xxx';
```

如果 SQL 中定义了表的别名，则无须连同别名一起修改，即使别名与表名相同也无须修改，例如以下 SQL。

```
SELECT t_order.order_id FROM t_order AS t_order
WHERE t_order.order_id=1 AND remarks=' t_order xxx';
```

进行 SQL 改写时仅改写表名称即可，具体如下。

```
SELECT t_order.order_id FROM t_order_1 AS t_order
WHERE t_order.order_id=1 AND remarks=' t_order xxx';
```

索引名称是另一个有可能被改写的标识符。在某些数据库（如 MySQL）中，索引是以表为维度创建的，在不同的表中，索引是可以重名的，而在另外的一些数据库中（如 PostgreSQL），索引是依据数据库创建的，即使是作用在不同表上的索引，它们的名称也必须唯一。

在分表的场景下，同一个逻辑表在同一个数据库中会被拆分为多个真实表。那么，为这些真实表建立的索引名称自然是不允许重复的。因此，ShardingSphere 会将索引名称改写为"逻辑索引名称+其作用域所在的真实表名称"的形式。

在 ShardingSphere 中，管理 Schema 的方式与管理表的方式如出一辙，ShardingSphere 采用逻辑 Schema 去管理一组数据源。因此，ShardingSphere 需要将用户在 SQL 中书写的逻辑 Schema 替换为真实的数据库 Schema。

遗憾的是，截至本书写作之时，ShardingSphere 还不支持在 DQL 和 DML 语句中使用 Schema，它目前仅支持在数据库管理语句中使用 Schema，示例如下。

```
SHOW COLUMNS FROM t_order FROM order_ds;
```

Schema 改写指的是采用单播路由的方式将逻辑 Schema 改写为一个能被随机查找到的真实 Schema。

（2）补列

需要在查询语句中补列的情况通常有两种。

第一种情况是，ShardingSphere 需要在结果归并时获取相应数据，但该数据并不能通过查询的 SQL 返回。这种情况主要针对 GROUP BY 和 ORDER BY。结果归并时，需要根据 GROUP BY 和 ORDER BY 的字段项进行分组和排序，但原始 SQL 的选择项中若未包含分组项或排序项，则需要对原始 SQL 进行改写。

先来看一下原始 SQL 中带有结果归并所需信息的场景，示例如下。

```sql
SELECT order_id, user_id FROM t_order ORDER BY user_id;
```

由于使用 user_id 进行排序时需要在结果归并中获取到 user_id 的数据，而上面的 SQL 是能够获取到 user_id 数据的，因此无须补列。

如果选择项中不包含结果归并时所需的列，则需要进行补列，SQL 如下。

```sql
SELECT order_id FROM t_order ORDER BY user_id;
```

由于原始 SQL 中并不包含需要在结果归并中获取的 user_id，因此需要对 SQL 进行补列改写。补列之后的 SQL 如下。

```sql
SELECT order_id, user_id AS ORDER_BY_DERIVED_0 FROM t_order ORDER BY user_id;
```

值得一提的是，补列只针对缺失的列，不针对全部列，而且 SELECT 语句中包含*的 SQL 也会根据表的元数据信息进行选择性补列。下面是一个较为复杂的 SQL 补列场景。

```sql
SELECT o.* FROM t_order o, t_order_item i
WHERE o.order_id=i.order_id ORDER BY user_id, order_item_id;
```

假设只有 t_order_item 表中包含 order_item_id 列，那么根据表的元数据信息可知，在结果归并时，排序项中的 user_id 是存在于 t_order 表中的，无须补列。order_item_id 并不在 t_order 中，因此需要补列。补列之后的 SQL 如下。

```sql
SELECT o.*, order_item_id AS ORDER_BY_DERIVED_0 FROM t_order o, t_order_item i
WHERE o.order_id=i.order_id ORDER BY user_id, order_item_id;
```

补列的另一种情况是使用 AVG 聚合函数。在分布式的场景中，使用(avg1 + avg2 + avg3) / 3 计算平均值并不正确，需要改写为 (sum1 + sum2 + sum3) / (count1 + count2 + count3)，这就需要将包含 AVG 的 SQL 改写为 SUM 和 COUNT，并在结果归并时重新计算平均值。

```sql
SELECT AVG(price) FROM t_order WHERE user_id=1;
```

对于以上 SQL，需要改写为如下形式，然后才能通过结果归并正确计算平均值。

```sql
SELECT COUNT(price) AS AVG_DERIVED_COUNT_0, SUM(price) AS AVG_DERIVED_SUM_0
FROM t_order WHERE user_id=1;
```

最后一种补列发生在执行 INSERT 的 SQL 语句时，如果使用数据库自增主键，则无须写入主键字段。但数据库的自增主键是无法满足分布式场景下的主键唯一条件的，因此 ShardingSphere 提供了分布式自增主键的生成策略，并且可以通过补列让使用方不改动现有代码便将现有的自增主键透明替换为分布式自增主键。分布式自增主键的生成策略将在下文中详述，这里只阐述与 SQL 改写相关的内容。

举例说明，假设表 t_order 的主键是 order_id，原始的 SQL 如下。

```
INSERT INTO t_order ('field1', 'field2') VALUES (10, 1);
```

可以看到，上述 SQL 中并不包含自增主键，是需要数据库自行填充的。ShardingSphere 配置自增主键后，SQL 将改写为以下形式。

```
INSERT INTO t_order ('field1', 'field2', order_id) VALUES (10, 1, xxxxx);
```

改写后的 SQL 将在 INSERT FIELD 和 INSERT VALUE 的最后部分增加主键列名称以及自动生成的自增主键值。上面的 SQL 中的"xxxxx"表示自动生成的自增主键值。

即使 INSERT 的 SQL 中并未包含表的列名称，ShardingSphere 也可以根据参数个数以及表元信息中的列数量自动生成自增主键。举例说明，假设原始的 SQL 如下。

```
INSERT INTO t_order VALUES (10, 1);
```

改写的 SQL 将只在主键所在的列顺序处增加自增主键，具体如下。

```
INSERT INTO t_order VALUES (xxxxx, 10, 1);
```

进行自增主键补列时，如果使用占位符书写 SQL，则只改写参数列表即可，无须改写 SQL 本身。

（3）分页修正

从多个数据库获取分页数据与单数据库场景是不同的。假设每 10 条数据为一页，要取第 2 页数据，那么在分片环境下获取"LIMIT 10,10"，归并之后再根据排序条件取出前 10 条数据，这样做是不正确的。举例说明，假设 SQL 如下。

```
SELECT score FROM t_score ORDER BY score DESC LIMIT 1, 2;
```

图 10-5 展示了不进行 SQL 改写时的分页执行结果。

通过图 10-5 可以看出，将两个表中的所有数据按照由大到小的排序排列后，第 2 条数据和第 3 条数据应该是 95 和 90。由于执行的 SQL 只能从每个表中获取第 2 条数据和第 3 条数据，即从 t_score_0 表中获取 90 和 80，从 t_score_1 表中获取 85 和 75。因此进行结果归并时，只能从获取的 90、80、85、75 之中进行归并，那么无论如何进行结果归并，都不可能获得正确的结果。

正确的做法是将分页条件改写为"LIMIT 0,3"，取出所有前两页数据，再结合排序条件计算出正确的数据。图 10-6 展示了进行 SQL 改写之后的分页执行结果。

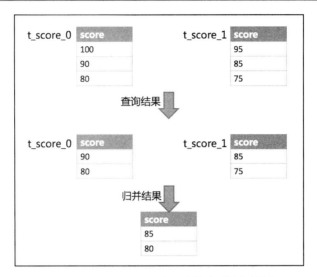

图 10-5　不进行 SQL 改写时的分页执行结果

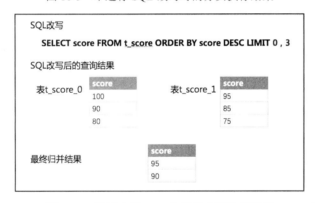

图 10-6　进行改写 SQL 之后的分页执行结果

获取数据的偏移量位置越靠后，使用 LIMIT 分页方式的效率就越低。有很多方法可以避免使用 LIMIT 进行分页，比如构建行记录数量与行偏移量的二级索引，或使用上次分页数据的结尾 ID 作为下次查询条件的分页方式等。

修正分页信息时，如果使用占位符的方式书写 SQL，则只改写参数列表即可，无须改写 SQL 本身。

（4）批量拆分

在使用批量插入的 SQL 时，如果插入的数据是跨分片的，那么需要对 SQL 进行改写来防止将多余的数据写入数据库。插入操作与查询操作的不同之处在于，查询语句中即使出现了不在当前分片中的分片键,也不会对数据产生影响,而插入操作必须将多余的分片键删除。举例说明,假设 SQL 如下。

```sql
INSERT INTO t_order (order_id, xxx) VALUES (1, 'xxx'), (2, 'xxx'), (3, 'xxx');
```

假设数据库仍然是按照 order_id 的奇偶值分为两片的,仅将这条 SQL 中的表名进行修改,然后发送至数据库完成 SQL 的执行,则两个分片都会写入相同的记录。虽然只有符合分片查询条件的数据才能够被查询语句取出,但存在冗余数据的实现方案并不合理,因此需要将 SQL 改写为以下形式。

```sql
INSERT INTO t_order_0 (order_id, xxx) VALUES (2, 'xxx');
INSERT INTO t_order_1 (order_id, xxx) VALUES (1, 'xxx'), (3, 'xxx');
```

使用 IN 操作的查询与批量插入的情况相似,不过 IN 操作并不会导致数据查询结果错误。通过对 IN 查询进行改写,可以进一步提升查询性能。

```sql
SELECT * FROM t_order WHERE order_id IN (1, 2, 3);
```

例如,将以上 SQL 改写为以下形式。

```sql
SELECT * FROM t_order_0 WHERE order_id IN (2);
SELECT * FROM t_order_1 WHERE order_id IN (1, 3);
```

进行改写后可以进一步提升查询性能。截至本书写作之时,ShardingSphere 暂时还未实现此策略,目前的改写结果如下。

```sql
SELECT * FROM t_order_0 WHERE order_id IN (1, 2, 3);
SELECT * FROM t_order_1 WHERE order_id IN (1, 2, 3);
```

虽然 SQL 的执行结果是正确的,但并未达到最优的查询效率。

了解了正确性改写,我们再来看一下优化改写。

2)优化改写

优化改写的目的是在不影响查询正确性的情况下对性能进行提升。优化改写分为单节点优化改写和流式归并优化改写两种方式。

(1)单节点优化改写

路由至单节点的 SQL 无须进行优化改写。当获得一次查询的路由结果后,如果是路由至唯一的数据节点,则不涉及结果归并,因此没有必要进行补列和分页信息改写。尤其是对分页信息进行改写时,无须从第 1 条数据开始读取,这样可以大大降低数据库的压力,并且节省网络带宽的资源。

（2）流式归并优化改写

仅为包含 GROUP BY 的 SQL 增加了 ORDER BY 命令，以及和分组项相同的排序项及排序顺序，这样可以将内存归并转化为流式归并。后面介绍结果归并时将对流式归并和内存归并进行详细说明。

SQL 改写的整体结构如图 10-7 所示。

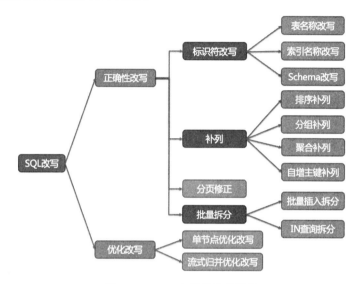

图 10-7　SQL 改写的整体结构

4．SQL 执行

ShardingSphere 采用一套自动化的执行引擎负责将路由和改写完的真实 SQL 安全且高效地发送到底层数据源执行。这并不是简单地将 SQL 通过 JDBC 直接发送至数据源执行，也并非直接将执行请求放入线程池去并发执行，它的目标是自动化平衡资源控制与执行效率，最大限度地合理利用并发。

（1）连接模式

从资源控制的角度来看，业务方访问数据库的连接数量应当有所限制。这样一来能够有效地防止某一业务操作过多地占用资源，从而将数据库连接的资源耗尽，影响其他业务的正常访问。特别是当一个数据库实例中存在较多分表时，一条不包含分片键的逻辑 SQL 将产生落在同库不同表中的大量真实 SQL，如果每条真实 SQL 都占用一个独立的连接，那么一次查询无疑会占用很多的资源。

从执行效率上来看,为每个分片查询维持一个独立的数据库连接,可以更加有效地利用多线程来提升执行效率。为每个数据库连接开启独立的线程,可以并行处理 I/O 所产生的消耗。为每个分片维持一个独立的数据库连接还能避免过早地将查询结果数据加载至内存。独立的数据库连接能够持有查询结果集游标位置的引用,在需要获取相应数据时移动游标即可。

将结果集游标下移进行结果归并的方式,称为流式归并,在这种情况下无须将结果数据全部加载至内存,可以有效地节省内存资源,减少垃圾回收的次数。更多关于结果归并的内容将会在下文中详细介绍。

当无法保证每个分片查询都持有一个独立数据库连接时,则需要在复用该数据库连接获取下一张分表的查询结果集之前将当前的查询结果集全部加载至内存。因此,即使可以采用流式归并的方式,此场景下也将"退化"为内存归并方式。

一方面是对数据库连接资源进行控制保护,一方面是采用更优的归并模式达到节省中间件内存资源的目的,如何处理好两者之间的关系,是 ShardingSphere 执行引擎需要解决的。具体来说,如果一条 SQL 在经过 ShardingSphere 的分片后,需要操作某数据库实例下的 200 张表,那么是选择创建 200 个连接并行执行,还是选择创建一个连接串行执行呢?效率与资源控制又应该如何抉择呢?

针对上述场景,ShardingSphere 提供了一种解决思路——连接模式(Connection Mode),连接模式可以分为两种类型:内存限制模式(MEMORY_STRICTLY)和连接限制模式(CONNECTION_STRICTLY)。

- 内存限制模式

  使用此模式的前提是,ShardingSphere 对一次操作所消耗的数据库连接数量不做限制。如果实际执行的 SQL 需要对某数据库实例中的 200 张表进行操作,则应对每张表创建一个新的数据库连接,并通过多线程的方式并发处理,以实现执行效率最大化。在 SQL 满足条件的情况下,应该优先选择流式归并方式,以防止出现内存溢出或垃圾回收频繁的情况。

- 连接限制模式

  使用此模式的前提是,ShardingSphere 严格控制一次操作所消耗的数据库连接数量。如果实际执行的 SQL 需要对某数据库实例中的 200 张表进行操作,那么这种模式下只会创建唯一的数据库连接,并对 200 张表进行串行处理。如果一次操作中的分片散落在不同的数据库中，则仍然可以采用多线程方式对不同数据库进行操作，但每个数据库的每次操作只能创建唯一的数据库连接，这样即可防止一次请求过多占用数据库连接所带来的问题。该模式始终选择内存归并方式。

内存限制模式适用于 OLAP 操作，可以通过放宽对数据库连接的限制提升系统吞吐量；连接限制模式适用于 OLTP 操作，OLTP 通常带有分片键，会路由到单一的分片，因此严格控制数据库连接以保证在线系统数据库资源能够被更多的应用所使用，才是明智的选择。

（2）自动化执行引擎

ShardingSphere 最初将使用何种模式的决定权交由用户配置，让用户依据实际的业务场景选择使用内存限制模式还是连接限制模式。

这种情况下，用户必须要了解这两种模式的利弊，并依据业务场景进行选择，无疑增加了用户对 ShardingSphere 的学习和使用成本。

对于这种一分为二的处理方案，何时进行模式切换由静态的初始化配置决定，这是缺乏灵活应对能力的。在实际的使用场景中，面对不同的 SQL 以及占位符参数，每次的路由结果也是不同的。这就意味着某些操作可能需要使用内存归并方式，而某些操作则可能选择流式归并方式更优，具体采用哪种方式不应该由用户在 ShardingSphere 启动之前配置好，而是应该根据 SQL 和占位符参数的动态来决定。

为了降低用户的使用成本，避免连接模式动态化选择，ShardingSphere 提炼出自动化执行引擎的思路，在其内部消化了连接模式的概念。用户无须了解所谓的内存限制模式和连接限制模式，执行引擎便会根据当前场景自动选择最优的执行方案。

自动化执行引擎将连接模式的选择粒度细化至每一次的 SQL 操作中。针对每次 SQL 请求，自动化执行引擎都将根据其路由结果进行实时演算和权衡，并自主采用恰当的连接模式，使资源控制和效率达到平衡。针对自动化执行引擎，用户只需配置 maxConnectionSizePerQuery，该参数表示一次查询时每个数据库所允许使用的最大连接数。

自动化执行引擎的使用过程包括准备和执行两个阶段。

顾名思义，准备阶段用于准备执行的数据，其中又包括结果集分组和执行单元创建两个步骤。

结果集分组是实现内化连接模式的关键。自动化执行引擎会根据 maxConnectionSizePerQuery 配置项，再结合当前路由结果，选择恰当的连接模式，具体步骤如下。

- 将 SQL 的路由结果按照数据源的名称进行分组。
- 数据库实例在 maxConnectionSizePerQuery 的允许范围内时，每个连接需要执行的 SQL 路由结果组可以通过图 10-8 所示的连接模式选择公式获得，然后可以计算出本次请求的最优连接模式。

图 10-8　连接模式选择公式

在 maxConnectionSizePerQuery 允许的范围内，当一个连接要执行的请求数量大于 1 时，意味着当前的数据库连接无法持有相应的数据结果集，必须采用内存归并方式。反之，当一个连接需要执行的请求数量等于 1 时，意味着当前的数据库连接可以持有相应的数据结果集，可以采用流式归并方式。

每一次连接模式的选择，都是针对某一个物理数据库的。也就是说，在同一次查询中，如果路由至一个以上的数据库，则每个数据库的连接模式不一定一样，也可能是混合的。

通过上一步获得的路由分组结果可以创建执行的单元。当数据源使用数据库连接池等用于控制数据库连接数量的技术时，在获取数据库连接时，如果不妥善处理并发，则会出现发送死锁的情况。在多个请求相互等待对方释放数据库连接资源时，将会产生饥饿等待的情况，产生交叉死锁的问题。

举例说明，假设一次查询需要在某一数据源上获取两个数据库连接，并路由至同一个数据库的两个分表查询，则有可能出现"查询 A 已获取到该数据源的一个数据库连接并等待获取另一个数据库连接，查询 B 也已经在该数据源上获取到一个数据库连接并同样等待获取另一个数据库连接"的情况。如果数据库连接池允许的最大连接数是 2，那么这两个查询请求将永久等待下去。图 10-9 描绘了死锁的情况。

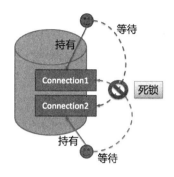

图 10-9　死锁

ShardingSphere 为了避免出现死锁，在获取数据库连接时进行了同步处理。在创建执行单元时，以原子性的方式一次性获取本次 SQL 请求所需的全部数据库连接，避免了每次查询请求只能获取部分资源的可能。由于对数据库的操作非常频繁，每次获取数据库连接时都进行锁定会降低 ShardingSphere 的并发效率。因此，ShardingSphere 在这里进行了两点优化，具体如下。

- 避免锁定一次只获取一个数据库连接的操作。因为每次仅需要获取一个连接时不会发生两个请求相互等待的情况，因此无须锁定。大部分 OLTP 操作都是使用分片键路由至唯一数据节点的，这会使系统状态变为完全无锁的，可进一步提升并发效率。除了路由至单分片的情况，读写分离也在此范畴之内。

- 仅针对内存限制模式进行资源锁定。在使用连接限制模式时，所有的查询结果集将在装载至内存之后释放掉数据库连接资源，因此不会产生死锁等待的问题。

执行阶段真正执行 SQL，其中包括分组执行和归并结果集生成两个步骤。

分组执行将准备阶段生成的执行单元分组下发至底层并发执行引擎，并向执行过程中的每个关键步骤发送事件，如执行开始事件、执行成功事件、执行失败事件。执行引擎仅关注事件的发送者，并不关心事件的订阅者。ShardingSphere 的其他模块，如分布式事务、性能跟踪等，会订阅感兴趣的事件，并进行相应的处理。

归并结果集生成时，ShardingSphere 通过在准备阶段获取的连接模式生成内存归并结果集或流式归并结果集，并将其传递给结果归并引擎，以进行下一步工作。

SQL 执行的整体结构如图 10-10 所示。

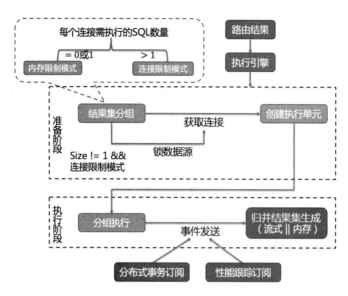

图 10-10　SQL 执行的整体结构

5. 结果归并

将从各个数据节点获取的多数据结果集组合成一个结果集，并正确地返回至请求客户端的过程，称为结果归并。

ShardingSphere 支持的结果归并从功能上分为遍历、排序、分组、聚合和分页五种，它们是组合关系而非互斥关系。从结构上可分为流式归并、内存归并和装饰者归并三种。流式归并和内存归并是互斥的，装饰者归并可以在流式归并和内存归并的基础上使用。

由于从数据库中返回结果集是逐条进行的，并不需要将所有的数据一次性加载至内存，因此，在进行结果归并时，沿用数据库返回结果集的方式进行归并能够极大减少内存的消耗，是优先选择的归并方式。

流式归并是指每一次从结果集中获取到的数据都能够通过逐条获取的方式返回正确的单条数据，它与数据库原生的结果集返回方式最为契合。遍历归并、排序归并以及分组归并都属于流式归并的一种。

内存归并则需要将结果集的所有数据都遍历并存储在内存中，通过统一的分组、排序以及聚合等计算之后，再将其封装成逐条访问的数据结果集返回。

装饰者归并是对所有结果集归并进行的统一功能增强，目前装饰者归并有分页归并和聚合归并这两种类型。

（1）遍历归并

遍历归并是最为简单的归并方式，只需将多个数据结果集合并为一个单向链表。在遍历完当前数据结果集之后，将链表元素后移一位，继续遍历下一个数据结果集即可。

（2）排序归并

由于在 SQL 中存在 ORDER BY 语句，因此每个数据结果集自身都是有序的，这种情况下只需要对数据结果集当前游标指向的数据值进行排序，这相当于对多个有序的数组进行排序，归并排序是最适合此场景的排序算法。

ShardingSphere 在对排序的查询结果集进行归并时，会对每个结果集的当前数据值进行比较（通过实现 Java 的 Comparable 接口完成），并将其放入优先级队列。每次获取下一条数据时，只需将队列顶端结果集的游标下移，然后重新进入优先级排序队列找到自己的位置即可。

通过一个例子来说明 ShardingSphere 的排序归并，图 10-11 展示了一个通过分数进行排序的示例，对于三张表返回的数据结果集，每个数据结果集已经根据分数高低排序完毕，但是三个数据结果集之间是无序的。将三个数据结果集的当前游标指向的数据值进行排序，并放入优先级队列，t_score_0 的第一个数据值最大，t_score_2 的第一个数据值次之，t_score_1 的第一个数据值最小，因此优先级队列的排序结果为 t_score_0、t_score_2、t_score_1。

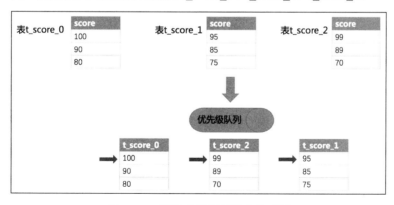

图 10-11 通过分数进行排序的示例

图 10-12 展现了进行 next 调用时的排序归并是如何实现的。通过图 10-12 我们可以看到，当进行第一次 next 调用时，排在队列首位的 t_score_0 将会被弹出队列，并且将当前游标指向的数据值（也就是 100）返回至查询客户端，然后将游标下移一位，重新放入优先级队列。而优

先级队列也会根据 t_score_0 的当前数据结果集指向游标的数据值（这里是 90）进行排序，根据当前数值，t_score_0 排列在队列的最后一位。之前队列中排名第二的 t_score_2 的数据结果集则自动排在了队列首位。

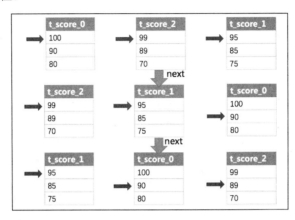

图 10-12 进行 next 调用时的排序归并

在进行第二次 next 调用时，只需要将目前排在队列首位的 t_score_2 弹出队列，然后将其数据结果集游标指向的值返回至客户端并下移游标，继续加入队列排队即可。以此类推，当一个结果集中已经没有数据时，则无须再次加入队列。

可以看到，对于"每个数据结果集中的数据有序而多数据结果集整体无序"的情况，ShardingSphere 无须将所有的数据都加载至内存即可完成排序，它使用的是流式归并的方式，每次 next 调用仅获取唯一正确的一条数据，极大地节省了内存资源。

从另一个角度来说，ShardingSphere 的排序归并是在维护数据结果集的纵轴和横轴这两个维度的有序性。纵轴是指每个数据结果集本身，它是天然有序的，它通过包含 ORDER BY 语句的 SQL 获取。横轴是指每个数据结果集当前游标所指向的值，它的正确顺序需要通过优先级队列来维护。每当数据结果集的当前游标下移时，都需要将该数据结果集重新放入优先级队列排序，而只有排在队列首位的数据结果集才可能发生游标下移的情况。

（3）分组归并

分组归并的情况最为复杂，分为流式分组归并和内存分组归并两种。流式分组归并要求 SQL 的排序项和分组项的字段与排序类型（ASC 或 DESC）必须保持一致，否则只能通过内存分组归并方式才能保证数据的正确性。

举例说明，假设根据科目进行分片，表结构中要包含考生的姓名（为了简单起见，不考虑重名的情况）和分数，则可通过如下 SQL 获取每位考生的总分。

```
SELECT name, SUM(score) FROM t_score GROUP BY name ORDER BY name;
```

如图 10-13 所示，分组项与排序项完全一致时取得的数据是连续的，分组所需的数据都存在于各个数据结果集的当前游标所指向的数据值中，因此可以采用流式分组归并方式。

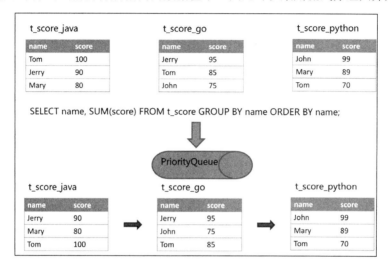

图 10-13　流式分组归并示例

进行分组归并时，逻辑与排序归并类似。图 10-14 展现了进行 next 调用时的流式分组归并是如何实现的。

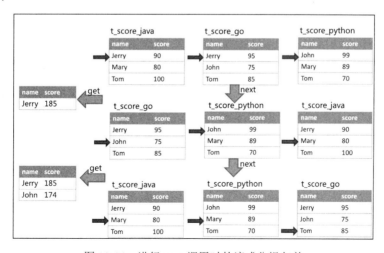

图 10-14　进行 next 调用时的流式分组归并

当进行第一次 next 调用时，排在队列首位的 t_score_java 将会被弹出队列，并且将分组值同为"Jerry"的其他结果集中的数据一同弹出队列。在获取了所有姓名为"Jerry"的同学的分数之后，进行累加操作，那么在第一次 next 调用结束后，取出的结果集应是"Jerry"的分数总和。与此同时，所有的数据结果集中的游标都将下移至数据值"Jerry"的下一个数据值，并且根据数据结果集当前游标指向的值进行重排序。因此，名为"John"的同学相关数据结果集则排在了队列的前列。

总结一下，分组归并与排序归并的区别仅有以下两点。

- 分组归并会一次性将多个数据结果集中分组项相同的数据全部取出。
- 分组归并需要根据聚合函数的类型进行聚合计算。

对于分组项与排序项不一致的情况，由于需要获取的数据值并非连续的，因此无法使用流式分组归并方式，需要将所有的结果集数据加载至内存进行分组和聚合。例如，若通过以下 SQL 获取每位考生的总分并按照分数从高至低排序，那么各个数据结果集中取出的数据将与图 10-13 中上半部分表结构的原始数据一致，是无法进行流式分组归并的。

```
SELECT name, SUM(score) FROM t_score GROUP BY name ORDER BY score DESC;
```

当 SQL 中只包含分组语句时，根据不同数据库实现方式的差异，其排序的顺序也不一定与分组顺序一致。但排序语句缺失时表示此 SQL 并不在意排序顺序，因此 ShardingSphere 可以通过 SQL 优化自动增加与分组项一致的排序项，使其能够从消耗内存的内存分组归并方式转化为流式分组归并方式。

(4) 聚合归并

无论是流式分组归并还是内存分组归并，对聚合函数的处理都是一致的。除了分组的 SQL，不进行分组的 SQL 也可以使用聚合函数。因此，聚合归并是在之前介绍的归并方式的基础上追加的归并方式，即装饰者模式。聚合函数可以分为比较、累加和求平均值这几种类型。

- 比较类型的聚合函数是指 MAX 和 MIN，它们需要对每一个同组的结果集数据进行比较，并且直接返回其中的最大值或最小值。
- 累加类型的聚合函数是指 SUM 和 COUNT，它们需要将每一个同组的结果集数据进行累加。
- 求平均值类型的聚合函数只有 AVG，它必须通过 SQL 改写的 SUM 和 COUNT 进行计算，相关内容之前面已经介绍过，此处不再赘述。

（5）分页归并

上面所述的所有归并类型都可能进行分页，分页也是追加在其他归并类型之上的"装饰器"。ShardingSphere 通过装饰者模式来增加对数据结果集进行分页的能力，分页归并可将无须获取的数据过滤掉。

ShardingSphere 的分页功能比较容易让用户误解，用户通常认为分页归并会占用大量内存。在分布式的场景中，将 LIMIT 10000000, 10 改写为 LIMIT 0, 10000010 才能保证数据的正确性。用户非常容易产生"ShardingSphere 会将大量无意义的数据加载至内存，造成内存溢出"的错觉。其实，通过流式归并的原理可知，将数据全部加载到内存的只有内存分组归并这一种方式，而通常来说，进行 OLAP 分组的 SQL 不会产生大量的结果集数据，它更多被用于"计算大量而结果产出少量"的场景。除了内存分组归并这种情况，其他情况下都通过流式归并获取数据结果集，因此 ShardingSphere 会通过结果集的 next 调用忽略无须取出的数据，不会将这些数据存入内存。

但同时需要注意的是，由于排序的需要，仍有大量的数据需要传输到 ShardingSphere 的内存空间。因此，采用 LIMIT 方式进行分页并非最佳实践。由于 LIMIT 并不能通过索引查询数据，因此如果可以保证 ID 的连续性，通过 ID 进行分页是比较好的方案，示例如下。

```sql
SELECT * FROM t_order WHERE id > 100000 AND id <= 100010 ORDER BY id;
```

或通过记录上一次查询结果中的最后一条记录的 ID 进行下一页查询，示例如下。

```sql
SELECT * FROM t_order WHERE id > 10000000 LIMIT 10;
```

结果归并的整体结构如图 10-15 所示。

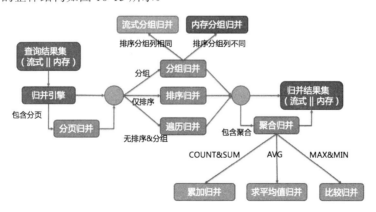

图 10-15　结果归并的整体结构

其他功能

ShardingSphere 针对数据分片还提供了一些其他衍生功能,下面介绍几个比较常用的功能。

1. 读写分离

读写分离是缓解系统读写压力的有效方式,可以将其看作一种特殊的数据分片形态。ShardingSphere 支持独立使用读写分离,也支持与分库、分表共同使用读写分离。用户仍然可以像使用单个数据库一样使用"分库分表+读写分离"的数据库。

对于主库与从库之间的数据一致性的问题,ShardingSphere 采用的解决方案是,若同一线程且同一数据库连接内有写入操作,则以后的读操作均从主库中进行。

2. 分布式主键

在传统数据库软件开发中,主键自动生成是最基本的需求,各个数据库对于该需求都提供了相应的支持,比如 MySQL 的自增键、Oracle 的自增序列等。

数据分片后,不同数据节点会生成全局唯一主键,这是非常棘手的问题。由于同一个逻辑表内的不同实际表之间的自增主键无法互相感知,因此会产生重复主键,虽然可以通过约束自增主键初始值和步长的方式避免碰撞,但需要引入额外的运维规则,解决方案依然缺乏完整性和可扩展性。

目前有许多第三方解决方案可以完美解决上述问题,如 UUID 等依靠特定算法自动生成不重复主键,或者引入主键生成服务等。但也正是这种多样性导致 ShardingSphere 如果强依赖于任何一种方案,其自身的发展就会被限制。

基于以上原因,ShardingSphere 最终选择通过接口来实现对生成主键的访问,而将底层具体的主键生成实现分离出来。ShardingSphere 提供灵活的配置分布式主键生成策略,可在分片规则配置模块时配置每个表的主键生成策略,默认情况下使用雪花算法(snowflake)生成 64bit 的长整型数据。

雪花算法是由 Twitter 公司发布的分布式主键生成算法,它能够保证不同进程主键的不重复性,以及相同进程主键的有序性。

在同一个进程中,首先是通过时间位保证不重复性的,如果时间位相同则通过序列位保证不重复性。同时由于时间位是单调递增的,且各个服务器大体进行了时间同步,因此生成的主键在分布式环境中可以被认为是总体有序的，这就保证了索引字段插入的高效性。

使用雪花算法生成的主键，其二进制表示形式中包含四部分，从高位到低位分别为 1bit 符号位、41bit 时间戳位、10bit 工作进程位以及 12bit 序列号位。

- 1bit 符号位：预留的符号位，恒为零。

- 41bit 时间戳位：41 位的时间戳可以容纳的时间是 2 的 41 次幂毫秒，一年所使用的毫秒数是 365×24×60×60×1000，换算为年约等于 69.73 年。ShardingSphere 的雪花算法的时间纪元从 2016 年 11 月 1 日零点开始，可以使用到 2086 年，相信能满足绝大部分系统的要求。

- 10bit 工作进程位：该标志在 Java 进程内是唯一的，如果是分布式应用部署，应保证每个工作进程的 ID 是不同的。10bit 工作进程位的默认值为 0，可通过调用静态方法 DefaultKeyGenerator.setWorkerId() 来设置。

- 12bit 序列号位：该序列是用来在同一个毫秒时间单位内生成不同 ID 的。如果在 1 毫秒内生成的 ID 数量超过 4096（2 的 12 次幂）个，那么生成器会等到下一毫秒再继续生成。

服务器时钟回拨会产生重复序列，因此默认分布式主键生成器提供了一个最大容忍时钟回拨毫秒数。如果时钟回拨的时间超过最大容忍时钟回拨毫秒数阈值，则程序会报错；如果回拨时间在可容忍的范围内，默认分布式主键生成器会等待时钟同步到最后一次主键生成的时间后再继续工作。最大容忍时钟回拨毫秒数的默认值为 0，可以通过调用静态方法 DefaultKeyGenerator.setMaxTolerateTimeDifferenceMilliseconds() 来设置。

雪花算法主键的详细结构如图 10-16 所示。前面介绍 SQL 改写时提到过，ShardingSphere 可以透明对接分布式主键和数据库自增主键。

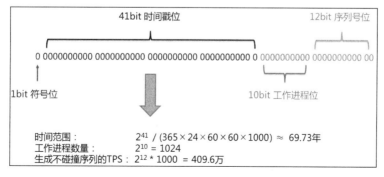

图 10-16　雪花算法主键的详细结构

3. 行表达式

配置的简化与一体化是行表达式所希望解决的两个主要问题。

在烦琐的数据分片规则配置中，随着数据节点的增加，大量的重复配置使得配置本身变得不易被维护。通过行表达式可以有效简化数据节点配置工作。对于常见的分片算法，使用 Java 代码实现并不有助于对配置进行统一管理。通过行表达式书写分片算法，可以有效地将分片规则和分片配置信息一同存放，更易于浏览与存储。

行表达式的使用方法非常直观，只在配置中使用${ expression }或$->{ expression }标识符标示行表达式即可，目前支持对数据节点和分片算法这两部分进行配置。行表达式使用的是 Groovy 语法，Groovy 支持的所有操作，行表达式均能支持。

- ${begin..end}表示范围区间。
- ${[unit_1, unit_2, unit_x]}表示枚举值。

如果在行表达式中出现了多个${ expression }或$->{ expression }标识符，则整个表达式最终的结果将是每个子表达式结果的笛卡儿组合。

来看一个例子，某行表达式形式如下。

```
${['online', 'offline']}_table_${1..3}
```

该行表达式最终会被解析为以下形式。

```
online_table_1, online_table_2, online_table_3,
offline_table_1, offline_table_2, offline_table_3
```

对于均匀分布的数据节点，假设其数据结构如下。

```
db0
  ├── t_order_0
  └── t_order_1
db1
  ├── t_order_0
  └── t_order_1
```

用行表达式可以简化为以下形式。

```
db${0..1}.t_order_${0..1}
```

也可以简化为以下形式。

```
db$->{0..1}.t_order_$->{0..1}
```

对于自定义的数据节点，假设其数据结构如下。

```
db0
    ├── t_order_0
    └── t_order_1
db1
    ├── t_order_2
    ├── t_order_3
    └── t_order_4
```

用行表达式可以简化为以下形式。

```
db0.t_order_${0..1},db1.t_order_${2..4}
```

也可以简化为以下形式。

```
db0.t_order_$->{0..1},db1.t_order_$->{2..4}
```

有前缀的数据节点也可以通过行表达式进行灵活配置，假设其数据结构如下。

```
db0
    ├── t_order_00
    ├── t_order_01
    ├── t_order_02
    ├── t_order_03
    ├── t_order_04
    ├── t_order_05
    ├── t_order_06
    ├── t_order_07
    ├── t_order_08
    ├── t_order_09
    ├── t_order_10
    ├── t_order_11
    ├── t_order_12
    ├── t_order_13
    ├── t_order_14
    ├── t_order_15
    ├── t_order_16
    ├── t_order_17
    ├── t_order_18
    ├── t_order_19
    └── t_order_20
```

```
db1
    ├── t_order_00
    ├── t_order_01
    ├── t_order_02
    ├── t_order_03
    ├── t_order_04
    ├── t_order_05
    ├── t_order_06
    ├── t_order_07
    ├── t_order_08
    ├── t_order_09
    ├── t_order_10
    ├── t_order_11
    ├── t_order_12
    ├── t_order_13
    ├── t_order_14
    ├── t_order_15
    ├── t_order_16
    ├── t_order_17
    ├── t_order_18
    ├── t_order_19
    └── t_order_20
```

可以使用分开配置的方式，先配置包含前缀的数据节点，再配置不包含前缀的数据节点，然后利用行表达式笛卡儿积的特性自动组合。对于上面的示例，用行表达式可以简化为以下形式。

```
db${0..1}.t_order_0${0..9}, db${0..1}.t_order_${10..20}
```

也可以简化为以下形式。

```
db->${0..1}.t_order_0$->{0..9}, db$->{0..1}.t_order_$->{10..20}
```

对于只有一个分片键的使用=和IN进行分片的SQL，可以使用行表达式代替编码方式配置。

行表达式内部的表达式本质上是一段 Groovy 代码，可以根据分片键进行计算，返回相应的真实数据源或真实表名称。

例如，分为 10 个库，将尾数为 0 的路由到后缀为 0 的数据源，将尾数为 1 的路由到后缀为 1 的数据源，以此类推，则用于表示分片算法的行表达式如下。

```
ds${id % 10}
```

也可以简化为以下形式。

```
ds$->{id % 10}
```

10.2.2 分布式事务

ShardingSphere 同时支持本地事务、强一致性的 XA 事务和最终一致性的柔性事务，它允许每次访问数据库时自由选择事务类型。

分布式事务对业务操作完全透明，极大地降低了接入成本。分布式事务整合了现有的成熟事务方案，为本地事务、XA 事务和柔性事务提供了统一的分布式事务接口，弥补了当前方案的不足。因此，提供一站式的分布式事务解决方案是 ShardingSphere 分布式事务模块的主要设计目标。图 10-17 是 ShardingSphere 的分布式事务架构图。

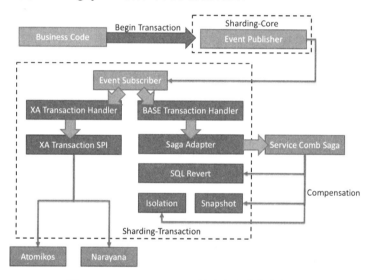

图 10-17　ShardingSphere 的分布式事务架构图

要想解读这张图，需要从三个方面入手——事件驱动、两阶段提交事务和柔性事务实现，下面我们具体来看一下。

▶ 事件驱动

ShardingSphere 使用事件驱动的方式将事务处理与数据分片主流程解耦。ShardingSphere 的核心模块通过事件发送的方式通知各个事件监听者来处理消息。图 10-18 从微观的角度描绘了事务的处理流程。

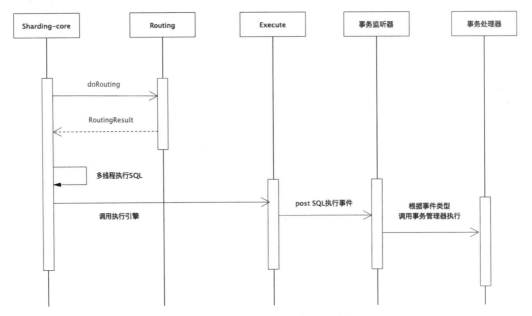

图 10-18 微观角度的事务处理流程

分片核心只负责处理 SQL 的路由和多线程的并发执行操作。在调用执行引擎时，ShardingSphere 会根据 SQL 的类型产生事件并进行分发处理。事务监听器在收到它所关注的事件之后，再调用相应的事务处理器进行后续处理。

ShardingSphere 将使用独立的事务管理器模块分别处理强一致事务和柔性事务。

两阶段提交事务

ShardingSphere 使用 XA 协议处理两阶段提交的分布式事务。

目前有很多成熟的 XA 事务处理框架，因此 ShardingSphere 采用 SPI 的方式让用户选择 XA 事务框架。

XA 协议的强一致分布式事务的压测结果如图 10-19 所示，压测结果表明，它的插入和更新性能基本上同跨数据库的个数呈线性关系，而查询性能基本不受其他因素影响。鉴于以上结果，建议在并发量不大且每次事务涉及的数据库不多的情况下使用该方法。

Atomikos 是 ShardingSphere 默认使用的 XA 事务管理器，ShardingSphere 将事务管理器内嵌到业务进程中，当应用调用 TransactionManager 的 begin 方法时，将会创建本次 XA 事务，并且与当前线程关联。同时 Atomikos 也对 DataSource 中的 connection 进行了二次封装，代理

connection 中含有本次事务相关信息的状态,并且拦截 connection 的 JDBC 操作。在进行 createStatement 操作时,Atomikos 将调用 XAResource 的 start 方法进行资源注册。在执行 close 方法时,将调用 XAResource 的 end 方法让 XA 事务处于可提交状态。在进行 commit 或 rollback 操作时,将依次调用 prepare 和 commit 进行二阶段提交。XA 事务的具体流程如图 10-20 所示。

type		threads	DB	Connection Number	throughput	Response Times (ms)						remark
						Average	Min	Max	90th pct	95th pct	99 pct	
Insert	local	200	10	10*200	462.26	423.93	20	7651	575	652	866.98	跨10个库的Insert操作,xa比本地事务差10倍左右性能
	xa	200	10	10*200	39.64	4840.3	56	25073	6540.9	7466.9	15914.3	
Select	local	200	10	10*200	385.95	381.56	5	69993	550	632	964.98	查询性能xa略低
	xa	200	10	10*200	373.42	403.45	8	63135	531	669	1291	
Update	local	20	10	10*200	12.33	1589.9	924	2661	1842	1916.9	2097.94	更新性能相差不大,但xa锁时间过长,导致有许多事务rollback
	xa	20	10	10*200	12.5	1437.9	219	3653	2471.8	2618.6	3040.9	

图 10-19 XA 协议的强一致分布式事务的压测结果

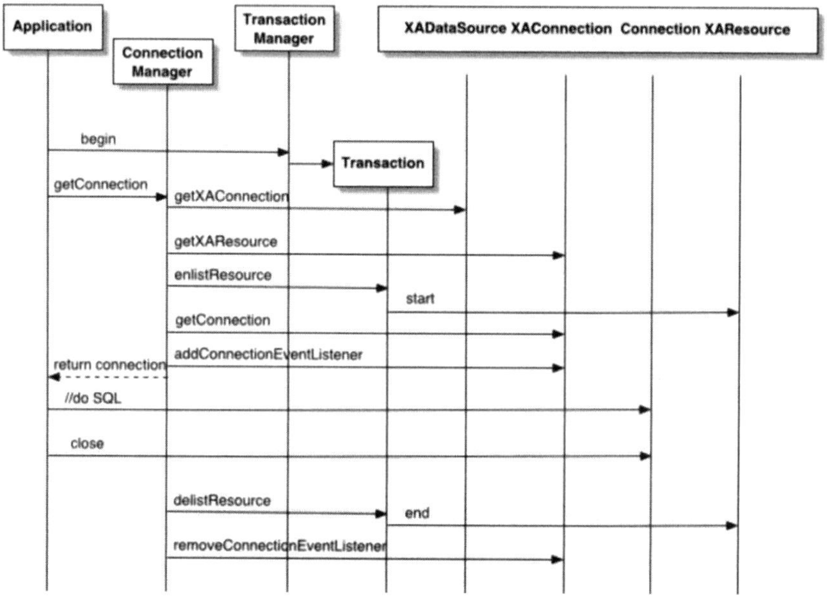

图 10-20 XA 事务的具体流程

除了 Atomikos,ShardingSphere 提供的 XA 事务 SPI 也可以自动加载 Jboss 的 Narayana 等 XA 分布式事务管理器。

柔性事务实现

ShardingSphere 选择 Saga 模型作为分布式柔性事务的执行方案。

1. ServiceComb Saga

ServiceComb 是华为开源的微服务框架，目前在 Apache 软件基金会的孵化器中。除了服务化功能，ServiceComb 中也包含分布式事务模块。ServiceComb 专门为 Saga 模型提供了一个子项目，这个子项目可以独立部署和运行，非常灵活。

ServiceComb Saga 提供了分布式和集中式两种事务协调器，它们内核相同，分别适用于嵌入式部署和分布式部署。事务协调器包含了 Saga 模型中需要的调用请求接收、调用请求分析、调用请求执行，以及结果查询等内容，其主要流程如下。

- 事务调用者通过 JSON 格式将事务调用顺序和依赖关系发送至 Saga 事务协调器。
- 事务协调器的任务执行引擎根据 JSON 生成调用关系图并调用相关微服务接口。
- 在调用微服务的同时，执行模块采用事件传递的方式异步记录执行的事务，以便后续查询和故障补偿。
- 如果服务调用执行出错，则调用服务的相关补偿方法进行回滚。

图 10-21 展示了 ServiceComb Saga 的架构图。

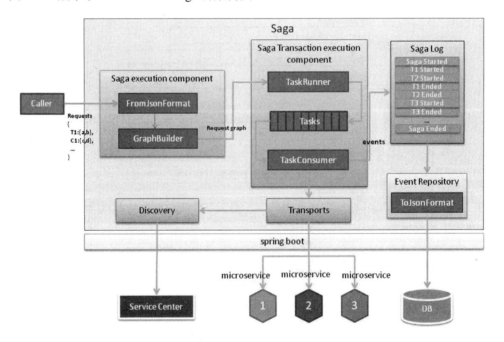

图 10-21　ServiceComb Saga 的架构图

2. 整合 ShardingSphere

在与 ShardingSphere 的合作中,ServiceComb Saga 拓展了 Transport 接口,这使得 ShardingSphere 可以在自己的进程中调用 Saga 的集中式协调器,而不必依赖微服务框架,极大降低了调用成本。

对于 ShardingSphere 而言,执行模块(Transaction)和补偿模块(Compensation)代表了在子事务中正常执行 SQL 和逆向执行 SQL。

当启用 Saga 柔性事务后,ShardingSphere 会将事务中执行的逻辑 SQL 作为串行的 Saga 子事务,并将经过路由拆分和重写的物理 SQL 作为 Saga 子事务的并行子任务。ShardingSphere 会自动逆向生成在事务中执行的物理 SQL。图 10-22 展示了 ShardingSphere 自动生成 Saga 事务的结构图。

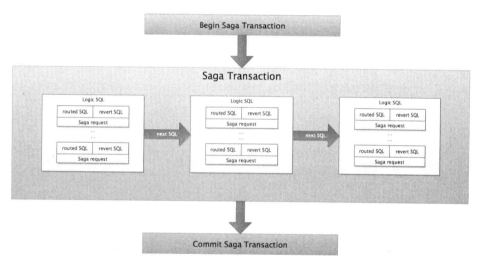

图 10-22　ShardingSphere 自动生成 Saga 事务的结构图

在开启 ShardingSphere 的柔性事务模块后,每次更新(DML)的 SQL 不会立刻被发送至数据库中执行,而是会在路由被拆分和改写为真实的待执行 SQL 之后,被注册至 ServiceComb Saga 的事务管理器中,同时生成相应的补偿 SQL。查询(DQL)语句不受影响,仍然能够立刻获取查询结果。

当用户选择提交 Saga 事务后,ShardingSphere 会自动将事务中所有的注册 SQL 转化为 Saga 事务的调用图,然后调用 Saga 事务协调器的 API,令其管理整个 Saga 事务的执行和补偿。

Saga 事务协调器会调用由 ShardingSphere 实现的 Saga Transport，令其并行执行所有的分片物理 SQL。当且仅当所有的物理 SQL 都成功时，才认为该逻辑 SQL 子事务成功；如果物理 SQL 中存在失败的情况，则 Saga 会从该逻辑 SQL 子事务开始，按照逻辑 SQL 的逆序执行方式补偿 SQL，理论上补偿 SQL 必然成功。图 10-23 展示了 ShardingSphere 中 Saga 事务的工作流程时序图。

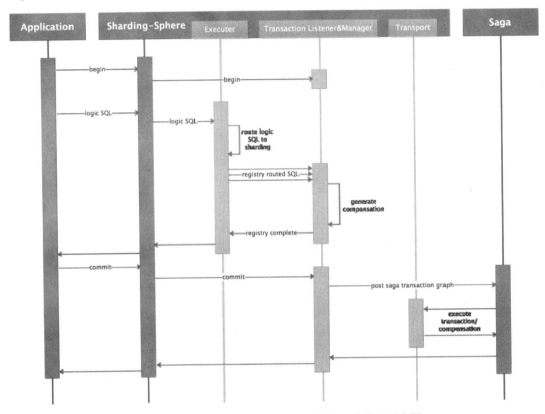

图 10-23　ShardingSphere 中 Saga 事务的工作流程时序图

用户可以在提交事务前自行选择 Saga 事务的补偿方式。无论进行正向恢复还是逆向恢复，都由 Saga 事务协调器自动调度执行。

ShardingSphere 实现的 Saga Transport 接口能够准确定位并获取物理 SQL 所对应的实际数据库连接。同时，它还可以通过物理 SQL 所携带的参数数量自动选择是否采取 addBatch 的方式执行，以实现效率最大化。

10.2.3 数据库治理

ShardingSphere 提供了注册中心和应用性能监控这两个功能，其中数据库治理方面仍有大量未完成的功能，未来将会陆续开源。

❖ 注册中心

注册中心用于实现配置集中化和配置动态化。

- 配置集中化：运行时实例越来越多，使得散落的配置难于管理，配置不同步将造成十分严重的后果，将配置集中于配置中心可以更加有效地进行管理。
- 配置动态化：配置修改后进行分发是配置中心可以提供的另一个重要能力，它可以支持数据源和表在分片或读写分离策略间动态切换。

借助注册中心，ShardingSphere 提供了熔断和禁用的能力，熔断是指控制和截流数据库访问程序对数据库的访问，禁用是指停止对读写分离中的某一从库进行访问。注册中心目前支持使用 ZooKeeper 和 etcd。

❖ 应用性能监控

ShardingSphere 并不负责采集、存储和展示与应用性能监控相关的数据，而是将 SQL 解析与 SQL 执行这两部分数据分片的核心信息发送至应用性能监控系统，并交由其处理。换句话说，ShardingSphere 仅负责产生具有价值的数据，并通过标准协议将数据递交至相关系统。ShardingSphere 可以通过两种方式对接应用性能监控系统。

第一种方式是使用 OpenTracing API 发送性能追踪数据。

面向 OpenTracing 协议的 APM 产品都可以和 ShardingSphere 自动对接，比如 SkyWalking、ZipKin 和 Jaeger。使用这种方式只需在启动时配置 OpenTracing 协议的实现即可，优点是可以兼容所有与 OpenTracing 协议兼容的产品并将其作为 APM 的展现系统，如果公司愿意实现自己的 APM 系统，则只需实现 OpenTracing 协议即可自动展示 ShardingSphere 的链路追踪信息。缺点是 OpenTracing 协议发展并不稳定，使用较新版本的实现者较少，且协议本身过于中立，对于个性化产品的支持不够。

第二种方式是使用 SkyWalking 的自动探针。

ShardingSphere 团队与 SkyWalking 团队共同合作，在 SkyWalking 中实现了 ShardingSphere 自动探针，可将相关的应用性能数据自动发送到 SkyWalking。

无论使用哪种方式，都可以将 APM 信息展示在对接系统中，例如，SkyWalking 应用架构的拓扑图如图 10-24 所示，清晰地展示了 Sharding-Proxy 调用的后端数据库及交互的平均时间。

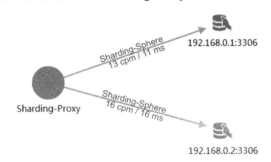

图 10-24　SkyWalking 应用架构的拓扑图

图 10-25 展示了应用性能跟踪情况，通过图 10-25 可以看到，对数据库进行一次查询的总耗时为 23 毫秒，其中 SQL 解析在四舍五入之后占用了 0 毫秒。SQL 执行的分片数为 4，其中的一条 SQL 在主线程中执行，耗时 8 毫秒，其他三条 SQL 在新的线程中执行，分别耗时 6 毫秒、14 毫秒和 11 毫秒。由于是并行执行的，整个查询的耗时并不是单纯的"8 毫秒+6 毫秒+14 毫秒+11 毫秒"，实际的总耗时 23 毫秒可以通过线程的并行关系完全展现出来。

图 10-25　应用性能跟踪情况

分别单击解析部分和执行部分，可以进一步跟踪详细信息。图 10-26 展示了 SQL 解析的详细信息，可以查看本次解析的 SQL。

图 10-26 SQL 解析的详细信息

图 10-27 展示了 SQL 执行的详细信息,包括改写后的 SQL、占位符参数、数据源名称以及数据库的 IP 地址。

图 10-27 SQL 执行的详细信息

图 10-28 展示了异常信息。

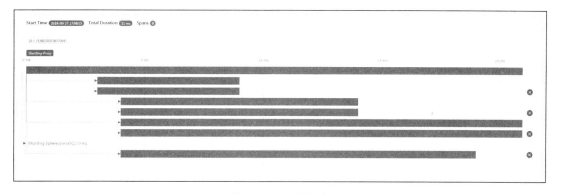

图 10-28 异常信息

同样可以单击相关 Span 查看详细异常信息,如图 10-29 所示。

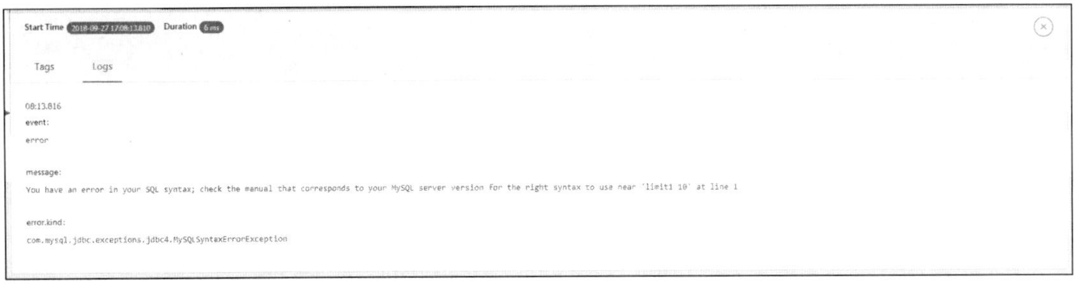

图 10-29　详细异常信息

10.3　Sharding-JDBC

10.3.1　概述

Sharding-JDBC 是 ShardingSphere 的第一个产品，也是 ShardingSphere 的前身。

Sharding-JDBC 的定位是轻量级 Java 框架，可在 Java 的 JDBC 层提供额外服务。它使用客户端直连数据库，以 jar 包形式提供服务，无须额外部署和依赖，可理解为增强版的 JDBC 驱动，完全兼容 JDBC 和各种 ORM 框架，其架构如图 10-30 所示。

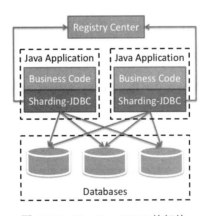

图 10-30　Sharding-JDBC 的架构

- 适用于任何基于 Java 的 ORM 框架，如 JPA、Hibernate、MyBatis、Spring JDBC Template，也可直接使用 JDBC。
- 可以与任何第三方数据库连接池一起使用，如 DBCP、C3P0、BoneCP、Druid、HikariCP 等。

- 支持任意实现 JDBC 规范的数据库，目前支持 MySQL、Oracle、SQLServer 和 PostgreSQL。

10.3.2 使用说明

使用 Sharding-JDBC 时首先需要配置分片规则，Sharding-JDBC 提供了多样化的配置方式，有 Java 编码配置方式和 YAML 配置方式，另外还提供了 Spring 命名空间配置方式以及 Spring Boot Starter 配置方式。

如果不需要使用 Spring，则引入 Sharding-JDBC 的 Maven 依赖即可，以当前最新发布的 3.0.0 为例，代码如下。

```xml
<dependency>
    <groupId>io.shardingsphere</groupId>
    <artifactId>sharding-jdbc-core</artifactId>
    <version>3.0.0</version>
</dependency>
```

Java 规则配置

Sharding-JDBC 的分库和分表可通过规则配置来描述，以下是根据 user_id 进行取模分库且根据 order_id 进行取模分表的两库两表的配置代码。

```java
// 配置第一个数据源
BasicDataSource dataSource1 = new BasicDataSource();
dataSource1.setDriverClassName("com.mysql.jdbc.Driver");
dataSource1.setUrl("jdbc:mysql://localhost:3306/ds0");
dataSource1.setUsername("root");
dataSource1.setPassword("");
dataSourceMap.put("ds0", dataSource1);

// 配置第二个数据源
BasicDataSource dataSource2 = new BasicDataSource();
dataSource2.setDriverClassName("com.mysql.jdbc.Driver");
dataSource2.setUrl("jdbc:mysql://localhost:3306/ds1");
dataSource2.setUsername("root");
dataSource2.setPassword("");
dataSourceMap.put("ds1", dataSource2);

// 配置 Order 表规则
TableRuleConfiguration orderConfig = new TableRuleConfiguration();
orderConfig.setLogicTable("t_order");
orderConfig.setActualDataNodes("ds${0..1}.t_order${0..1}");
```

```java
// 配置分库和分表策略
orderConfig.setDatabaseShardingStrategyConfig(
    new InlineShardingStrategyConfiguration("user_id", "ds${user_id % 2}"));
orderConfig.setTableShardingStrategyConfig(
    new InlineShardingStrategyConfiguration("order_id", "t_order${order_id % 2}"));

// 配置分片规则
ShardingRuleConfiguration shardingRuleConfig = new ShardingRuleConfiguration();
shardingRuleConfig.getTableRuleConfigs().add(orderConfig);

// 省略配置 order_item 表规则
// ...

// 获取数据源对象
DataSource dataSource = ShardingDataSourceFactory.createDataSource(dataSourceMap,
    shardingRuleConfig, new HashMap(), new Properties());
```

基于 Java 编码的配置方式最为灵活，不足之处是稍显复杂。

❥ YAML 规则配置

通过 YAML 进行配置，与上述配置是等价的，代码如下。

```yaml
dataSources:
  ds0: !!org.apache.commons.dbcp.BasicDataSource
    driverClassName: com.mysql.jdbc.Driver
    url: jdbc:mysql://localhost:3306/ds0
    username: root
    password:
  ds1: !!org.apache.commons.dbcp.BasicDataSource
    driverClassName: com.mysql.jdbc.Driver
    url: jdbc:mysql://localhost:3306/ds1
    username: root
    password:

tables:
  t_order:
    actualDataNodes: ds${0..1}.t_order${0..1}
    databaseStrategy:
      inline:
        shardingColumn: user_id
        algorithmInlineExpression: ds${user_id % 2}
    tableStrategy:
      inline:
        shardingColumn: order_id
        algorithmInlineExpression: t_order${order_id % 2}
  t_order_item:
    actualDataNodes: ds${0..1}.t_order_item${0..1}
```

```yaml
databaseStrategy:
  inline:
    shardingColumn: user_id
    algorithmInlineExpression: ds${user_id % 2}
tableStrategy:
  inline:
    shardingColumn: order_id
    algorithmInlineExpression: t_order_item${order_id % 2}
```

然后使用 YamlShardingDataSourceFactory 创建数据源即可，代码如下。建议采用 YAML 简化配置。

```
DataSource dataSource = YamlShardingDataSourceFactory.createDataSource(yamlFile);
```

❥ 使用原生 JDBC

获取到数据源之后，即可像使用原生 JDBC 一样使用 Sharding-JDBC。可以通过 ShardingDataSourceFactory、YamlShardingDataSourceFactory、规则配置对象来获取 ShardingDataSource，ShardingDataSource 实现了 JDBC 的标准接口 DataSource，可通过 DataSource 选择使用原生 JDBC 进行开发，或者使用 JPA、MyBatis 等 ORM 工具进行开发。以 JDBC 原生实现为例，代码如下。

```
DataSource dataSource = YamlShardingDataSourceFactory.createDataSource(yamlFile);
String sql = "SELECT i.* FROM t_order o JOIN t_order_item i ON o.order_id=i.order_id WHERE o.user_id=? AND o.order_id=?";
try (
    Connection conn = dataSource.getConnection();
    PreparedStatement preparedStatement = conn.prepareStatement(sql)) {
    preparedStatement.setInt(1, 10);
    preparedStatement.setInt(2, 1001);
    try (ResultSet rs = preparedStatement.executeQuery()) {
        while(rs.next()) {
            System.out.println(rs.getInt(1));
            System.out.println(rs.getInt(2));
        }
    }
}
```

❥ 使用 Spring 命名空间

要想使用 Spring，只需引入 sharding-jdbc-spring-namespace 的 Maven 依赖，仍然以当前最新发布的 3.0.0 为例，代码如下。

```xml
<dependency>
    <groupId>io.shardingsphere</groupId>
    <artifactId>sharding-jdbc-spring-namespace</artifactId>
```

```xml
<version>3.0.0</version>
</dependency>
```

然后便可以在 Spring 的 XML 中配置分片规则了,代码如下。

```xml
<?xml version="1.0" encoding="UTF-8"?>
<beans xmlns="http://www.springframework.org/schema/beans"
    xmlns:xsi="http://www.w3.org/2001/XMLSchema-instance"
    xmlns:sharding="http://shardingsphere.io/schema/shardingsphere/sharding"
    xsi:schemaLocation="http://www.springframework.org/schema/beans
                  http://www.springframework.org/schema/beans/spring-beans.xsd
                  http://shardingsphere.io/schema/shardingsphere/sharding
                  http://shardingsphere.io/schema/shardingsphere/sharding/sharding.xsd">
    <bean id="ds0" class="org.apache.commons.dbcp.BasicDataSource"
          destroy-method="close">
      <property name="driverClassName" value="com.mysql.jdbc.Driver" />
      <property name="url" value="jdbc:mysql://localhost:3306/ds0" />
      <property name="username" value="root" />
      <property name="password" value="" />
    </bean>
    <bean id="ds1" class="org.apache.commons.dbcp.BasicDataSource"
          destroy-method="close">
      <property name="driverClassName" value="com.mysql.jdbc.Driver" />
      <property name="url" value="jdbc:mysql://localhost:3306/ds1" />
      <property name="username" value="root" />
      <property name="password" value="" />
    </bean>

    <sharding:inline-strategy id="databaseStrategy" sharding-column="user_id"
          algorithm-expression="ds$->{user_id % 2}" />
    <sharding:inline-strategy id="orderTableStrategy" sharding-column="order_id"
          algorithm-expression="t_order$->{order_id % 2}" />
    <sharding:inline-strategy id="orderItemTableStrategy" sharding-column="order_id"
          algorithm-expression="t_order_item$->{order_id % 2}" />

    <sharding:data-source id="shardingDataSource">
      <sharding:sharding-rule data-source-names="ds0,ds1">
        <sharding:table-rules>
          <sharding:table-rule logic-table="t_order"
              actual-data-nodes="ds$->{0..1}.t_order$->{0..1}"
              database-strategy-ref="databaseStrategy"
              table-strategy-ref="orderTableStrategy" />
          <sharding:table-rule logic-table="t_order_item"
              actual-data-nodes="ds$->{0..1}.t_order_item$->{0..1}"
              database-strategy-ref="databaseStrategy"
              table-strategy-ref="orderItemTableStrategy" />
        </sharding:table-rules>
      </sharding:sharding-rule>
```

```
        </sharding:data-source>
</beans>
```

Spring 可以直接通过注入的方式使用 DataSource，也可以将 DataSource 配置在 MyBatis、JPA、Hibernate 中使用。

```
@Resource
private DataSource dataSource;
```

▶ **Spring Boot Starter**

如果与 Spring Boot 一同使用，则需要引入 sharding-jdbc-spring-boot-starter 的 Maven 依赖，以最新发布的 3.0.0 为例，代码如下。

```xml
<dependency>
    <groupId>io.shardingsphere</groupId>
    <artifactId>sharding-jdbc-spring-boot-starter</artifactId>
    <version>3.0.0</version>
</dependency>
```

然后在 application.properties 中配置分片规则，代码如下。

```
sharding.jdbc.datasource.names=ds0,ds1

sharding.jdbc.datasource.ds0.type=org.apache.commons.dbcp2.BasicDataSource
sharding.jdbc.datasource.ds0.driver-class-name=com.mysql.jdbc.Driver
sharding.jdbc.datasource.ds0.url=jdbc:mysql://localhost:3306/ds0
sharding.jdbc.datasource.ds0.username=root
sharding.jdbc.datasource.ds0.password=

sharding.jdbc.datasource.ds1.type=org.apache.commons.dbcp2.BasicDataSource
sharding.jdbc.datasource.ds1.driver-class-name=com.mysql.jdbc.Driver
sharding.jdbc.datasource.ds1.url=jdbc:mysql://localhost:3306/ds1
sharding.jdbc.datasource.ds1.username=root
sharding.jdbc.datasource.ds1.password=

sharding.jdbc.config.sharding.default-database-strategy.inline.sharding-column=user_id
sharding.jdbc.config.sharding.default-database-strategy.inline.algorithm-expression=ds$->{user_id % 2}

sharding.jdbc.config.sharding.tables.t-order.actual-data-nodes=ds$->{0..1}.t_order$->{0..1}
sharding.jdbc.config.sharding.tables.t-order.table-strategy.inline.sharding-column=order_id
sharding.jdbc.config.sharding.tables.t-order.table-strategy.inline.algorithm-expression=t_order$->{order_id % 2}
```

```
sharding.jdbc.config.sharding.tables.t-order-item.actual-data-nodes=ds$->{0..1}.t_ord
er_item$->{0..1}
sharding.jdbc.config.sharding.tables.t-order-item.table-strategy.inline.sharding-colu
mn=order_id
sharding.jdbc.config.sharding.tables.t-order-item.table-strategy.inline.algorithm-exp
ression=t_order_item$->{order_id % 2}
```

规则配置包括数据源配置、表规则配置、分库策略配置和分表策略配置。这只是最简单的配置方式，实际使用时更加灵活，例如可以设置多分片键，令分片策略直接和表规则配置绑定等。更多关于配置的内容请参考官方配置手册。

10.4 Sharding-Proxy

10.4.1 概述

Sharding-Proxy 是 ShardingSphere 的第二个产品，它的定位为透明化的数据库代理端，可提供封装了数据库二进制协议的服务端版本，用于实现对异构语言的支持。目前已提供了 MySQL 版本，可以使用任何兼容 MySQL 协议的访问客户端（如 MySQL Command Client、MySQL Workbench 等）来操作数据，对 DBA 更加友好。Sharding-Proxy 的特性如下。

- 对应用程序完全透明，可直接当作 MySQL 使用。
- 适用于任何兼容 MySQL 协议的的客户端。

Sharding-Proxy 的架构如图 10-31 所示。

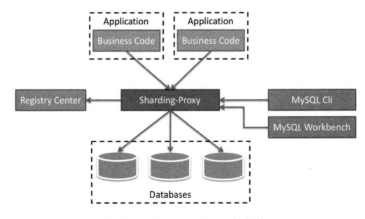

图 10-31　Sharding-Proxy 的架构

10.4.2 使用说明

首先下载 Sharding-Proxy 的最新发行版，如果使用 Docker，则可以通过执行以下命令来获取镜像。

```
docker pull shardingsphere/sharding-proxy
```

然后进行解压缩，修改 conf/config.yaml 文件，再进行分片规则配置，具体配置方式请参考配置手册。启动 Sharding-Proxy 时，若是 Linux 操作系统，就运行 bin/start.sh 命令，若是 Windows 操作系统，就运行 bin/start.bat 命令。可以使用任何 MySQL 客户端连接，示例如下。

```
mysql -u root -h 127.0.0.1 -P3307
```

另外，Sharding-Proxy 默认使用 3307 端口，可以通过启动脚本来追加一个参数作为启动端口号，示例如下。

```
bin/start.sh 3308
```

10.5 Database Mesh

在微服务和云原生大潮的卷席之下，服务化也成为人们关注的重点，但与实现服务化密切相关的"数据访问"却鲜有人提起。尽管目前的关系型数据库远达不到云原生的要求，并且对分布式的不友好也饱受诟病，但不可否认的是，关系型数据库至今依然扮演着极其重要的角色。无论是 NoSQL 还是 NewSQL，要想在近期内完全取而代之，基本是不可能的。

那么，对于微服务架构中越来越多的数据库垂直拆分，以及数据量急剧膨胀后的数据库水平拆分，是否存在行之有效的管理方案呢？当今大为流行的 Service Mesh 理念又能否为数据库的治理带来一些启示呢？

10.5.1 概述

Database Mesh，一个搭乘 Service Mesh 顺风车而衍生出来的新兴词汇。顾名思义，Database Mesh 使用一个啮合层将散落在系统各个角落中的数据统一治理起来。通过啮合层集中在一起的应用与数据库之间的交互网络就像蜘蛛网一样复杂而有序。从这一点来看，Database Mesh 的概念与 Service Mesh 如出一辙。

之所以称其为 Database Mesh，而非 Data Mesh，是因为它的首要目标并非啮合存储于数据库中的数据，而是啮合应用与数据库之间的交互。Database Mesh 的关注重点在于如何将分布式的数据访问应用与数据库有机串联起来，它更关注交互，旨在将杂乱无章的应用与数据库之间的交互进行梳理。使用 Database Mesh 时，访问数据库的应用和数据库之间将形成一个巨大的网格体系，应用和数据库只需在网格体系中对号入座即可，它们都是被啮合层所治理的对象。

10.5.2　Service Mesh 回顾

服务治理主要关注服务发现、负载均衡、动态路由、降级熔断、调用链路以及 SLA 采集等非功能性需求。通常来说，可以通过代理端架构方案和客户端架构方案来实现。

代理端架构方案是基于网关的。提供服务的应用服务器被隐藏在网关之后，访问请求必须经过网关，由网关进行相应的服务治理操作，然后再由网关将流量路由至后端应用。Nginx、Kong、Kubernetes Ingress 等采用此类方案。

客户端架构方案则是基于部署在应用端的类库进行服务治理操作的，以点对点的方式访问服务提供者。Dubbo、Spring Cloud 等采用此方案。

进行服务治理时，无论使用代理端架构方案还是客户端架构方案，都有相应的优势与不足。

在代理端进行服务治理的优点是，应用只需获取网关地址，后端的复杂部署结构被完全屏蔽。缺点则是代理端自身的性能将成为整个系统的瓶颈，一旦宕机后果非常严重，其中心化架构理念与云原生思想背道而驰。

在客户端进行服务治理的优点是，使用去中心化架构，无须担心某个节点成为系统瓶颈。缺点则是服务治理对业务代码的侵入性强。对于云原生所看重的零侵入来说，使用客户端进行服务治理显然是不可行的，客户端治理方案更无法做到对异构语言的支持。

对于既希望零入侵，又需要去中心化的云原生架构而言，第三种架构模型——Sidecar 与之更加契合。Sidecar 以一个独立的进程启动，可供多台宿主机同时使用，也可以仅供一个应用使用。所有的服务治理功能都由 Sidecar 接管，应用对外访问时仅访问 Sidecar 即可。显而易见，基于 Sidecar 模式的 Service Mesh 才是云原生架构更好的实现方式，零侵入和去中心化使得 Service Mesh 倍受推崇。

尤其是配合 Mesos 或 Kubernetes 一起使用时，可通过 Marathon 或 DeamonSet 确保 Sidecar 在每个宿主机中都能够启动，若配合其对容器的动态调度能力，可以发挥更大的威力。Kubernetes（Mesos）+Service Mesh=弹性伸缩+零侵入+去中心化，它们合力构建了一个云端应用所需的基础设施。

10.5.3　Database Mesh 与 Service Mesh 的异同

数据库应用治理与服务治理的目标既有重叠，又有所不同。相比于服务，数据库是有状态的，数据库无法像服务一样随意被路由到对等节点，因此数据分片是一个重要的能力。相对来说，数据库实例的自动发现能力反而不那么重要，启动或停止一个新的数据库实例往往意味着数据迁移。当然也可以采用多数据副本、读写分离、主库多写等方式进行进一步处理。多从库的负载均衡、熔断、链路采集等其他功能在数据库治理中也同样适用。

与服务治理一样，对数据库应用治理时同样可以套用上述三种架构方案。

基于代理端的架构方案是使用一个实现相应数据库通信协议（如 MySQL）的代理服务器。Cobar、MyCAT、kingshard 及 ShardingSphere 的 Sharding-Proxy 等采用此方案。

基于客户端的解决方案必须与开发语言强绑定，例如 Java 语言一般可以通过 JDBC 或某个 ORM 框架来实现。TDDL 和 ShardingSphere 的 Sharding-JDBC 等采用此方案。

同理，无论使用代理端还是客户端，都有各自的优缺点。使用代理端方案的优点是支持异构语言，缺点依然是无法实现去中心化。使用客户端方案的优点是去中心化，缺点则是无法支持异构语言，因此无法支持各种数据库的命令行及图形界面的客户端。

采用 Sidecar 模式同样可以有效地结合代理端与客户端的优点，屏蔽其缺点。但是，基于服务治理的 Sidecar 和基于数据库访问的 Sidecar 并不一样，最主要的不同在于数据分片。分片是一个复杂的过程，如果希望对应用透明，业界常见的做法是针对 SQL 进行解析，并将其精准路由至相应的数据库中执行，最终将执行结果进行归并，以保证数据逻辑在分片的情况下仍然正确。数据分片的核心流程是 SQL 解析–>SQL 路由–>SQL 改写–>SQL 执行–>结果归并。为了满足对遗留代码的零侵入性，还需要对 SQL 的执行协议进行封装。比如，在代理端实现时需要模拟 MySQL 或其他相应数据库的通信协议，在 Java 客户端实现时则需要覆盖 JDBC 接口的相应方法。

那么当前是否有 Database Mesh 的实现方案呢？遗憾的是，目前还没有。即使是流行度很高的 Service Mesh，它的各个产品也尚未成熟。出现稍早的 Linkerd 和 Envoy 虽然可以在生产环境中使用，但新一代的 Istio 目前还无法应用于生产环境。Database Mesh 作为 Service Mesh 的延展，更处于发展初期。

10.5.4　Sharding-Sidecar

对于"云端"而言，Database Mesh 无疑是正确的方向。仅通过 JDBC 提供服务已经无法满足云端场景的多样性，创建一个支持各种场景的分布式数据库中间件生态圈是更合适的解决方案。基于此，ShardingSphere 诞生了，它将 Sharding-JDBC 纳入生态圈，并使用同一内核重新开发了 Sharding-Proxy 这一代理端产品，同时又将开始开发 Sharding-Sidecar。

ShardingSphere 的终极目标是像使用一个数据库一样透明使用散落在各个系统中的数据库，让应用开发者和 DBA 尽可能顺畅地将工作迁移至基于 ShardingSphere 的云原生环境中。ShardingSphere 希望提供一个去中心化、零侵入、跨语言的云原生解决方案。

Sharding-Sidecar 的架构如图 10-32 所示。

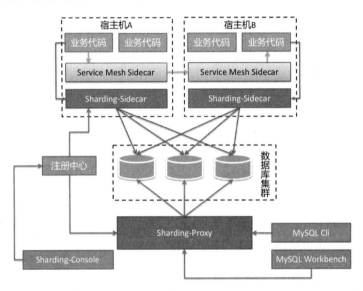

图 10-32　Sharding-Sidecar 的架构

基于 Sharding-Sidecar 的 Database Mesh 与 Service Mesh 互不干扰，两者反而相得益彰。服务之间的交互由 Service Mesh Sidecar 接管，基于 SQL 的数据库访问由 Sharding-Sidecar 接管。

对于业务应用来说，无论是 RPC 还是对数据库的访问，都无须关注真实的物理部署结构便可做到真正的零侵入。由于 Sharding-Sidecar 是随着宿主机的生命周期被创建和消亡的，因此，它并非静态 IP，而是完全动态和弹性的，整个系统中并无任何中心节点。对于数据运维等操作，仍然可以通过启动一个 Sharding-Proxy 的进程作为静态 IP 的入口，通过各种命令行或 UI 客户端进行操作。

10.6 未来规划

ShardingSphere 目前仍在快速发展中，图 10-33 描述了 ShardingSphere 的详尽演进路线。

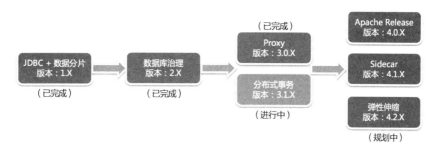

图 10-33　ShardingSphere 的详尽演进路线

ShardingSphere 1.X 版本的主要定位为面向 JDBC 驱动的数据分片框架，已经于 2016 年发布，经过了近三年的打磨，其功能已趋于完善。

ShardingSphere 的 2.X 版本是对治理的探索，集成了注册中心和 OpenTracing，于 2017 年发布，在微服务以及自治理方面进行了很大改进。

截止到本书写作之时，ShardingSphere 的 3.0.0 正式版已经发布，其中的主要功能组件是 Sharding-Proxy。Sharding-Proxy 经过了近十个月的开发，已经被京东内部的一级系统逐渐采用。相对于 JDBC 驱动，增加了 Proxy 的 ShardingSphere 生态更加趋于完善。

ShardingSphere 的 3.1.0 版本与 3.0.0 版本是同步开发的，主要是面向分布式事务的。在 3.0.0 版本发布后不久，3.1.0 版本就发布了。

ShardingSphere 的 4.X 版本仍处于规划中，预计将增加 Database Mesh 的基础组件 Sharding-Sidecar，并且完善多数据副本及弹性伸缩功能，为云原生和自动化数据库完成最后的闭环。

如果读者对 ShardingSphere 感兴趣，欢迎访问官方网站 http://shardingsphere.io/。阅读源码请关注 github:https://github.com/ShardingSphere/ShardingSphere/。再次感谢各位读者！